网络操作系统 SONiC

原理、技术与实践

张 玮 史慧玲 谭立状 吴迅亮 等◎著

人民邮电出版社

北京

图书在版编目（CIP）数据

网络操作系统 SONiC ：原理、技术与实践 / 张玮等著. -- 北京 ：人民邮电出版社，2024. -- ISBN 978-7-115-65464-9

Ⅰ. TP316.8

中国国家版本馆 CIP 数据核字第 2024KT1804 号

内 容 提 要

网络操作系统作为网络基础设施的核心，其重要性日益凸显。本书从理论及实践角度，全方位地介绍了 SONiC 网络操作系统的核心技术。本书主要分为 5 个部分。首先，介绍了 SONiC 的起源、技术特点、功能发展、技术优势、厂商实践及标准化，帮助读者全面了解 SONiC。接着，梳理了 SONiC 的系统架构、SAI、Docker 技术、Redis 数据库及其他关键模块，为读者深入理解 SONiC 提供基础知识。然后，探讨了代码仓库结构、编译 SONiC 镜像的流程、安装/部署 SONiC 的方法和常用命令，使读者能够实际操作 SONiC。此外，通过实例介绍了 SONiC 中的二层和三层网络功能，深入剖析了其核心网络协议。最后，通过典型功能测试，帮助读者掌握各种常见路由功能的配置方法。

本书内容丰富，语言通俗易懂，叙述深入浅出，可作为高等院校计算机相关专业网络操作系统课程的教学参考书，也可作为网络工程师、系统管理员、开发者和 IT 运维人员等的技术指导书。

◆ 著　　　张　玮　史慧玲　谭立状　吴迅亮　等
责任编辑　秦萃青
责任印制　马振武

◆ 人民邮电出版社出版发行　　北京市丰台区成寿寺路 11 号
邮编　100164　　电子邮件　315@ptpress.com.cn
网址　https://www.ptpress.com.cn
固安县铭成印刷有限公司印刷

◆ 开本：690×970　1/16
印张：15.5　　　2024 年 12 月第 1 版
字数：278 千字　　　2024 年 12 月河北第 1 次印刷

定价：149.80 元

读者服务热线：(010)53913866　印装质量热线：(010)81055316
反盗版热线：(010)81055315
广告经营许可证：京东市监广登字 20170147 号

本书编写组

齐鲁工业大学（山东省科学院）

张　玮　史慧玲　谭立状　丁　伟

郝　昊　王小龙　刘朔晗　谷鹏飞

张义伟　李明发　李俊豪

浪潮网络科技（山东）有限公司

吴迅亮

前言

在数字化时代，网络技术需求与发展日新月异。网络操作系统作为网络基础设施的核心，其重要性日益凸显。2016 年，微软在开放计算项目全球峰会上首次发布基于 Debian GNU/Linux 的开源网络交换机操作系统——SONiC，通过解耦网络控制面与数据转发面，支持白牌交换机灵活组网，允许用户高效、快速地开发、调试、部署和修复网络软件功能，为构建可扩展、高性能的大规模网络提供无限可能。自 SONiC 发布以来，国内互联网及网络设备厂商积极跟进。例如，2017 年，阿里巴巴加入 SONiC，线上部署百万个 SONiC 网络端口，发起并积极推动 SRv6 on SONiC 项目。2021 年，浪潮基于 SONiC 研发网络操作系统 Inspur NOS，并不断进行 SONiC 特性增强、可靠性加固、性能优化和场景测试验证。目前，SONiC 作为 Linux 基金会正式项目，已经成为开源网络操作系统的事实标准，被云服务提供商、交换机供应商、专用集成电路（ASIC）芯片制造商及大型企业广泛采纳，成为大规模网络的重要选型技术。

尽管 SONiC 的发展势头迅猛，但在理论和实践方面的资料相对匮乏，很多希望学习、部署和开发 SONiC 的读者面临较大的困难。此外，由于 SONiC 技术新颖，市面上的图书资料缺乏系统性介绍和指导，这限制了 SONiC 在更广泛范围内的应用和推广。基于上述背景，我们决定编写一本全面介绍 SONiC 的技术书，以帮助读者从理论到实践全面掌握构建可扩展、高性能网络的核心技术。本书力求深入浅出，将理论与实践相结合，以满足不同读者的需求。

本书主要关注 SONiC 网络架构的相关内容，共分为 5 章，基本涵盖了 SONiC 的关键内容。第 1 章主要介绍了 SONiC 的起源、技术特点、功能发展、技术优势、厂商实践及标准化，帮助读者对 SONiC 建立全面、初步的认识。第 2 章详细介绍了 SONiC 的系统架构、硬件解耦合的 SAI、软件解耦合的 Docker 技术、数据库驱动的 Redis 数据库及关键模块（如 SwSS 模块和 Syncd 模块），帮助读者理解 SONiC 的关键架构和主要组件。第 3 章介绍了 SONiC 的代码仓库结构、编译 SONiC 镜像的流程、通过 ONIE 安装 SONiC 的方法、通过 GNS3 部署 SONiC

的方法，以及 SONiC 的常用命令，帮助读者掌握实际部署和应用 SONiC 的方法。第 4 章通过实例介绍了 SONiC 中的二层网络功能（如 VLAN 和 MAC）、三层网络功能（如静态路由和 OSPF），帮助读者深入理解 SONiC 中的核心网络协议。第 5 章通过 VLAN、VLAN 间路由、RIP、EIGRP、OSPF、BGP 和 RIPng 等典型网络功能测试，帮助读者了解 SONiC 中的核心网络协议和掌握 SONiC 中各种路由功能的配置方法。

本书由张玮、史慧玲组织撰写并统稿，谭立状负责 SONiC 核心组件的研究与撰写工作，谷鹏飞负责 SONiC 搭建与部署的研究与撰写工作，吴迅亮负责全书技术结论的验证和审核工作。第 1 章及第 2 章由史慧玲、张玮执笔，第 3 章的使用案例与部署等工作由谭立状、丁伟、郝昊、王小龙实践并记录，第 4 章由吴迅亮、刘朔晗、张义伟、李明发、李俊豪执笔，第 5 章由谷鹏飞执笔。各位作者在各自的领域中都有丰富的实践经验和深入的理论研究，为本书的撰写提供了有力的支持。为了更好地理解和应用本书中的内容，读者需要具备一定的编程经验和网络基础知识。

本书在撰写过程中，得到了齐鲁工业大学（山东省科学院）计算机科学与技术学部、算力互联网与信息安全教育部重点实验室、国家自然科学基金、山东省自然科学基金的支持及业界专家学者、出版社编辑的广泛帮助，在此一并表示感谢。此外，感谢广大读者的关注，希望本书能为读者提供有价值的参考和帮助。

作者

2024 年 7 月

目录

第1章

初识 SONiC

本章将从宏观角度介绍云中开放网络软件（SONiC），并详细剖析 SONiC 的技术特点和功能发展历程，以及它的技术优势和现有的厂商实践、标准化等，帮助读者对 SONiC 建立全面的初步认识。

1.1 SONiC 概述

传统网络设备因具有封闭、黑盒、锁定等先天弊端，难以满足云计算时代对网络提出的软件定义、接口开放、模块化构建、快速迭代等开发和部署需求。SONiC 是一个基于 Linux 的开源网络交换机操作系统，由微软最先开发并在 2016 年发布，旨在为数据中心和云计算网络环境提供快速、可编程、可扩展且灵活的网络操作系统。SONiC 支持多种硬件平台，包括交换机、路由器和网关等，可以在公有云、私有云和混合云等多种云计算环境中运行。

SONiC 的设计理念是解耦网络软硬件。它通过对网络设备的数据面和控制面进行分离，并开放这些平面，实现了高度的灵活性和可扩展性。SONiC 支持开放的网络硬件接口，这为用户提供了选择适合他们特定需求的白盒硬件，并进行了网络管控。SONiC 不仅功能丰富，支持路由功能、交换功能、多网络协议、服务质量（QoS）功能、安全更新等（具体介绍见下文），还提供了许多实用特性，如 DevOps 工作流程和自动化配置，这极大地降低了网络管理和部署的复杂度。由于其开放源代码的特性，SONiC 成为数据中心和云计算网络的理想选择。云服务供应商、交换机供应商、ASIC 芯片制造商及大型企业已经在其网络基础设施中广泛采用 SONiC。此外，其社区的不断壮大，吸引了众多开发者和贡献者，推动了 SONiC 的功能和生态系统的发展。

总之，SONiC 是一种快速、可扩展和灵活的网络操作系统，适用于数据中心和云计算网络。它采用容器化技术、微服务架构和分离的数据面和控制面，具有高度可编程性和可定制性。

1.2 技术特点

作为一种开源的网络操作系统，SONiC 使用了大量开源技术，如应用容器（Docker）、内存数据库（Redis）、开源路由协议栈（FRRouting）和网络设备发现与监控工具 LLDPdaemon（以下简称“LLDPd”）及自动化配置工具 Ansible、Puppet 和 Chef 等[1]。SONiC 拥有大量创新且开放的技术优点，下面将依次简要介绍 SONiC 支持的功能。

第一，支持开放源代码。SONiC 作为一个开源的网络操作系统，用户可以自由地查看、使用、修改和进行个性化定制，这样的开源性质带来许多好处。用户可以根据自己的需求对 SONiC 进行定制和优化，使其更好地适应特定的网络环境和应用场景。此外，开源也促进了社区的合作和创新，吸引了众多开发者和贡献者推动 SONiC 的发展和演进。

第二，基于 Linux 构建网络操作系统。SONiC 充分利用了 Linux 社区的丰富生态系统，使用户可以获得广泛的开源工具和应用程序的支持。例如，用户可以使用 Linux 提供的网络管理工具、性能监控工具等工具强化网络的管理和运维能力。同时，SONiC 与其他 Linux 环境的集成也变得更加容易，可以更好地与现有的 IT 基础设施进行对接和协同工作。

第三，硬件和软件解耦。用户可以根据自己的需求选择不同厂商的硬件设备，并将其与 SONiC 无缝集成。这样的解耦还意味着可以对硬件和软件进行独立升级和维护，提高了系统的可维护性和可扩展性。

第四，支持多网络协议。SONiC 支持多种网络协议，包括边界网关协议（BGP）、开放最短通路优先协议（OSPF）、虚拟可扩展局域网（VxLAN）等。这使得 SONiC 适用于不同的网络环境和应用场景，并能够满足各种网络配置和管理的需求。无论是构建大规模数据中心网络还是构建跨地域互联网络，SONiC 可支持且具备了可扩展的能力。此外，SONiC 还可以灵活地应对新网络协议的出现和发展，保持与时俱进。

第五，灵活的路由和交换功能。SONiC 提供了灵活的路由和交换功能，使用户能够根据自己的需求配置和管理网络流量。它支持静态路由和动态路由协议，可以根据网络拓扑和流量需求来动态调整路由策略，以实现更高效的数据传输和负载均衡。同时，SONiC 还支持多种交换方式，如虚拟局域网（VLAN）、链路聚合组（LAG）等，可以灵活地划分和管理网络的边界和区域。

第六，支持 QoS 功能。这一特点可以帮助用户对网络流量进行分类、优先级排序和带宽控制，以实现不同应用或服务的优先级管理，保证关键应用的网络性能和稳定性。灵活配置 QoS 规则，可以根据业务需求和服务等级协定（SLA）对网络流量进行个性化的管理和控制。

第七，安全更新。由于 SONiC 基于 Linux 操作系统，用户可以及时获得来自 Linux 社区的安全更新和补丁，以应对网络安全威胁。Linux 社区对安全问题的快速响应和修复，能够帮助保障 SONiC 的安全性和稳定性。此外，SONiC 还支持密钥管理、访问控制和网络隔离等安全特性，帮助用户加强网络的安全防护。

第八，支持 DevOps 和自动化。SONiC 支持 DevOps 工作流程和自动化配置，可以通过 RESTConf 应用程序接口（API）和脚本进行网络配置和管理。这使得网络管理和部署更加便捷、高效和可重复。通过自动化工具和流程，用户可以快速响应需求变化，减少手动操作带来的错误和时延，提高工作效率和整体运维能力。

第九，可扩展性和可编程性。SONiC 的架构具有良好的可扩展性，能够适应不断增长的网络需求和规模。它支持模块化设计和插件机制，用户可以根据需要扩展和定制特定的网络功能。此外，SONiC 还提供了丰富的编程接口和开放的数据模型，使用户可以通过编程的方式灵活地控制和自定义网络行为。

第十，SONiC 得到了广泛的采用和活跃的社区支持。SONiC 已经被云服务供应商、交换机供应商、ASIC 芯片制造商及大型企业采用，并在其网络基础设施建设中发挥重要作用。这种广泛采用的背后是 SONiC 平台的稳定性、灵活性和可靠性。此外，SONiC 拥有活跃的社区支持，众多的开发者和爱好者积极参与进来，不断推动其功能和生态系统的发展。这意味着用户可以得到更多的支持和资源，并与其他用户进行交流和经验分享。

1.3 功能发展

SONiC 最早可追溯到微软于 2009 年开始开发的交换机抽象接口（SAI）项目，其目标是创建开放的、可用于云计算网络的软件定义网络（SDN）解决方案。在 2016 年的开放计算项目全球峰会上，微软正式发布了基于 Debian GNU/Linux 的开源网络交换机操作系统——SONiC。2017 年，SONiC 引入对常用的动态路由协议（如 BGP 和 OSPF）的支持，使网络设备能够根据网络拓扑和路由表动态地选择最佳路径。2018 年，SONiC 增加对 VxLAN 等虚拟化网络技术的支持，用于实现虚拟网络的隔离和扩展。2019年，SONiC着重增强安全功能，包括访问控制列表（ACL）、身份验证、加密和安全监视等，提供更强的网络安全保护。2020年，SONiC关注性能优化和可扩展性，通过优化数据面和控制面交互进一步提高网络设备的并发处理能力。2021年，SONiC进一步推动了自动化和对DevOps的支持，提供了丰富的API和脚本接口，使网络配置和管理可以通过自动化工具和流程实现。2022年，SONiC在安全性、编译速度、故障诊断、配置方面进行优化，将编译时间缩短到原先的1/10并增加了1300多项新的测试用例，新增gNMI并支持YANG模型。2023年，SONiC云原生特性不断增强。可以预见，每年定期召开的SONiC社区路线规划会议将为SONiC持续带来新的功能和特性更新。

自2016年推出以来，SONiC已被云服务供应商、交换机供应商、ASIC芯片制造商及大型企业广泛使用。它已成为领先的开源网络操作系统，被应用于硬件和软件组件的分离。SONiC社区现在已经拥有850多个成员，主要包括服务供应商、芯片和相关组件供应商，以及网络硬件原厂委托制造（OEM）商和原厂委托设计（ODM）商，业界普遍认为SONiC有可能成为网络界的Linux。据IDC（国际数据公司）预测，到2024年年底，SONiC数据中心交换机市场价值将达到20亿美元。

1.4 技术优势

5G时代是强互联时代，据相关数据，2023年全球超过350亿台终端接入网络。5G的应用不仅为数据中心带来新的发展契机，也会给现有技术带来挑战。一方面，更大规模的连接及海量数据将推动云数据中心规模的进一步扩大和设备密度的进一步提高；另一方面，人工智能（AI）等新兴技术的应用普及速度很快，数据中心负载越来越多样和复杂，硬件在提高密度的同时，还需要具备更大的灵活性。

数据中心网络是SONiC最主要的策源地[2]。然而，云计算应用对网络吞吐性能的要求更高，以便实现深层次扩展，400Gbit/s交换机的规模商用不仅需要硅器件和光学器件的进步，更离不开软、硬件的整体优化。例如，在光纤通信方面，400Gbit/s交换机既可以用在数据芯片中，也可以用在广域网上，广域网要求对长距离传输进行支持。随着云计算对安全的要求越来越高，需要在进行长距离传输时对数据进行加密，要想提供完整的解决方案，不能只局限于芯片或交换机，这就需要合作伙伴的协助。事实上，一直以来在数控分离层面的争议都没有间断，完全集中式或完全分布式的解决方案都被认为过于激进，具备数控编程能力，同时又可以在分离之后集中控制，是不少人都看好的一个方面，这也是 SONiC 发展的初衷之一。2016 年 SONiC 正式上线的时候，SONiC 的理念就是将传统交换机操作系统拆分成多个容器化组件，进而也定义了控制面的容器化架构，囊括了组件和编程接口。2017 年微软对 SONiC 的性能进行了大幅升级，全面支持智能桌面虚拟化（IDV），并且融合了更多的容器特性。之后，SONiC 又逐渐开始在深度学习等 AI 特性的应用上有了更多的尝试。

此外，微软开放技术开放了微软管理硬件操作的软件代码，如服务器诊断、电源供应、风扇控制等，这种开源的特性自然也延续到 SONiC 中，即所有软件功能模块都是开放的，可在 GitHub 上随时取用，这不仅可以让用户在短时间内获得更新，还能够利用云端进行深度遥测和自动化故障处理。可以看到，开源的技术路径扩展了 SONiC 的应用场景。具体而言，支持多槽架构的框式交换机 Chassis 就是一个很好的例子，由此能够满足广域网需求，获得更大的速率、容量及更多的端口。以往复杂的部署环境可以通过 SONiC 的解耦形成标准网络协议来通信，便于用户使用网络监控排查故障。

SONiC 是构建下一代网络的基础，通过将网络软件与底层硬件平台脱钩，SONiC 能够推进云网络基础设施的建设，以满足多样化和快速增长的客户需求。其提供了创建下一代网络解决方案的灵活性，并与硬件供应商一起进行创新，同时利用大型生态系统和开放社区的力量[3]。例如，对于思科（Cisco）来说，就其核心而言，SONiC 固有的开放性使其非常有利于供应商和运营商之间的合作，这对创新很有帮助。随着新的思科 8000 产品运行社区版 SONiC，作为业界领导者的思科在下一代解耦网络中具有独特的优势。如前文所述，SONiC 的另一技术优势是强大的开源社区支持。构建今天的架构，解决明天的问题，需要一种跨越边界的合作文化，而这正是开源社区所提供的。凭借其基于微服务的架构，SONiC 使即插即用变得简单。从供应商的角度来看，SONiC 使不同增值组件的集成变得无缝。

SONiC 提供了一个简化和统一的软件栈，方便管理来自多个供应商的异构底层设备，在一个可靠的网络上快速开发并部署功能，从而有能力实现各种芯片和硬件创新。对于供应商来说，SONiC 缩短了发布时间，因为现在只需要对供应商特定的功能（如协议栈与兼容层）进行开发和测试。SONiC 可以用更少的工程成本支持新的用例及多样化技术投入。例如，思科 8000 归一化的软件开发工具包（SDK）优势使其在 SONiC 跨系统移植方面具有竞争优势，因此它可以被应用于不同的网络位置和场景。SONiC 的开源性质使第三方可以用模块化和结构化的方式在供应商平台上开发应用，在新一代网络中先进的高性能可编程网络成为现实。

此外，SONiC 可以在不同的硬件平台上快速部署新功能和修复 Bug，修复问题的时间大大减少，满足了业务需求。它还减少了使用特定硬件带来的混乱，从而提高了网络可靠性。此外，SONiC 帮助解决的一些关键问题还包括为由供应商掌控的发布模式和节奏提供了灵活性，保障跨供应商的软件组件部署的统一性，以及避免跨平台的自动化框架的同质性。有了 SONiC，敏捷的发布模式成为现实。这是由供应商验证的社区 SONiC 的真正力量的体现。服务商可以通过“雪片一样的架构”对 SONiC 定制功能并上传社区，而供应商可以在他们的平台上全面验证功能和性能。

1.5 厂商实践

SONiC 的行业牵引力越来越大，在不同的市场领域中都引起了广泛的兴趣。SONiC 最初用以支持微软的 Azure 云基础网络设施。SONiC 基于 Debian，采用微服务化的容器架构，所有主要的应用程序都托管在独立的 Docker 容器中。虽然 SONiC 最初用于超大规模数据中心，但是如前文所述，服务供应商等企业现在都在考虑在其网络中引入 SONiC，受益于解耦网络和开放网络操作系统（NOS）生态的场景中，SONiC 都是理想选择。除了微软，阿里巴巴、腾讯、领英等互联网公司也是最早一批采用 SONiC 的企业，如今 SONiC 已经得到众多芯片厂商的支持，如 Broadcom、Marvell、Mellanox Technologies 等。在国内，开放数据中心委员会（ODCC）网络工作组主导的凤凰项目也依托 SONiC 开源社区，打造“白盒+开源 OS”的网络生态。

近些年，有越来越多的厂商加入了 SONiC 的生态，例如，Canonical 使用 SONiC 作为 Ubuntu 的快照；Docker 通过 Swarm 管理 SONiC 容器，使其具备了大规模更新的能力；Mellanox 使用 SONiC 辅助 Spectrum ASIC 基于硬件的数据包生成功能，实现了故障诊断和故障排除。而作为 SONiC 的初期贡献者，英伟达（NVIDIA）也为 SONiC 提供了很多帮助。首先就是社区版 SONiC，不仅为 ASIC、Protocol 都提供了支持，还为用户提供了丰富的操作系统选择。以满足不同应用的需求。其次，英伟达通过 SONiC 释放 Spectrum 交换机的 ASIC 中基于硬件的数据包生成功能，解决了网络故障诊断和故障排除的准确性和效率问题。为了帮助客户向 SONiC 过渡，英伟达提供了包括测试、咨询、培训等全套的服务方案，并提供 SONiC 云服务以提供大型的 SONiC 集群，帮助客户快速在 L3 层进行模拟。同时，英伟达也可以利用网络边缘或紧凑型边缘计算集群的交换机，以及用于 AI 领域 200Gbit/s 标准单位的交换机，满足这种大颗粒计算的需要。此外，浪潮开放网络交换机则默认集成开放网络安装环境（ONIE），支持按需加载 SONiC 和其他网络操作系统，支持弹性的 Spine-Leaf 网络架构，相对传统的 3 层网络架构，其可靠性更高，可扩展性更好。

早在 2011 年，腾讯就参与了 OCP 早期关于整机柜服务器技术标准的研讨。2018 年 2 月，腾讯正式加入 OCP 社区。腾讯通过凤凰项目自研的 NOS 继承了 SONiC 的主要架构优点，相比传统交换机使用的嵌入式系统专用内核，其成熟的工具和良好的生态，给交换机的开发和维护工作带来了很多的便利。而星融元是国内提供企业级 SONiC 和白盒交换机硬件的厂商，早在 SONiC 诞生之际，星融元就选择其作为构建全栈开放网络的发展引擎，推出以 SONiC 为内核的 AsterNOS 开源开放网络操作系统，以软硬件一体化的产品交付方式将大型云厂商的白盒化成功经验复制到规模更大的传统市场中，提供了全栈、开放、可编程的自由选择。此外，浪潮基于 SONiC 研发的网络操作系统 Inspur NOS，可满足云数据中心网络、分布式存储和超融合基础架构（HCI）互联等多种场景的商用部署需求。

总体来看，SONiC 的成功不仅在于其技术先进性和开放性，还在于其强大的生态系统和广泛的行业支持。其正成为网络操作系统领域中的一个重要标准和发展趋势，推动着整个网络行业的创新和发展。

1.6 SONiC 标准化

基于传统交换机的架构，网络操作系统由设备制造商开发，芯片制造商负责提供 ASIC 芯片和 SDK。设备制造商在此基础上进行二次开发，以适应各自的系统，并开发各种应用程序来实现特定的网络功能。同时，传统交换机的软硬件开发由设备制造商进行，导致系统完全关闭，无法满足快速开发部署新功能的需要，采购成本长期较高。传统交换机与 SONiC 白盒交换机架构对比如图 1-1 所示。

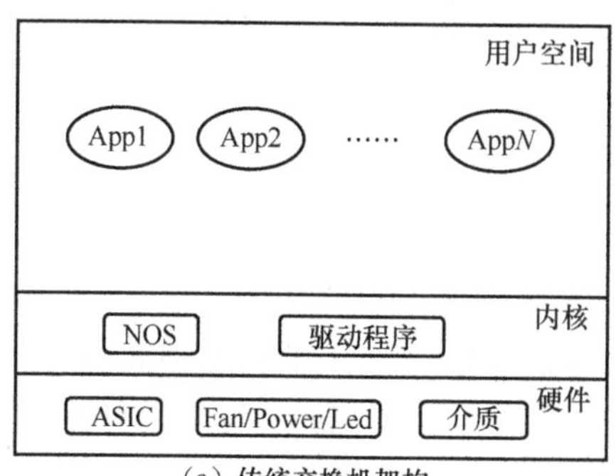

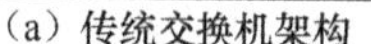
（a）传统交换机架构

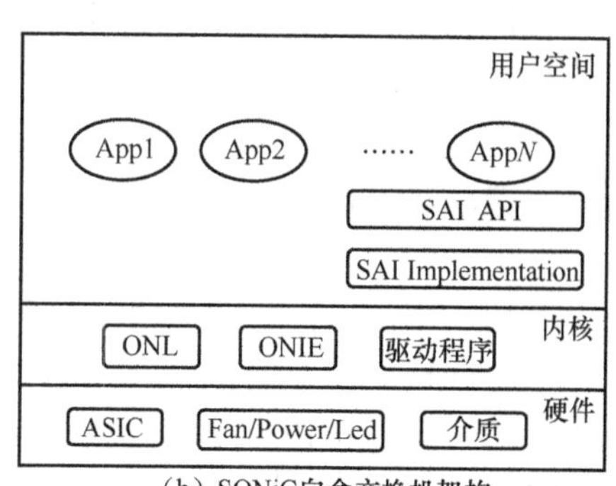

（b）SONiC白盒交换机架构

图 1-1 传统交换机与 SONiC 白盒交换机架构对比

为了解决上述问题，传统交换机的架构需要分层开放，以促进标准化进程。首先，OCP 定义了一系列硬件设计标准，包括硬件框图、原理图、布线图、物料清单（BOM）等部分推荐或参考设计，使更多的网络设备供应商能够通过开放式设计更快、更好地推出符合 OCP 规格的硬件产品。

其次，推动 BootLoader 的开源，安装和启动符合要求的交换机软件系统。2013 年，ONIE 由 Cumulus 孵化开源，基于 Linux 的小型操作系统可以在交换机上启动和发现本地网络上可用的安装程序图像，并将适当的图像传输到交换机，然后提供安装环境，使安装程序能够将网络操作系统加载到交换机上，使交换机和网络操作系统供应商专注于交换机和操作系统的开放，而不需要在 BootLoader 上投入太多的研发资源。

最后，促进 NOS 的开源和标准化。一方面，南向接口适应不同的 ASIC 平台；另一方面，北向接口为 App 提供统一的 API，实现软硬件的解耦。2017 年，微软向 OCP 贡献了 SAI，并正式发布了 SONiC。SONiC 的所有软件功能模块都是开源的，这极大地促进了 OCP 社区和其他制造商/用户在开放网络方面的创新。SONiC 通过将 SAI 作为南北互联网的中间部分，屏蔽了不同 ASIC 之间的驱动差异。正是由于 SAI 的存在，SONiC 的网络功能应用程序可以支持多个制造商的 ASIC。

目前，SONiC 已经被云计算服务商等企业用于内部和云计算数据中心的场景，在社区人才的推动下积极向更多的新场景和硬件延伸。SONiC 将超越数据中心，支持下一代网络创新，如边缘网络、物联网和 5G，并超越物理网络，支持 SDN 场景。未来，SONiC 将继续存在，其有成为网络界的 Linux 的趋势。SONiC 已经逐渐被大型网络所采用，并被部署在多种用例中。巨大的力量伴随着巨大的责任，这也适用于 SONiC。随着 SONiC 获得更广泛的采用，它将不断成熟，以实现更丰富的功能。编排和自动化生态系统将更加多样化，为更新的编排控制器和配置框架提供机会，以进一步丰富 SONiC，并将可编程性提升到新的高度，同时进入新的案例，如 5G 和物联网。

1.7 本章小结

本章主要介绍了 SONiC 的相关基础内容。首先，第 1.1 节对 SONiC 进行了概述。SONiC 是由微软开发的开源网络操作系统，基于 Linux 构建，实现了软硬件的解耦，支持多厂商硬件，具备可编程、可扩展和灵活等特点。它的开源属性吸引了大量开发者参与，推动了 SONiC 的功能和生态发展。其次，第 1.2 节介绍了 SONiC 的技术特点。包括开放源代码、基于 Linux、软硬件解耦、支持多网络协议、支持路由功能、支持交换功能、支持 QoS 功能、支持安全更新、支持 DevOps、可扩展性、社区支持等方面。接着，第 1.3 节概述了 SONiC 的功能发展历程。自 2016 年发布以来，SONiC 不断丰富功能，包括路由协议支持、虚拟化支持、安全增强、性能优化、自动化支持等方面。目前 SONiC 已成为业界领先的开源网络操作系统。然后，第 1.4 节分析了 SONiC 的技术优势。它使网络软件与硬件解耦，提高创新速度，支持 DevOps，简化网络管理，支持硬件选择，降低成本，并得到社区支持，不断演进功能。第 1.5 节介绍了 SONiC 的厂商实践。微软、英伟达、浪潮等公司都采用了 SONiC，利用其开源特性，快速部署新功能和修复 Bug，简化网络管理，降低成本，提高网络可靠性。最后，第 1.6 节详细介绍了 SONiC 如何通过开源和标准化改革传统交换机架构，推动网络创新，并有望成为网络领域的 Linux 系统。

通过本章的学习，读者可以全面了解 SONiC，包括其起源、技术特点、功能发展、技术优势、厂商实践及标准化。本章内容有助于读者对 SONiC 有一个深入的认识，为其在数据中心网络中应用 SONiC 提供基础。随着网络技术的发展，网络操作系统的重要性日益凸显。SONiC 作为开源网络操作系统，具有高度的灵活性和可扩展性，适用于多种网络场景。其开源特性促进了社区的积极参与和功能的快速发展，使其成为数据中心网络的重要选择之一。综上所述，本章的内容为读者提供了对 SONiC 的全面介绍，为读者后续的学习和应用奠定了基础。在未来的网络技术发展中，SONiC 将继续发挥重要作用，推动网络技术的创新和发展。

参考文献

[1] ALSABEH A, KFOURY E, CRICHIGNO J, et al. Leveraging SONiC functionalities in disaggregated network switches[C]//Proceedings of the 2020 43rd International Conference on Telecommunications and Signal Processing (TSP). Piscataway: IEEE Press, 2020: 457-460.

[2] 熊丽婷, 张绍彪, 揭吁菡. 两种高吞吐量低延迟光数据中心网络架构研究[J]. 光通信研究, 2020(6): 17-20, 76.

[3] SADIKU M N O. Optical and wireless communications: next generation networks[M]. Boca Raton: CRC Press, 2018.

第2章

SONiC 核心组件

本章详细介绍了 SONiC 的系统架构、硬件解耦合的交换机抽象接口（SAI）技术、软件解耦合的 Docker 技术、Redis 数据库及其他关键模块，帮助读者理解 SONiC 的组成原理和运行流程。

2.1 SONiC 系统架构

2.1.1 系统概述

SONiC 与数据中心紧密相连，对数据中心的理解能够帮助用户更好地体会 SONiC 设计的简洁与优美。前面提到 SONiC 用了很多开源技术，SONiC 能够把如此多的开源技术运用起来，并且能够稳定运行大规模的网络，这都得益于 SONiC 的架构。

作为一个运行在开放交换机上的开源网络操作系统，SONiC 包含了一个功能齐全的网络层设备。目前，SONiC 支持 BGP、链路层发现协议（LLDP）、Link Aggregation/LACP 和 VLAN 等多种网络协议、功能。SONiC 架构如图 2-1 所示，其由 6 层组成，由下到上分别是硬件组件、驱动程序、Linux 内核接口、其他源文件、SONiC 开放源及其他 App。

其中，硬件组件是指交换机内所有物理组件，包括风扇、电源、LED、网络收发器、ASIC 和交换机硬件。驱动程序为各个厂商提供相关驱动。Linux 内核接口主要包含 Netdev 和 Sysfs。SONiC 开放源主要包含 SAI API、ASIC 控制软件（ASIC Control Software）、目标程序库（Object Library）、交换机抽象接口实现（SAI

Implementation）4 个模块。SAI 是一种标准的 C 语言 API，由特定的交换机 ASIC 的 SDK 实现。ASIC Control Software 是指交换机状态服务（SwSS），主要收集硬件交换机的状态信息。其他 App 主要是指通过 Docker 运行一些网络相关功能的 App。

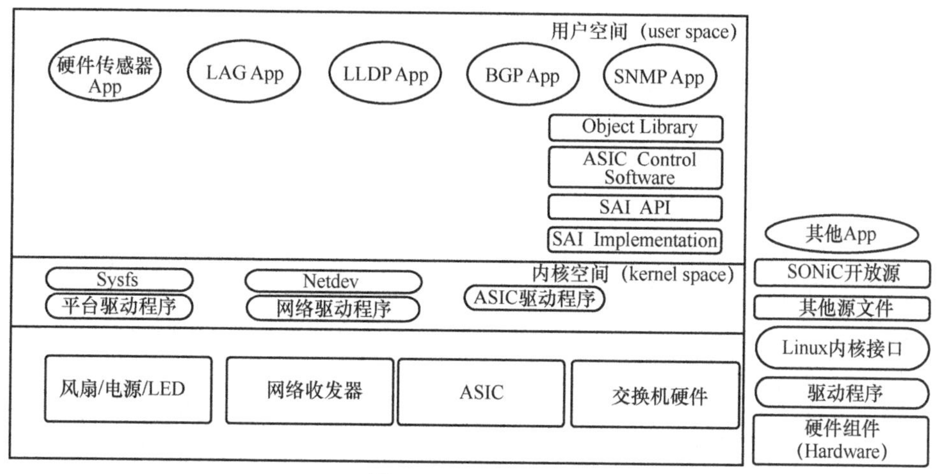

图 2-1　SONiC 架构

SONiC 按功能将整个系统划分为多个模块，SONiC 系统模块划分如图 2-2 所示，整个系统由多个模块组成，每个模块作为一个独立的 Docker 容器运行，由多个进程协同实现该模块的功能。每个 Docker 之间可以进行交互，但并非所有 SONiC 应用程序都与其他 SONiC 组件交互，因为其中一些组件从外部实体收集其状态。灰色箭头表示与集中式 Redis 引擎的交互，黑色箭头表示与其他引擎（netlink、/sys 文件系统等）的交互。

SONiC 系统是以 Redis 为中心的基于数据驱动的操作系统，交换机状态服务、BGP 等都是在容器里面运行的。容器模块往下是统一的 SAI，能够很好地屏蔽不同芯片厂商的 SDK 差异，这让几乎所有的交换芯片厂商都参与进来并贡献自己的成果。

截至目前，SONiC 将其主要功能分为以下几个模块，并存放在不同的 Docker 容器中。① TEAMD 容器，主要运行并实现 LAG 功能。② PMON 容器，记录硬件传感器读数并发出警报。③ SNMP 容器，承载简单网络管理协议（SNMP）功能。④ DHCP-relay 容器，将动态主机配置协议（DHCP）服务器的子网连接到其他子网上的一台或多台 DHCP 服务器上。⑤ LLDP 容器，承载 LLDP 功能，建立 LLDP 连接。⑥ BGP 容器，运行支持的路由协议之一，如 OSPF、ISIS、LDP、BGP 等。⑦ Database 容器，托管 Redis 数据库引擎。SONiC 应用程序可以通过

Redis 进程为此目的公开的 UNIX 套接字访问此引擎中保存的数据库。⑧ SwSS 容器，实现所有 SONiC 模块之间的有效通信和与 SONiC 应用层之间的交互，监听并推送各个组件的状态。⑨ Syncd 容器，实现交换机网络状态和实际硬件的同步。

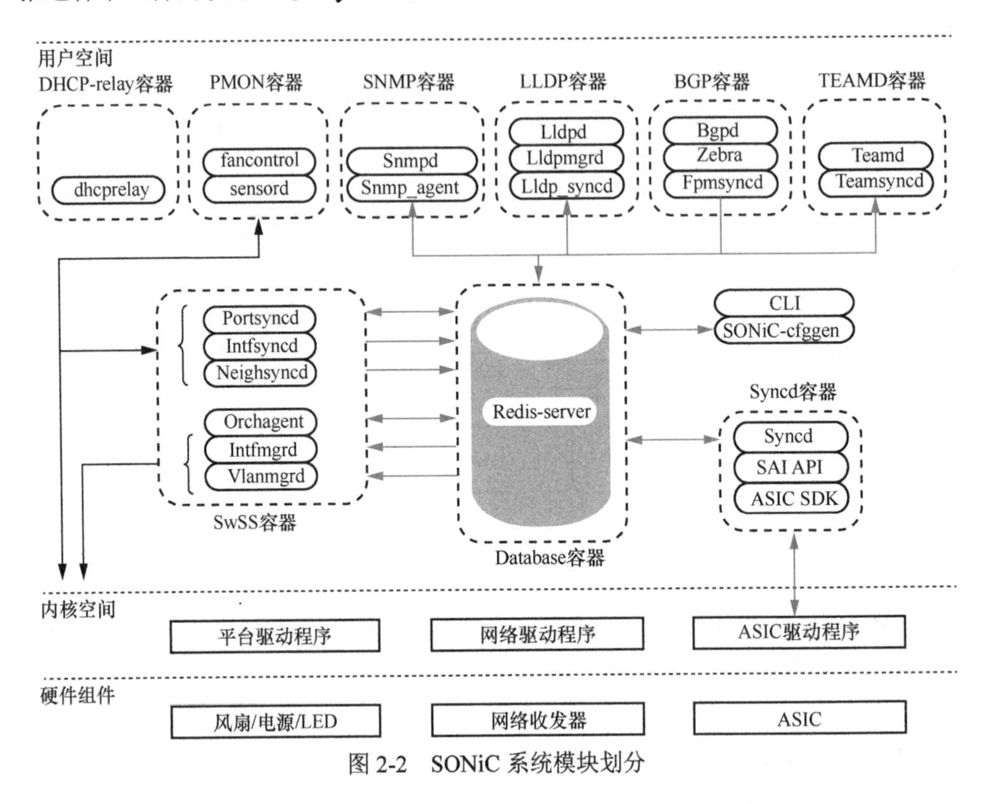

图 2-2　SONiC 系统模块划分

综上所述，SONiC 构建在 Linux 系统之上，并且利用 Redis 数据库、容器、SAI 等技术，成为一个软硬件彻底解耦、软件模块松耦合、高可靠、易扩展及开源开放的网络软件系统，其架构特点主要体现在如下方面。

第一，统一的 SAI。SAI 是 SONiC 的核心，并为 SONiC 提供了统一的 API。设备厂商、网络开发者可以基于芯片厂商提供的 SAI 开发应用，而不需要关心底层硬件实现，加速产品迭代与创新。

第二，使用数据库架构。SONiC 使用数据库架构代替原有的模块化耦合架构，将应用模块之间的传递数据模式变成应用模块之间通过数据库进行数据交换的模式，从关注流程转变为关注数据，实现了功能模块之间的解耦。数据库成为所有模块的枢纽，模块与模块之间解耦，数据库是稳定的，各个模块升级或出现故障不会影响其他模块的正常运行，在整个切换过程中转发面不受影响，传统架构和数据库架构的数据处理流程对比如图 2-3 所示。

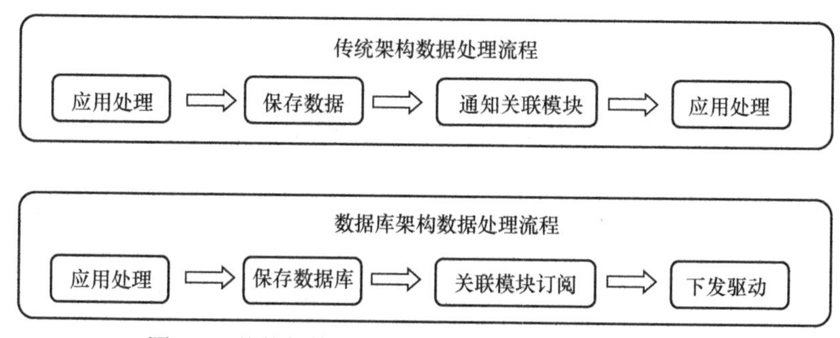

图 2-3 传统架构和数据库架构的数据处理流程对比

第三，容器化组件。组件容器化使 SONiC 具有极高的可扩展性，网络运营管理人员能够快速引入第三方、专有或开源组件，而不对原有业务造成影响。

第四，减少与内核交互。运行在用户空间的 SONiC 中，只有少数模块（包括 Pmon、SwSS 和 Syncd）与 Linux 内核之间存在交互关系，从而保证了系统的稳定性。

2.1.2 Docker 容器

如前文所述，SONiC 将每个模块放在独立的 Docker 容器中，以保持组件之间的高内聚性，同时减少脱节组件之间的耦合。每个组件都被编写为完全独立于平台特定的细节，而这些细节是与底层抽象交互所必需的。具体来讲，SONiC 将其主要功能组件分解为以下 Docker 容器，具体介绍如下（已在前文简单介绍过）。

① DHCP-relay 容器：DHCP 中继代理可以将 DHCP 请求从没有 DHCP 服务器的子网中继到其他子网上的一个或多个 DHCP 服务器上。

② PMON 容器：负责运行 sensord 进程，sensord 进程用于定期记录来自硬件组件的传感器读数，并能发出警报。PMON 容器还托管 fancontrol 进程，以从相应的平台驱动程序收集与风扇相关的状态。

③ SNMP 容器：承载 SNMP 功能，该容器包含以下两个进程。

a. Snmpd：实际的 SNMP 服务器，负责处理从外部网络元素传入的 SNMP 轮询。

b. Snmp_agent：这是 SONiC 的 AgentX SNMP 子代理的实现。此子代理程序向主代理（Snmpd）提供从集中式 Redis 数据库引擎中的 SONiC 数据库收集的信息。

④ LLDP 容器：承载 LLDP 功能，在此容器中运行的相关进程如下。

a. Lldpd：具有 LLDP 功能的实际 LLDP 进程。这是与外部对等体建立 LLDP 连接以通告/接收系统功能的过程。

b. Lldp_syncd：负责将 LLDP 的发现状态上传到集中式系统的消息基础结构

（Redis 数据库引擎）的进程。这样做可以将 LLDP 状态传递给有兴趣使用此信息的应用程序（如 SNMP App）。

c. Lldpmgrd：该进程为 LLDP 进程提供增量配置功能；它通过订阅 Redis 数据库引擎中的 STATE_DB 来实现此目的。

⑤ BGP 容器：运行其中一个受支持的路由堆栈——Quagga 或 FRRouting。虽然容器以正在使用的路由协议（BGP）命名，但实际上，这些路由堆栈可以运行其他网络协议（如 OSPF、ISIS、LDP 等）。BGP 容器功能细分如下。

a. Bgpd：常规的 BGP 服务。来自外部参与方的路由状态通过常规的 TCP/UDP 套接字接收，并通过 Zebra/Fpmsyncd 接口向下推送到转发平面。

b. Zebra：充当传统的 IP 路由管理器。其跨不同协议提供内核路由表更新、接口查找和路由再分发服务。Zebra 还负责将计算出的转发信息库（FIB）通过网络链路接口向下推送到内核，转发过程中涉及的南向组件通过转发-平面-管理器（FPM）接口。

c. Fpmsyncd：小型进程，负责收集 Zebra 进程中生成的 FIB 状态，并将其内容转储到 Redis 数据库引擎内的应用程序数据库（APPL_DB）中。

⑥ TEAMD 容器：在 SONiC 设备中运行 LAG。Teamd 进程是 LAG 协议基于 Linux 的开源实现。Teamsyncd 进程允许 Teamd 进程和南向子系统之间的交互。

⑦ Database 容器：托管 Redis 数据库引擎。SONiC 应用程序可以通过一个 UNIX 套接字访问该引擎中保存的数据库。以下是 Redis 数据库引擎托管的主要数据库。

a. APPL_DB：存储所有应用程序容器生成的状态，包括路由、下一个跃点、邻居等。这是希望与其他 SONiC 子系统交互的所有应用程序的南向入口点。

b. CONFIG_DB：存储 SONiC 应用程序创建的配置状态，包括端口配置、接口、VLAN 等。

c. STATE_DB：存储系统中配置的实体的“密钥”操作状态。此状态用于解析不同 SONiC 子系统之间的依赖关系。例如，LAG 端口通道（由 Teamd 子模块定义）是指系统中可能存在也可能不存在的物理端口。另一个例子是 VLAN 的定义（通过 Vlanmgrd 组件），它可以引用系统中存在不确定性的端口成员。实质上，此 DB 存储解析跨模块化依赖项所需的所有状态。

d. ASIC_DB：存储驱动 ASIC 配置和操作所需的状态。此处的状态以 ASIC 友好格式保存，以简化 Syncd 和 ASIC SDK 之间的交互。

e. COUNTERS_DB：存储与系统中每个端口关联的计数器/统计信息。此状态可用于满足 CLI 本地请求，或馈送遥测通道以供远程使用。

⑧ SwSS 容器：交换机状态服务（SwSS）容器由一组工具组成，允许所有

SONiC 模块之间的有效通信。如果数据库容器擅长提供存储功能，SwSS 主要侧重于提供机制来促进所有不同方之间的沟通和仲裁。此外，SwSS 还承载负责与 SONiC 应用层进行北向交互的进程。如前文所述，例外情况是 Fpmsyncd、Teamsyncd 和 Lldp_syncd 进程，它们分别在 BGP、TEAMD 和 LLDP 容器的上下文中运行。无论这些进程在何种上下文中运行（在 SwSS 容器内部或外部），它们都有相同的目标，即提供允许 SONiC 应用程序和 SONiC 的 Redis-engine 建立连接的方法。这些进程通常由正在使用的命名约定来标识——*syncd。

a. Portsyncd：侦听与端口相关的网络链路事件。在启动期间，Portsyncd 通过解析系统的硬件配置文件来获取物理端口信息。Portyncd 最终会将所有收集的状态推送到 APPL_DB。端口速度、通道和 mtu 等属性通过此通道传输。Portsyncd 也会将状态注入 STATE_DB。

b. Intfsyncd：侦听与接口相关的网络链路事件，并将收集到的状态推送到 APPL_DB 中。与接口关联的新的/已更改的 IP 地址等属性由此进程处理。

c. Neighsyncd：侦听由于地址解析协议（ARP）处理而由新发现的邻居触发的与邻居相关的网络链路事件。诸如 MAC 地址和邻居地址等由此进程处理。此状态最终将用于构建数据面中用于 L2 重写目的所需的邻接表。同样地，所有收集的状态最终都被转移到 APPL_DB 中。

d. Teamsyncd：在 TEAMD 容器中运行。与前面的情况一样，获得的状态被推入 APPL_DB。

e. Fpmsyncd：在 BGP 容器中运行。与前面的情况一样，获得的状态被推入 APPL_DB。

f. Lldp_syncd：在 LLDP 容器中运行。与前面的情况一样，获得的状态被推入 APPL_DB。

上述进程显然充当了状态生产者，因为它们将信息注入由 Redis 数据库引擎表示的 Publisher/Subscriber 管道模式中。但显然必须有另一组进程充当订阅者，愿意使用和重新分发所有传入状态。相关进程信息如下。

a. Orchagent：SwSS 子系统中最关键的组件。Orchagent 提取*syncd 进程注入的所有相关状态的逻辑，相应地处理和发送此信息，最后将其推送到其南向接口。这个南向接口再次成为 Redis 数据库引擎（ASIC_DB）中的另一个数据库。因此，Orchagent 既是消费者（如对于来自 APPL_DB 的状态），也是生产者（对于被推入 ASIC_DB 状态）。

b. Intfmgrd：对来自 APPL_DB 的状态作出反应，CONFIG_DB 和 STATE_DB 配置 Linux 内核中的接口。仅当正在监视的任何数据库中没有冲突或不一致的状态时，才会完成此步骤。

c. Vlanmgrd：对来自 APPL_DB 的状态作出反应，CONFIG_DB 和 STATE_DB 在 Linux 内核中配置 VLAN 接口。与 Intfmgrd 的情况一样，仅当没有未满足的依赖状态/条件时，才会尝试此步骤。

⑨ Syncd 容器：Syncd 容器的主要目标是让交换机的网络状态信息（协议栈信息）和交换机硬件/ASIC 上的实际状态保持同步。这种机制主要包括初始化、配置及收集交换机 ASIC 当前的状态。Syncd 的主体功能有两个，一个是从 ASIC_DB 收集用户的配置信息，并调用 SAI，下发到芯片；另一个是实时获取芯片的某些状态改变信息，上报给 SwSS 模块，如端口信息变化、转发数据库（FDB）事件等。以下是 Syncd 容器中存在的主要逻辑组件。

a. Syncd：负责执行上述同步逻辑的进程。在编译时，与硬件供应商提供的 ASIC SDK 库同步连接，并通过调用为此效果提供的接口将状态注入 ASIC。Syncd 订阅 ASIC_DB 以接收来自 SwSS 参与者的状态，同时注册为发布者以推送来自硬件的状态。

b. SAI API：SAI 定义了 API，以提供一种独立于供应商的方式来控制转发元素，如以统一的方式控制交换 ASIC、神经网络处理器（NPU）或软件交换机。

c. ASIC SDK：硬件供应商被期望提供驱动其 ASIC 所需的 SDK 的 SAI 友好型实现。此实现通常以动态链接库的形式提供，该库连接到负责驱动其执行的驱动进程（在本例中为同步）。

⑩CLI / SONiC-cfggen：负责提供 CLI 功能和系统配置功能的 SONiC 模块。

a. CLI 组件极度依赖 Python 的 Click 库来为用户提供一种灵活且可自定义的方法来构建命令行工具。

b. SONiC-cfggen 组件由 SONiC 的 CLI 调用，以执行配置更改或任何需要与 SONiC 模块进行配置相关交互的操作。

2.1.3 子系统交互

本节的目的是让读者详细了解发生在 SONiC 中不同组件之间的一系列交互过程。为了更加明确，本节详细介绍了所有可能出现的系统交互，并关注每个主要功能交互的特定状态。

1. LLDP 状态交互

图 2-4 描述了 LLDP 状态传输中发生的系列交互。在该示例中，将展示当 LLDP 携带的状态更改的消息到来时的一系列动作，其详细处理流程如下。

① LLDP 容器初始化。Lldpmgrd 从 STATE_DB 处获取系统中物理端口状态的实时信息。Lldpmgrd 的轮询周期为每 5s，因此，Lldpd（及其网络对等体）会

一直保持对系统端口的状态变化及影响其操作的任何配置更改的感知。

② 在某个时刻，新的 LLDP 数据包到达内核空间时，内核会传输相关有效负载给 LLDP 进程。

③ LLDP 解析并消化这个新状态，最终由 Lldp_syncd 在执行 lldpctl cli 命令的过程中获得（通常每 10s 运行一次）。

④ Lldp_syncd 把这种新状态发送给 APPL_DB 中的 LLDP_ENTRY_TABLE 表。

⑤ 从此刻起，所有订阅此表的实体都应收到一个新状态的副本，对该例来说，目前 SNMP 是唯一想要获得此信息的实体。

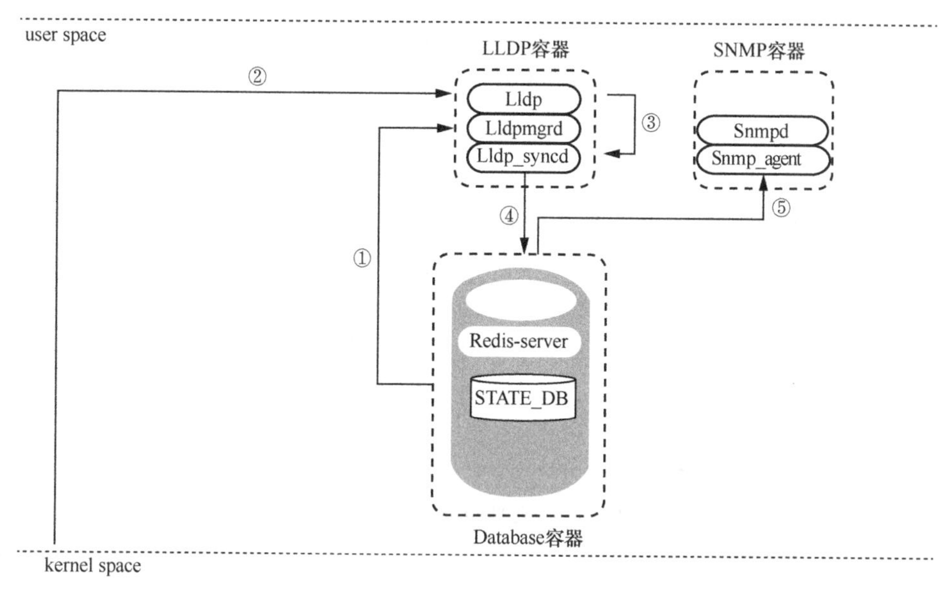

图 2-4　LLDP 状态传输中发生的系列交互

2. SNMP 状态交互

SNMP 容器承载了主进程 Snmpd 和 SONiC 特定的 Snmp_subagent 进程。后者与所有可提供 MIB 状态的 Redis 数据库/表进行交互。具体而言，SNMP 订阅以下数据库/表。①APPL_DB：LLDP_ENTRY_TABLE、LAG_MEMBER_TABLE、LAG_TABLE、PORT_TABLE。②STATE_DB: *。③COUNTERS_DB: *。④ASIC_DB: ASIC_STATE:SAI_OBJECT_TYPE_FDB*。图 2-5 描述了在 SNMP 问询到来时，SONiC 各组件间的处理过程。其详细处理流程如下。

① 在 SNMP_subagent 支持的不同 MIB 子组件初始化时，与上述各种数据库建立连接。从这一刻起，SNMP_subagent 缓存从所有数据库获得的状态。此信息每隔几秒（<60s）刷新一次，以确保数据库和 Snmp_subagent 完全同步。

② 当 SNMP 问询到达内核时，内核传输此数据包到 Snmpd 进程中。

③ 解析 SNMP 消息，并将关联的请求发送到 SONiC 的子代理（如 sonic_ax_impl）中。

④ Snmp_subagent 基于本地数据结构中缓存的状态为问询提供服务，并将信息发送回 Snmpd 进程。

⑤ Snmpd 最终通过 socket 接口将回复发送给最初发起方。

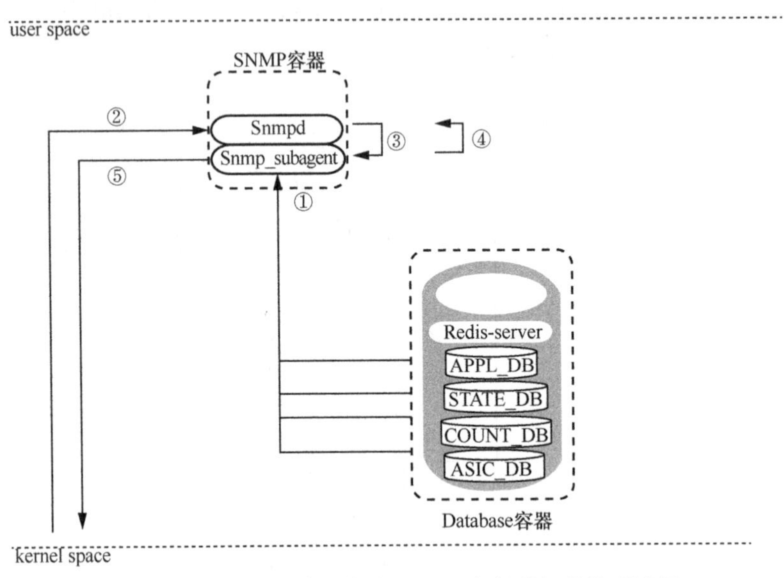

图 2-5　SNMP 问询到来时 SONiC 各组件间的处理过程

3. 路由状态交互

本部分将遍历 SONiC 处理从 eBGP 方接收新路由的一系列步骤，假设会话已经建立，并且正在学习一个新的路由，其使用一个直接连接的对等体作为下一跳。图 2-6 展示了系统在处理路由状态变化时各模块的交互过程。在 BGP 容器初始化期间，Zebra 通过常规 TCP 套接字连接到 Fpmsyncd。在稳定时确认 Zebra、Linux 内核、APPL_DB 和 ASIC_DB 中保存的路由表是一致的。其详细处理流程如下。

① 一个新 TCP 数据包到达内核空间中的 BGP 套接字，内核的网络堆栈最终会将关联的有效负载发送到 Bgpd 进程中。

② Bgpd 解析新数据包，处理 BGP 更新，并通知 Zebra 此新前缀及其关联的协议下一跳的存在。

③ 在 Zebra 确定此前缀的可行性/可访问性后，Zebra 会生成一条网络链路消

息，并在内核中注入此新状态。

④ Zebra 利用 FPM 接口将此网络链路消息推送给 Fpmsyncd。

⑤ Fpmsyncd 处理网络链路消息，并将此状态推送到 APPL_DB 中。

⑥ 作为 APPL_DB 的订阅者，Orchagent 将收到之前推送给 APPL_DB 的信息。

⑦ 在处理好收到的信息后，Orchagent 将调用 SAI Redis API 并将路由信息注入 ASIC_DB 中。

⑧ 作为 ASIC_DB 的订阅者，Syncd 将接收由 Orchagent 生成的新状态。

⑨ Syncd 处理信息并调用 SAI API 将此状态注入相应的 ASIC 驱动程序中。

⑩ 新路由最终推向 ASIC。

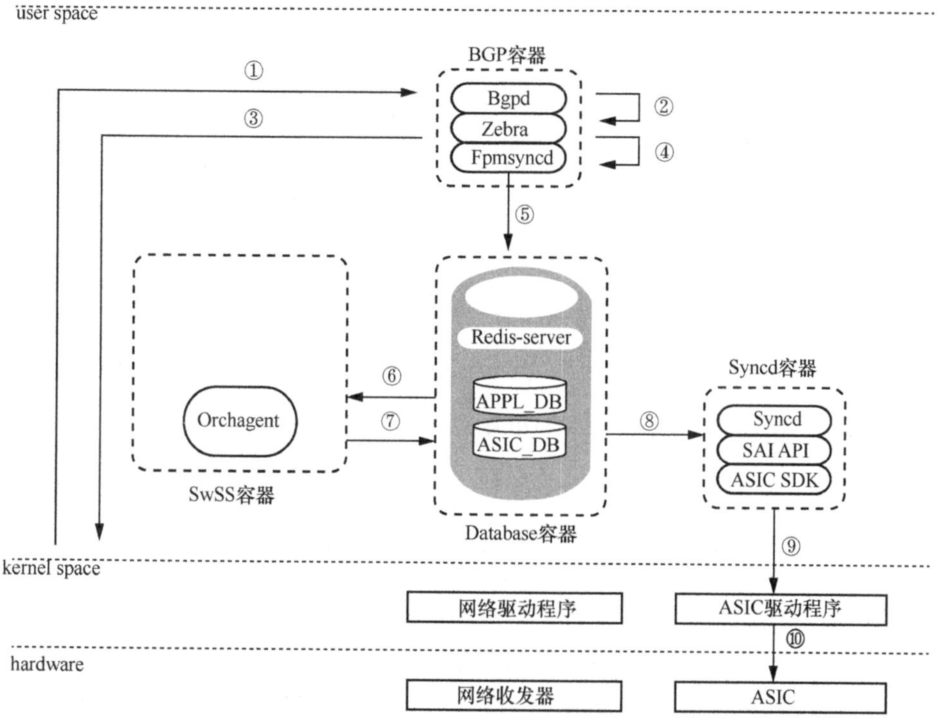

图 2-6　系统在处理路由状态变化时各模块的交互过程

4. 端口状态交互

本部分介绍系统在传输端口相关信息时系统各模块间的交互过程，如图 2-7 所示。在该过程中，Portsyncd 发挥了关键作用，它对其他 SONiC 子系统也具有依赖关系。其详细处理流程如下。

① 在初始化期间，Portsyncd 与 Redis 数据库引擎的主数据库建立通信通道。Portsyncd 是 APPL_DB 和 STATE_DB 的发布者，也是 CONFIG_DB 的订阅者。同样，Portsyncd 也订阅系统的 Netlink 通道，负责传输端口/链路状态信息。

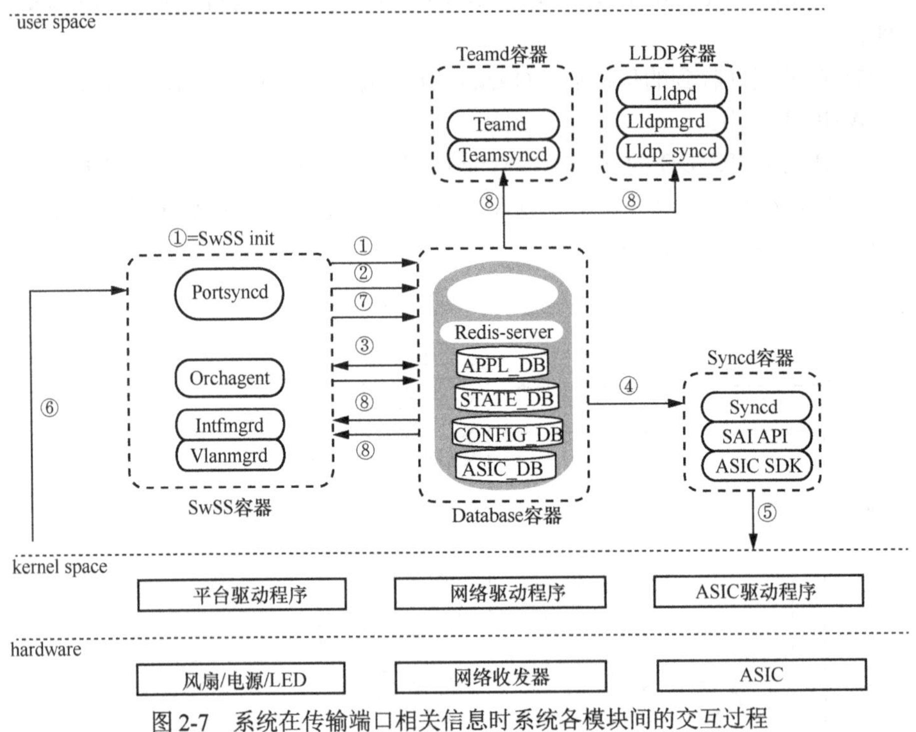

图 2-7　系统在传输端口相关信息时系统各模块间的交互过程

② Portsyncd 首先解析与系统中正在使用的硬件配置文件/SKU 关联的端口配置文件（port_config.ini）。端口相关信息（如通道、接口名称、接口别名、速度等）通过该通道传输到 APPL_DB 中。

③ Orchagent 监听所有新状态，但会推迟对其采取行动，直到 Portsyncd 通知它完全解析了 port_config.ini。一旦解析结束，Orchagent 将继续对硬件/内核中相应的端口接口初始化。Orchagent 调用 SAI Redis API 以通过常用的 ASIC_DB 接口发送此请求到 Syncd 中。

④ Syncd 通过 ASIC_DB 接收此新请求，并准备调用满足 Orchagent 请求所需的 SAI API。

⑤ Syncd 使用 SAI API 及 ASIC SDK 创建与正在初始化的物理端口相关联的内核主机接口。

⑥ 步骤⑤将生成一条 Netlink 消息，该消息将由 Portsyncd 接收。在到达与

先前从 port_config.ini 解析的所有端口关联的消息的 Portsyncd 时，Portsyncd 将继续声明初始化过程已完成。

⑦ 作为步骤⑥的一部分，Portsyncd 将与每个成功初始化的端口相对应的记录写入对应的 STATE_DB。

⑧ 从此刻起，以前订阅 STATE_DB 内容的应用程序将收到通知，允许这些应用程序开始使用它们所需要的端口。换句话说，如果在 STATE_DB 中找不到端口的有效信息，则任何应用程序都无法使用它。

而当物理端口出现故障时，关闭该端口的系统各模块的处理流程如图 2-8 所示。

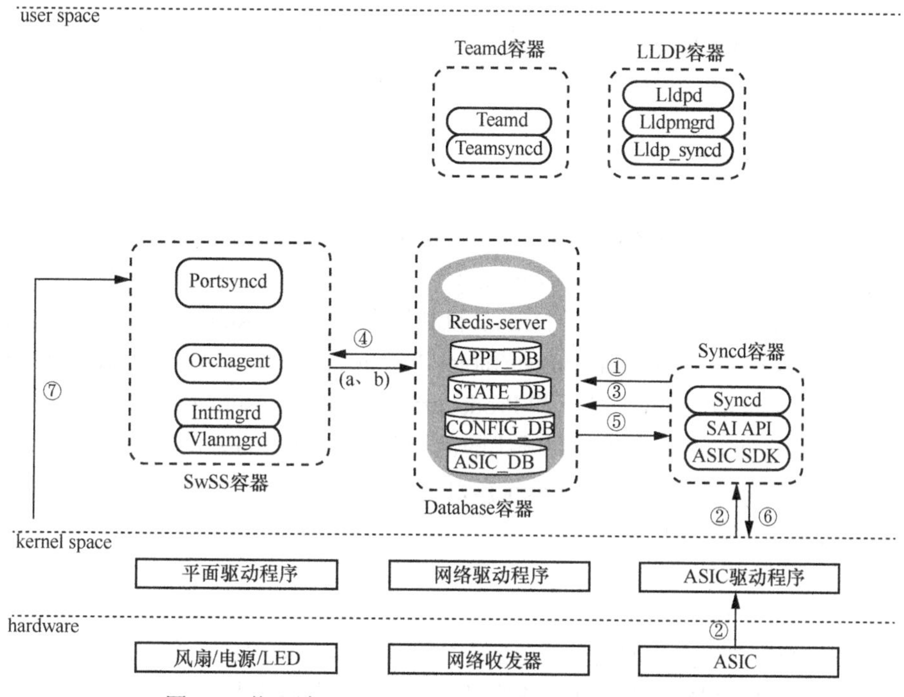

图 2-8 物理端口出现故障时关闭系统各模块的处理流程

① Syncd 在 ASIC_DB 上下文中同时作为发布者和订阅者执行。“订阅者”模式显然是合理的，因为需要 Syncd 接收来自北向应用程序的状态，就像到目前为止看到的所有模块交互一样。只有“发布者”模式允许 Syncd 通知更高级别的组件硬件生成的事件的到来。

② 当相应的 ASIC 的光学模块检测到载波丢失时，会向相关驱动程序发送通知，该驱动程序又将此信息传输到 Syncd。

③ Syncd 调用正确的通知处理程序，并将端口关闭事件发送到 ASIC_DB。

④ Orchagent 利用其通知线程（专用于此任务）从 ASIC_DB 收集新状态，并执行“端口状态更改”处理程序，具体如下。

a. 生成对 APPL_DB 的更新以提醒依赖此状态进行相关操作的应用程序。

b. 调用 SAI Redis API 来提醒 Syncd 需要更新与端口的主机接口相关联的内核状态。同样，Orchagent 通过常用的 ASIC_DB 接口将此请求传递给 Syncd。

⑤ Syncd 通过 ASIC_DB 接收此新请求，并准备调用满足 Orchagent 请求所需的 SAI API。

⑥ Syncd 使用 SAI API + ASIC SDK 及受影响的主机接口的最新运行状态（DOWN）来更新内核。

⑦ 在 Portsyncd 上接收到与上一步关联的网络链路消息，该消息被静默丢弃，因为所有 SONiC 组件现在都完全了解端口关闭事件。

2.1.4 消息通信机制

SONiC 各个模块之间的通信方式主要有 3 种，包括与内核的通信、基于 Redis 的注册分发机制的通信和基于 ZeroMQ（ZMQ）的服务间的通信。其中与内核的通信主要包含命令行调用和基于 Netlink 机制的通信。基于 Redis 的注册分发机制的通信主要有 4 种方法，SubscriberStateTable、NotificationProducer/NotificationConsumer、ProducerTable/ConsumerTable 和 ProducerStateTable/ConsumerStateTable。虽然它们都是基于 Redis 的，但是它们解决的问题和解决问题的方法却非常不同。基于 ZMQ 的服务间的通信仅在 Orchagent 和 Syncd 的通信中使用。本节将对上述消息通信机制进行详细介绍。

1. 与内核的通信

(1) 命令行调用

SONiC 中与内核通信最简单的方式就是命令行调用，而命令行调用作为一种通信方式的原因是，当*mgrd 服务调用 exec()函数对系统进行修改时，会触发 Netlink 事件，从而通知其他服务进行相应的修改，如*syncd，这样就间接地构成了一种通信。所以这里把命令行调用看作一种通信机制能更好地理解 SONiC 的各种工作流。其具体实现放在（common/exec.h）目录下，且十分简单，示例如下。

```
// File: sonic_buildimage/src/sonic-swss-common/common/exec.h
// Namespace: swss
int exec(const std::string &cmd, std::string &stdout){}
```

其中，cmd 是要执行的命令，stdout 是命令执行的输出。这里的 exec()函数是同步调用，调用者会一直阻塞，直到命令执行完毕。其内部通过调用 popen()

函数来创建子进程，并且通过 fgets()函数获取输出。然而该函数使用较少，只是通过返回值判断是否成功。

PortMgr::setPortAdminStatus()函数使用较为广泛，特别是在*mgrd 服务中，如在 Portmgrd 中就用它设置每一个 Port 的状态等。

```
// File: sonic_buildimage/src/sonic-swss/cfgmgr/portmgr.cpp
bool PortMgr::setPortAdminStatus(const string &alias, const bool up)
{
    stringstream cmd;
    string res, cmd_str;
    // ip link set dev <port_name> [up|down]
    cmd << IP_CMD << " link set dev " << shellquote(alias) << (up ? " up" : " down");
    cmd_str = cmd.str();
    int ret = swss::exec(cmd_str, res);
    // ...
}
```

（2）基于 Netlink 机制的通信

Netlink 是 Linux 中内核与用户空间进程之间的一种基于消息的通信机制。其通过套接字接口和自定义协议实现，可以用来传递各种类型的内核消息，包括网络设备状态变化、路由表更新、防火墙规则变化、系统资源使用情况等。而 SONiC 的*syncd 服务大量使用了 Netlink 机制来监听系统中网络设备状态的变化，将最新的状态同步到 Redis 中，并通知其他服务进行相应的修改。其典型的应用场景包括：① A 进程修改某个虚拟网口属性或者配置新路由，如 Syncd 进程调用 SAI 的 hostif 接口，创建虚拟网口；② B 进程通过注册 Netlink，实时从内核获取网口或路由信息，如 Portsyncd 通过注册 Netlink，获取通知。

Netlink 的实现主要在以下几个文件中，即 sonic_buildimage/src/sonic-swss-common/common/netmsg.*、sonic_buildimage/src/sonic-swss-common/common/netlink.*和 sonic_buildimage/src/sonic-swss-common/common/netdispatcher.*。Netlink 的具体实现类如图 2-9 所示。

其中，NetLink 封装了 Netlink 的套接字接口，提供了 Netlink 消息的接口和接收消息的回调；NetDispatcher 是一个单例，提供了 Handler 注册的接口。当 Netlink 类接收到原始的消息后，就会调用 NetDispatcher 将其解析成 nl_onject，并根据消息的类型调用相应的 Handler；NetMsg 是 Netlink 消息 Handler 的基类，仅提供了 onMsg 的接口。

对于 Netlink，举例而言，当 Portsyncd 启动的时候，它会创建一个 Netlink 对象，用来监听与 Link 相关的状态变化，并且会实现 NetMsg 的接口，对与 Link 相关的消息进行处理。具体实现代码如下。

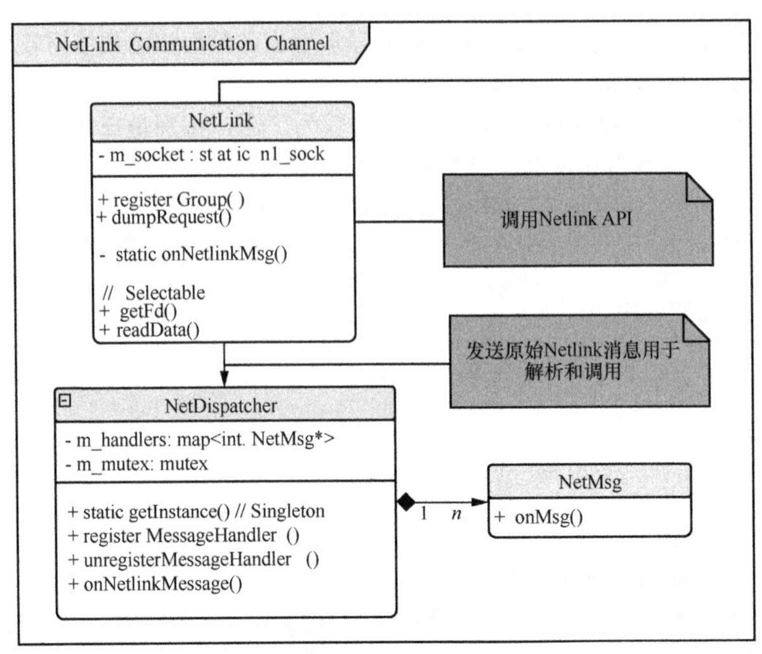

图 2-9 Netlink 的具体实现类

```
// File: sonic_buildimage/src/sonic-swss/portsyncd/portsyncd.cpp
int main(int argc, char **argv)
{
    // Create Netlink object to listen to link messages
    NetLink netlink;
    netlink.registerGroup(RTNLGRP_LINK);

    // Here SONiC request a fulldump of current state, so that it can get the current
state of all links
    netlink.dumpRequest(RTM_GETLINK);
    cout << "Listen to link messages..." << endl;
    // Register handler for link messages
    LinkSync sync(&appl_db, &state_db);
    NetDispatcher::getInstance().registerMessageHandler(RTM_NEWLINK, &sync);
    NetDispatcher::getInstance().registerMessageHandler(RTM_DELLINK, &sync);
}
```

上面的 LinkSync 就是一个 NetMsg 的实现。LinkSync 实现了 onMsg 接口，用来处理与 Link 相关的消息，具体实现代码如下。

```
// File: sonic_buildimage/src/sonic-swss/portsyncd/linksync.h
class LinkSync: public NetMsg
{
public:
```

```
    LinkSync(DBConnector *appl_db, DBConnector *state_db);
    // NetMsg interface
    virtual void onMsg(int nlmsg_type, struct nl_object *obj);
};
// File: sonic-swss - portsyncd/linksync.cpp
void LinkSync::onMsg(int nlmsg_type, struct nl_object *obj)
{
    // Write link state to Redis DB
    FieldValueTuple fv("oper_status", oper ? "up" : "down");
    vector<FieldValueTuple> fvs;
    fvs.push_back(fv);
    m_stateMgmtPortTable.set(key, fvs);
}
```

2. 基于 Redis 的注册分发机制的通信

（1）Redis 封装

①Redis 数据库操作层

Redis 数据库引擎中的第一层，即最底层，为数据库操作层，其中封装了各种基本命令，包括数据库的连接、相关命令的执行、事件通知的回调接口等[1]。Redis 数据库操作层实现类如图 2-10 所示。

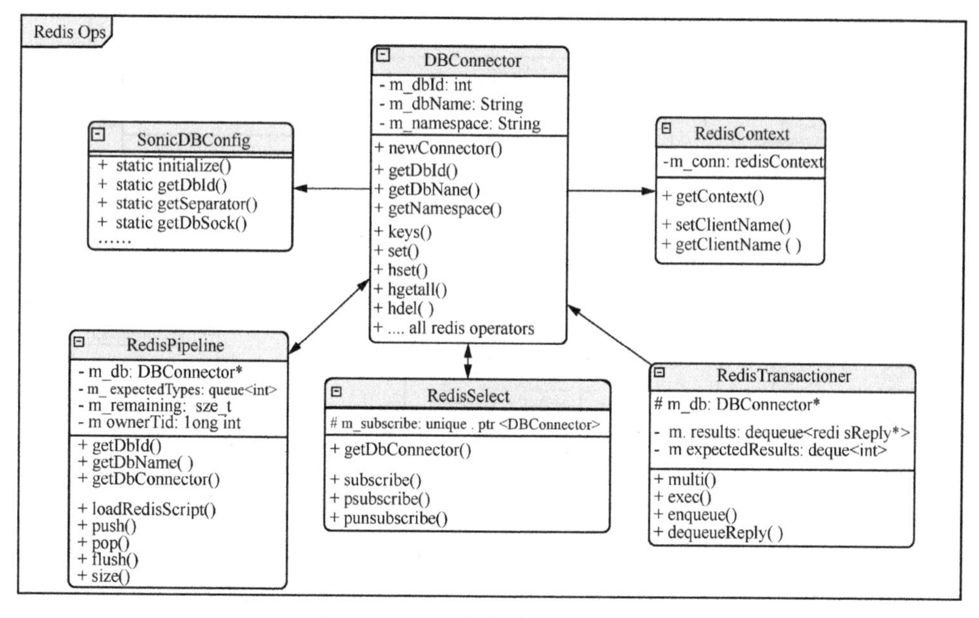

图 2-10　Redis 数据库操作层实现类

其中，RedisContext 封装并保持着与 Redis 的连接，当其销毁时会将其连接关闭。DBConnector 封装了所有底层使用的 Redis 的命令，如 SET、GET、DEL 等。RedisTransactioner 封装了 Redis 的事务操作，用于在一个事务中执行多个命令，如 MULTI、EXEC 等。RedisPipeline 封装了 hiRedis 的 RedisAppend FormattedCommand API，提供了一个类似队列的异步执行 Redis 命令的接口，其也是少有的对 SCRIPT LOAD 命令进行了封装的类，被用于在 Redis 中加载 Lua 脚本实现存储过程，SONiC 中绝大部分需要执行 Lua 脚本的类，都会使用该类来进行 Lua 脚本的加载和调用。RedisSelect 实现了 Selectable 的接口，用来支持基于 epoll 的事件通知机制（Event Polling），主要是在收到了 Redis 的回复后，用来触发 epoll 进行回调。SonicDBConfig 是一个“静态类”，其主要实现了 SONiC DB 的配置文件的读取和解析，其他的数据库操作类，如果需要任意配置信息，都会通过该类来获取。

② 表抽象层

在 Redis 数据库操作层之上，便是 SONiC 自己利用 Redis 中间的 Key 建立的表的抽象了，因为每一个 Redis 的 Key 的格式都是<table-name><separator><key-name>，所以 SONiC 在访问数据库时需要对其进行一次转换。表抽象层类如图 2-11 所示。

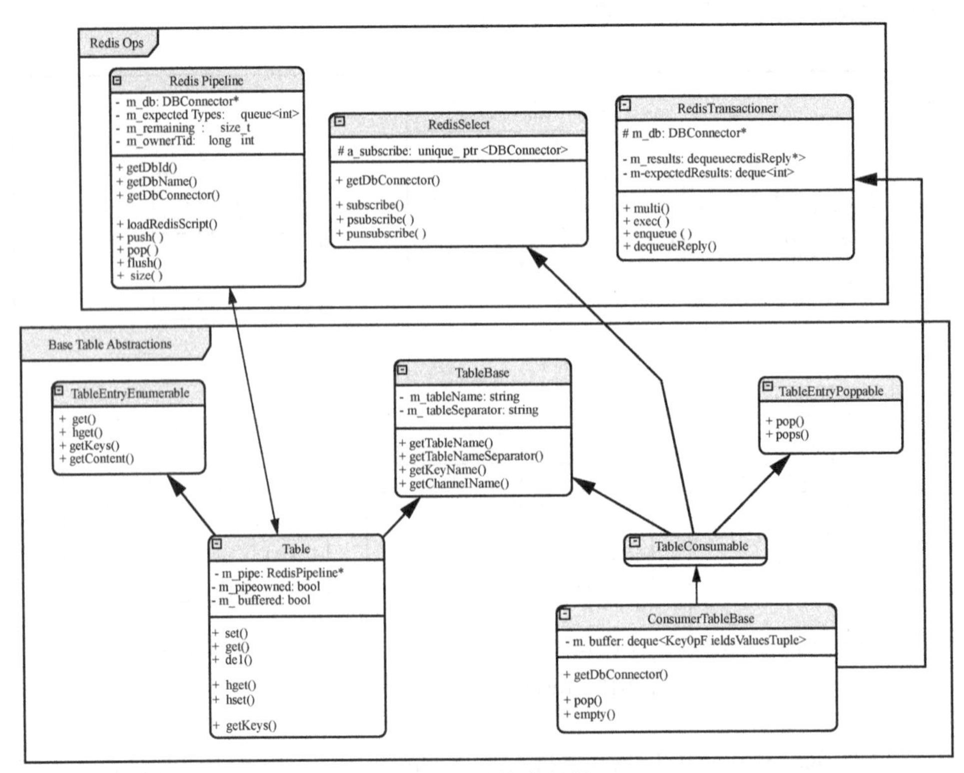

图 2-11　表抽象层类

其中关键的类有 3 个。首先，TableBase 类是所有表的基类，它主要封装了表的基本信息，如表的名字、Redis Key 的打包、每个表发生修改时用于通信的 Channel 的名字等。其次，Table 类是对于每个表增删改查的封装，其中包含表的名称和分隔符，以便在调用时构造最终的 Key。最后，ConsumerTableBase 类是各种 SubscriptionTable 的基类，其中主要封装了一个简单的队列和其 pop 操作，以被上层调用。

然而，交换机里面存在着大量的服务，将所有的配置和状态都放在一个数据库里没有隔离是不现实的，且两个服务存在共用同一个 Redis Key 的问题。对此，SONiC 支持在每个数据库里面继续分表以解决上述问题。

众所周知，Redis 在每个数据库里面并没有表的概念，而是使用 Key-Value 来存储数据。所以为了进一步分表，SONiC 的解决方法是将表的名字放入 Key 中，并且使用分隔符将表和 Key 隔开。之前提到每一个 Redis 的 Key 的格式都是 <table-name><separator><key-name>，其中“separator”字段即分隔符。例如，APPL_DB 中的 PORT_TABLE 表中的 Ethernet4 端口的状态，可以通过 PORT_TABLE:Ethernet4 获取，如以下代码所示。

```
127.0.0.1:6379> select 0
127.0.0.1:6379> hgetall PORT_TABLE:Ethernet4
```

图 2-12 展示了获取 APPL_DB 的 PORT_TABLE 表中的 Ethernet4 端口状态。

```
127.0.0.1:6379> select 0
OK
127.0.0.1:6379> hgetall PORT_TABLE:Ethernet4
 1) "admin_status"
 2) "up"
 3) "alias"
 4) "eth-0-5"
 5) "fec"
 6) "fc"
 7) "index"
 8) "4"
 9) "lanes"
10) "28"
11) "mtu"
12) "9100"
13) "speed"
14) "25000"
15) "description"
16) ""
17) "oper_status"
18) "down"
127.0.0.1:6379>
```

图 2-12　获取 APPL_DB 的 PORT_TABLE 表中的 Ethernet4 端口状态

当然在 SONiC 中，数据模型和通信机制都使用类似的方法来实现“表”级别的隔离。

（2）通信层

在 Redis 的封装之上，便是 SONiC 的通信层。由于需求不同，这一层中提供了 4 种不同的 PubSub 的封装用于服务间的通信，下面展开介绍。

① SubscriberStateTable

SubscriberStateTable 的原理是利用 Redis 数据库中自带的 keyspace 消息通知

机制，即数据库中任何一个 Key 的对应值发生了变化，都会触发 Redis 发送两个 keyspace 的事件通知，一个是 keyspace@<db-id>__:<key>下的<op>事件，另一个是__keyspace@<db-id>__:<op>下的<key>>事件。例如，在数据库 0 中删除了一个 Key，那么就会触发以下两个事件通知。

- PUBLISH __keyspace@0__:foo del
- PUBLISH __keyevent@0__:del foo

而 SubscriberStateTable 就是监听了第一个事件通知，然后调用相应的回调函数。与 SubscriberStateTable 直接相关的主要类如图 2-13 所示，这里可以看到它继承了 ConsumerTableBase，因为它是 Redis 消息的 Consumer。在初始化时，可以看到它是如何订阅 Redis 的事件通知的，代码如下。

```
// File: sonic-swss-common-common/subscriberstatetable.cpp
SubscriberStateTable::SubscriberStateTable(DBConnector    *db,    const    string
&tableName, int popBatchSize, int pri)
    : ConsumerTableBase(db, tableName, popBatchSize, pri), m_table(db, tableName)
{
    m_keyspace = "__keyspace@";
    m_keyspace += to_string(db->getDbId()) + "__:" + tableName + m_table.getTable
NameSeparator() + "*";
    psubscribe(m_db, m_keyspace);
// ...
}
```

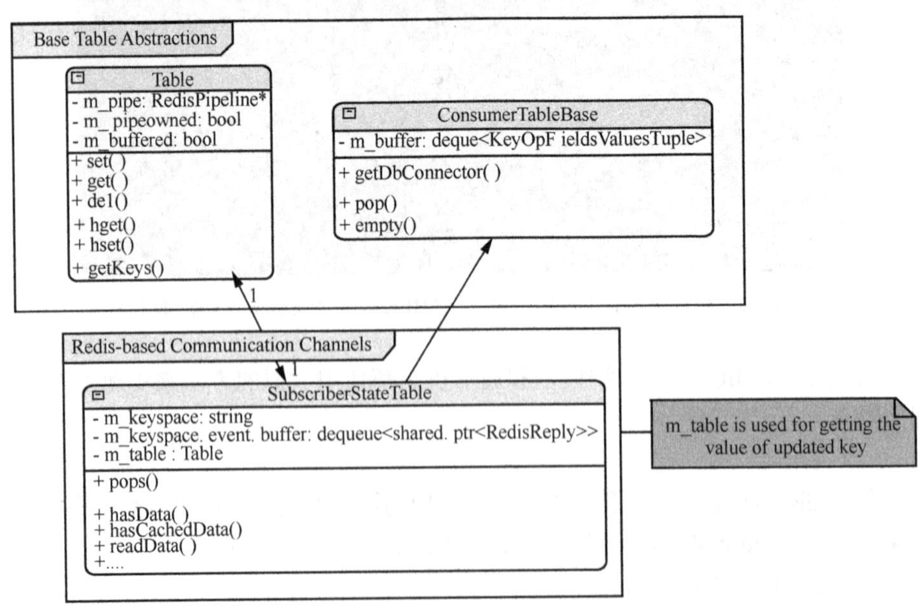

图 2-13　与 SubscriberStateTable 直接相关的主要类

其事件接收和分发主要由两个函数负责。第一个函数是 readData()，该函数负责读取 Redis 中待读取的事件，并放入 ConsumerTableBase 的队列。第二个函数是 pops()，负责读取并解析队列中的原始事件，然后通过函数参数传递给调用方。这两个函数的主要代码如下。

```
// File: sonic-swss-common - common/subscriberstatetable.cpp
uint64_t SubscriberStateTable::readData()
{
    // ...
    reply = nullptr;
    int status;
    do {
        status = RedisGetReplyFromReader(m_subscribe->getContext(), reinterpret
cast<void**>(&reply));
        if(reply != nullptr && status == REDIS_OK) {
            m_keyspace_event_buffer.emplace_back(make_shared<RedisReply>(reply));
        }
    } while(reply != nullptr && status == REDIS_OK);
    // ...
    return 0;
}

void SubscriberStateTable::pops(deque<KeyOpFieldsValuesTuple> &vkco, const string& /
*prefix*/)
{
    vkco.clear();
    // ...

    // Pop from m_keyspace_event_buffer, which is filled by readData()
    while (auto event = popEventBuffer()) {
        KeyOpFieldsValuesTuple kco;
        // Parsing here ...
        vkco.push_back(kco);
    }

    m_keyspace_event_buffer.clear();
}
```

② NotificationProducer/NotificationConsumer

说到消息通信，很容易就会联想到消息队列，这就是要介绍的第二种通信方式，即 NotificationProducer/NotificationConsumer。与 NotificationProducer/Notification-Consumer 相关的主要类如图 2-14 所示。这种通信方式通过 Redis 自带的 PubSub 实现，主要是对 PUBLISH 命令和 SUBSCRIBE 命令的包装，很有限地应用在简单的通知型场景中，如 Orchagent 中的 timeout check、restart check 等非传递用户配置和数据的场景。

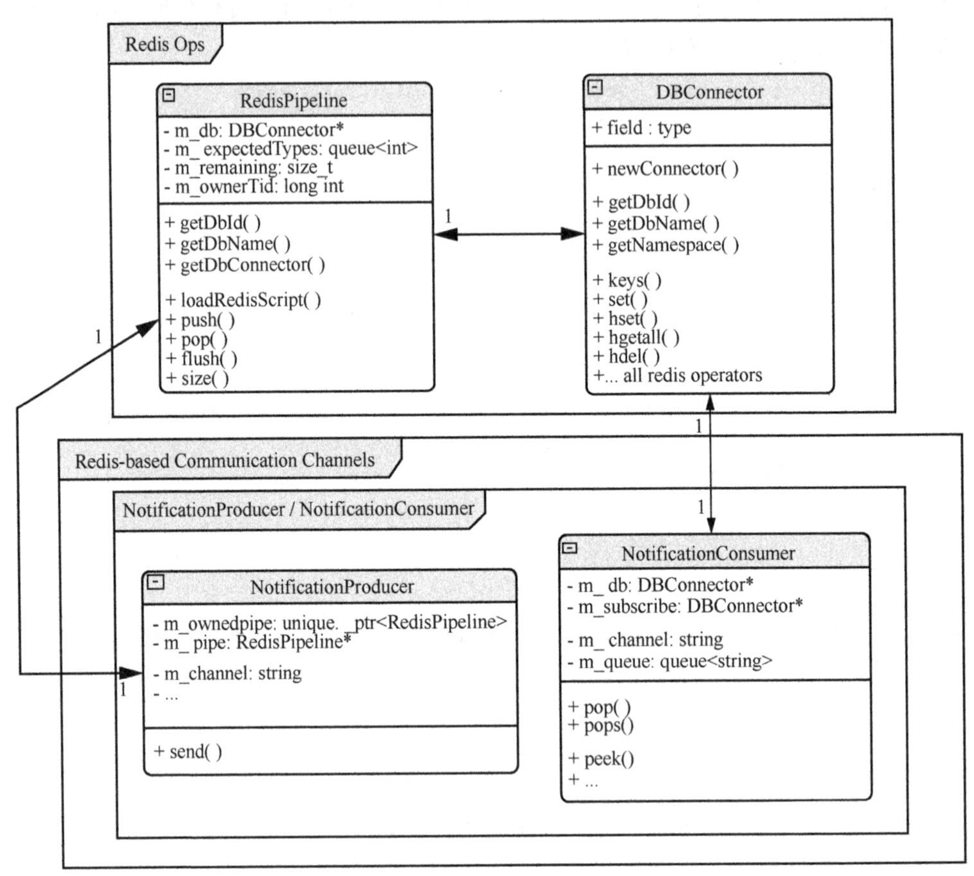

图 2-14　与 NotificationProducer/NotificationConsumer 相关的主要类

在这种通信模式下，消息的发送方 Producer 主要会做两件事情：一是将消息打包成 JSON 格式，二是调用 Redis 的 PUBLISH 命令将消息发送出去。而且由于PUBLISH命令只能携带一个消息，所以请求中的op和data字段会被放在values的最前面，然后再调用 buildJson()函数将其打包成一个 JSON 数组的格式，消息发送实现代码如下。

```
int64_t swss::NotificationProducer::send(const std::string &op, const std::string
&data, std::vector<FieldValueTuple> &values)
{
    // Pack the op and data into values array, then pack everything into a JSON string
as the message
```

```
    FieldValueTuple opdata(op, data);
    values.insert(values.begin(), opdata);
    std::string msg = JSon::buildJson(values);
    values.erase(values.begin());

    // Publish message to Redis channel
    RedisCommand command;
    command.format("PUBLISH %s %s", m_channel.c_str(), msg.c_str());
    // ...
    RedisReply reply = m_pipe->push(command);
    reply.checkReplyType(REDIS_REPLY_INTEGER);
    return reply.getReply<long long int>();
}
```

接收方则是利用 SUBSCRIBE 命令接收所有的通知，代码如下。

```
void swss::NotificationConsumer::subscribe()
{
    // ...
    m_subscribe = new DBConnector(m_db->getDbId(),
                                  m_db->getContext()->unix_sock.path,
                                  NOTIFICATION_SUBSCRIBE_TIMEOUT);
    // ...
    // Subscribe to Redis channel
    std::string s = "SUBSCRIBE " + m_channel;
    RedisReply r(m_subscribe, s, REDIS_REPLY_ARRAY);
}
```

③ ProducerTable/ConsumerTable

NotificationProducer/NotificationConsumer 实现起来简单，但是由于 API 的限制，其并不适合用来传递数据。所以 SONiC 提供了和它非常接近的另外一种基于消息队列的通信机制，即 ProducerTable/ConsumerTable。

这种通信方式通过 Redis 的 List 来实现，和 NotificationProducer/NotificationConsumer 不同的地方在于，发布给 Channel 的消息非常简单（单字符“G”），所有数据都存储在 List 中，从而解决了 Notification 中限制消息大小的问题。在 SONiC 中，它主要用在 FlexCounter、Syncd 服务和 ASIC_DB 中，具体如下。

a. 消息格式：每条消息都是一个（Key, FieldValuePairs, Op）的三元组，如果用 JSON 表达这个消息，那么它的格式如下（这里的 Key 是 Table 中数据的 Key，被操作的数据是 Hash，所以 Field 就是 Hash 中的 Field，Value 为 Hash 中的 Value，即一个消息可以对很多个 Field 进行操作）。

```
[ "Key", "[\"Field1\", \"Value1\", \"Field2", \"Value2\", ...]", "Op" ]
```

b. Enqueue：ProducerTable 通过 Lua 脚本将消息三元组的原子写入消息队列

（Key = <table-name>_KEY_VALUE_OP_QUEUE），并且发布更新通知到特定的Channel（Key = <table-name>_CHANNEL）中。

c. Pop：ConsumerTable也通过Lua脚本从消息队列中读取原子的消息三元组，并在读取过程中将其中请求的改动真正写入数据库。

需要注意的是，Redis中的原子性和MULTI/EXEC的原子性、通常说的数据库ACID中的原子性不同，Redis中的原子性其实更接近于ACID中的隔离性，它保证Lua脚本中的所有命令在执行的时候都不会有其他命令执行，但是并不保证Lua脚本中的所有命令都会执行成功。例如，如果Lua脚本中的第二个命令执行失败了，那么第一个命令依然会被提交，只是后面的命令就不会继续执行了。

与ProducerTable/ConsumerTable相关的主要类如图2-15所示，可以看到ProducerTable的m_shaEnqueue和ConsumerTable的m_shaPop就是上述两个Lua脚本在加载时获得的散列值，而之后即可使用Redis的EVALSHA命令对其进行原子调用。

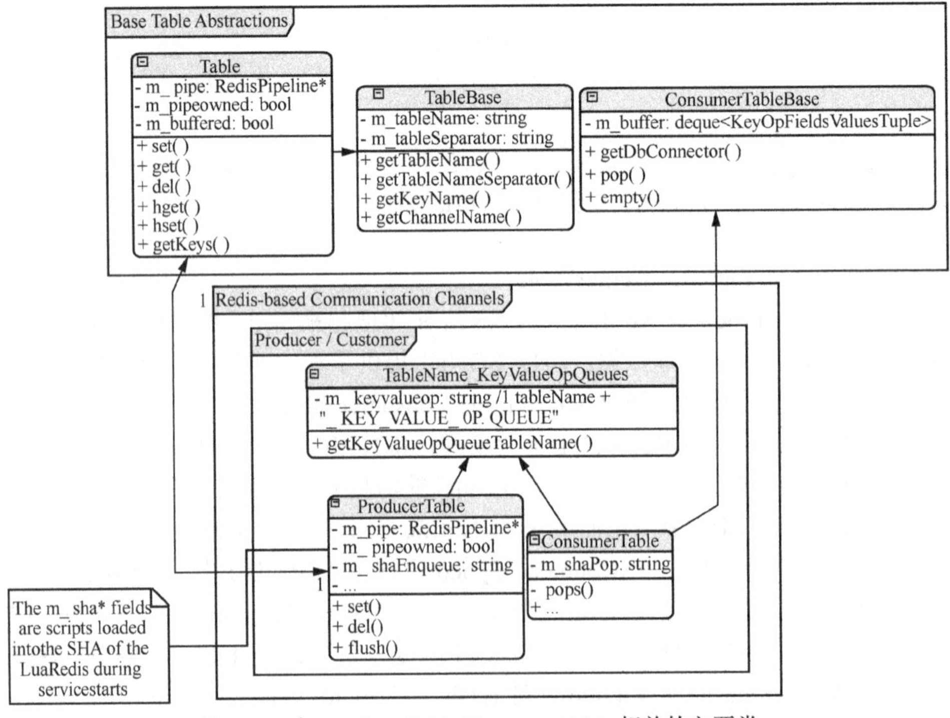

图2-15　与ProducerTable/ConsumerTable相关的主要类

ProducerTable的核心逻辑如下，可以看到对Values的JSON格式打包，以及使用EVALSHA进行Lua脚本的调用。

```
// File: sonic-swss-common-common/producertable.cpp
ProducerTable::ProducerTable(RedisPipeline *pipeline, const string &tableName, bool
buffered)
    // ...
{
    string luaEnque =
        "Redis.call('LPUSH', KEYS[1], ARGV[1], ARGV[2], ARGV[3]);"
        "Redis.call('PUBLISH', KEYS[2], ARGV[4]);";

    m_shaEnque = m_pipe->loadRedisScript(luaEnque);
}

void ProducerTable::set(const string &key, const vector<FieldValueTuple> &values,
const string &op, const string &prefix)
{
    enqueueDbChange(key, JSon::buildJson(values), "S" + op, prefix);
}

void ProducerTable::del(const string &key, const string &op, const string &prefix)
{
    enqueueDbChange(key, "{}", "D" + op, prefix);
}

void ProducerTable::enqueueDbChange(const string &key, const string &value, const
string &op, const string& /* prefix */)
{
    RedisCommand command;

    command.format(
        "EVALSHA %s 2 %s %s %s %s %s %s",
        m_shaEnque.c_str(),
        getKeyValueOpQueueTableName().c_str(),
        getChannelName(m_pipe->getDbId()).c_str(),
        key.c_str(),
        value.c_str(),
        op.c_str(),
        "G");

    m_pipe->push(command, REDIS_REPLY_NIL);
}
```

而另一侧的 ConsumerTable 的核心逻辑代码如下，因其支持的 op 类型很多，所以逻辑都写在了一个单独的文件中。

```
// File: sonic-swss-common - common/consumertable.cpp
ConsumerTable::ConsumerTable(DBConnector *db, const string &tableName, int pop-
```

```
BatchSize, int pri)
    : ConsumerTableBase(db, tableName, popBatchSize, pri)
    , TableName_KeyValueOpQueues(tableName)
    , m_modifyRedis(true)
{
    std::string luaScript = loadLuaScript("consumer_table_pops.lua");
    m_shaPop = loadRedisScript(db, luaScript);
    // ...
}

void ConsumerTable::pops(deque<KeyOpFieldsValuesTuple> &vkco, const string &prefix)
{
    // Note that here we are processing the messages in bulk with POP_BATCH_SIZE!
    RedisCommand command;
    command.format(
        "EVALSHA %s 2 %s %s %d %d",
        m_shaPop.c_str(),
        getKeyValueOpQueueTableName().c_str(),
        (prefix+getTableName()).c_str(),
        POP_BATCH_SIZE,

    RedisReply r(m_db, command, REDIS_REPLY_ARRAY);
    vkco.clear();

    // Parse and pack the messages in bulk
    // ...
}
```

④ ProducerStateTable/ConsumerStateTable

ProducerTable/ConsumerTable 虽然直观且保序，但是其一个消息只能处理一个 Key，并且还需要 JSON 的序列化，然而很多时候用户用不到保序功能，反而需要更大的吞吐量，所以为了优化性能，SONiC 就引入了第 4 种通信方式，也是最常用的通信方式——ProducerStateTable/ConsumerStateTable。

与 ProducerTable 不同，ProducerStateTable 使用 Hash 的方式存储消息，而不是使用 Redis 的 List。这样虽然不能保证消息的顺序，但是可以很好地提升性能。首先，省下了 JSON 序列化的开销；其次，对于同一个 Key 下的相同的 Field，如果其被变更多次，那么只需要保留最后一次变更，这样就将关于这个 Key 的所有变更消息都合并成一条消息，减少了很多不必要的消息处理步骤。

ProducerStateTable/ConsumerStateTable 的底层实现与 ProducerTable/ConsumerTable 相比更加复杂一些。与 ProducerStateTable/ConsumerStateTable 相关的主要类如图 2-16 所示，这里依然可以看到它是通过 EVALSHA 命令调用 Lua 脚本来实

现的，m_shaSet 和 m_shaDel 是用来存放修改和发送消息的，而另一边 m_shaPop 是用来获取消息的。

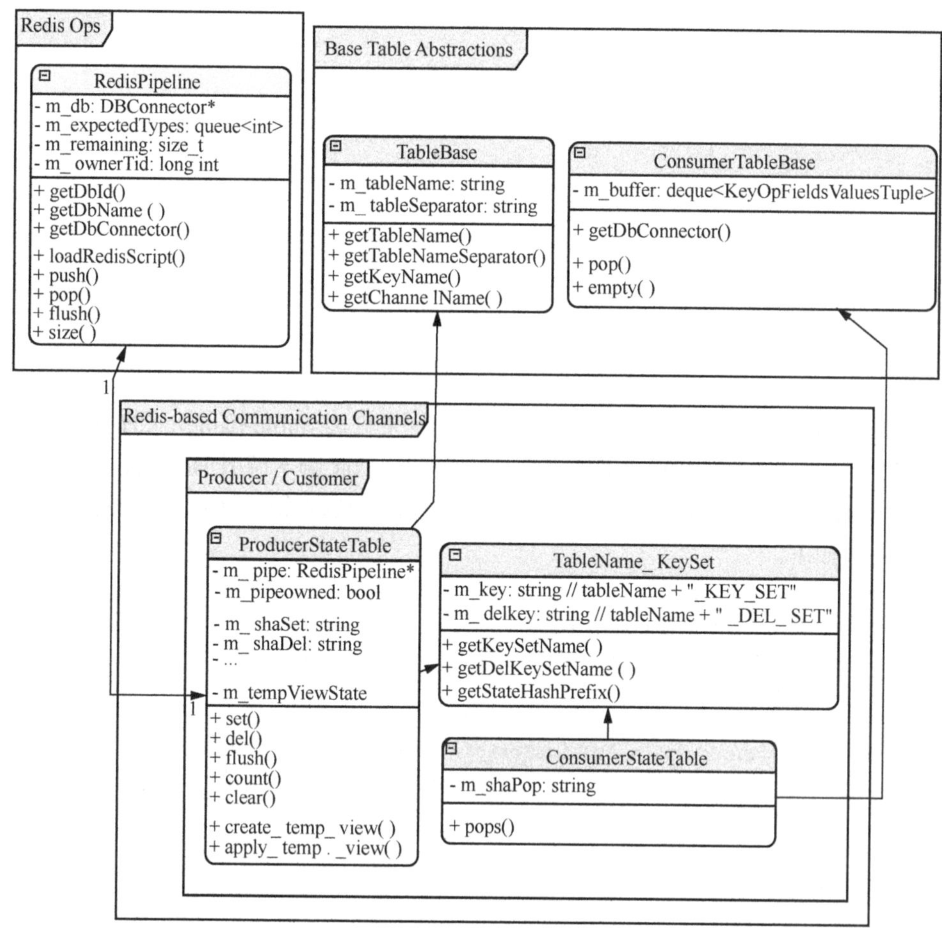

图 2-16　与 ProducerStateTable/ConsumerStateTable 相关的主要类

在传递消息时，首先每个消息会被存放成两个部分，一个部分是 KEY_SET，用来保存当前发生了修改的 Key，它以 Set 的形式存放在<table-name_KEY_ SET>的 Key 下；另一个部分是所有被修改的 Key 的内容，它以 Hash 的形式存放在_<Redis-key-name>的 Key 下。消息存放好之后，Producer 如果发现是新的 Key，那么会调用 PUBLISH 命令以通知<table-name>_CHANNEL@<db-id> Channel 有新的 Key 出现。ProducerStateTable 实现逻辑如下。

```
// File: sonic-swss-common-common/producerstatetable.cpp
ProducerStateTable::ProducerStateTable(RedisPipeline  *pipeline,  const  string
```

```
&tableName, bool buffered)
    : TableBase(tableName, SonicDBConfig::getSeparator(pipeline->getDBConnector()))
    , TableName_KeySet(tableName)
    // ...
{
    string luaSet =
        "local added = Redis.call('SADD', KEYS[2], ARGV[2])\n"
        "for i = 0, #KEYS - 3 do\n"
        "    Redis.call('HSET', KEYS[3 + i], ARGV[3 + i * 2], ARGV[4 + i * 2])\n"
        "end\n"
        " if added > 0 then \n"
        "    Redis.call('PUBLISH', KEYS[1], ARGV[1])\n"
        "end\n";

    m_shaSet = m_pipe->loadRedisScript(luaSet);
```

最后，Consumer 会通过 SUBSCRIBE 命令来订阅<table-name>_CHANNEL@<db-id>Channel，一旦有新的消息到来，就会使用 Lua 脚本调用 HGETALL 命令来获取所有的 Key，并将其中的值读取出来真正写入数据库中。ConsumerStateTable 实现逻辑如下。

```
ConsumerStateTable::ConsumerStateTable(DBConnector *db, const std::string
&tableName, int popBatchSize, int pri)
    : ConsumerTableBase(db, tableName, popBatchSize, pri)
    , TableName_KeySet(tableName)
{
    std::string luaScript = loadLuaScript("consumer_state_table_pops.lua");
    m_shaPop = loadRedisScript(db, luaScript);
    // ...

    subscribe(m_db, getChannelName(m_db->getDbId()));
    // ...
```

为了方便理解，举一个例子。启用 Port Ethernet0，首先，在命令行下调用 startup 命令启用 Ethernet0，这会导致 Portmgrd 通过 ProducerStateTable 向 APPL_DB 发送状态更新消息，代码如下。

```
EVALSHA "<hash-of-set-lua>" "6" "PORT_TABLE_CHANNEL@0" "PORT_TABLE_KEY_SET"
    "_PORT_TABLE:Ethernet0" "_PORT_TABLE:Ethernet0" "_PORT_TABLE:Ethernet0"
"_PORT_TABLE:Ethernet0" "G"
    "Ethernet0" "alias" "Ethernet5/1" "index" "5" "lanes" "9,10,11,12" "speed" "40000"
```

该命令会在其中通过调用如下的命令创建和发布消息。

```
SADD "PORT_TABLE_KEY_SET" "_PORT_TABLE:Ethernet0"
HSET "_PORT_TABLE:Ethernet0" "alias" "Ethernet5/1"
HSET "_PORT_TABLE:Ethernet0" "index" "5"
```

```
HSET "_PORT_TABLE:Ethernet0" "lanes" "9,10,11,12"
HSET "_PORT_TABLE:Ethernet0" "speed" "40000"
PUBLISH "PORT_TABLE_CHANNEL@0" "_PORT_TABLE:Ethernet0"
```

所以最终这个消息会在 APPL_DB 中被存放成如下的形式。

```
PORT_TABLE_KEY_SET:
  _PORT_TABLE:Ethernet0

_PORT_TABLE:Ethernet0:
  alias: Ethernet5/1
  index: 5
  lanes: 9,10,11,12
  speed: 40000
```

当 ConsumerStateTable 收到消息后，也会调用 EVALSHA 命令来执行 Lua 脚本，代码如下。

```
EVALSHA "<hash-of-pop-lua>" "3" "PORT_TABLE_KEY_SET" "PORT_TABLE:" "PORT_TABLE_
DEL_SET" "8192" "_"
```

和 Producer 类似，该脚本会执行如下命令，将 PORT_TABLE_KEY_SET 中的 Key，也就是_PORT_TABLE:Ethernet0 读取出来，然后再将其对应的 Hash 读取出来，并更新到 PORT_TABLE:Ethernet0 中，同时将_PORT_TABLE:Ethernet0 从数据库和 PORT_TABLE_KEY_SET 中删除。到此，数据的更新才算完成。

```
SPOP "PORT_TABLE_KEY_SET" "_PORT_TABLE:Ethernet0"
HGETALL "_PORT_TABLE:Ethernet0"
HSET "PORT_TABLE:Ethernet0" "alias" "Ethernet5/1"
HSET "PORT_TABLE:Ethernet0" "index" "5"
HSET "PORT_TABLE:Ethernet0" "lanes" "9,10,11,12"
HSET "PORT_TABLE:Ethernet0" "speed" "40000"
DEL "_PORT_TABLE:Ethernet0"
```

3．基于 ZMQ 的服务间的通信

ZMQ 是一个简单好用的传输层，作为一个像框架一样的 Socket Library，ZMQ 使得 Socket 编程更加简单、简洁和高效，它是一个消息处理队列库，可在多个线程、内核和主机之间弹性伸缩[2]。ZMQ 的目标是成为标准网络协议栈的一部分，之后进入 Linux 内核。

与其他消息中间件相比，ZMQ 并不像一个传统意义上的消息队列服务器，它是一个底层的网络通信库，在 Socket API 之上进行了一层封装，将网络通信、进程通信、线程通信抽象为统一的 API。其典型使用场景如下。① A 进程注册为 ZMQ 的 REQ 组件，B 进程注册为 ZMQ 的 REP 组件。A 进程主动向 B 进程发起请求，B 进程处理请求后回复。例如，Orchagent 和 Syncd 可以选择基于 ZMQ 通信，在消息下发流程中，Orchagent 作为 REQ 组件，Syncd 作为 REP 组件。② A 进程注册为 ZMQ 的 PUSH 组件，B 进程、C 进程注册为 ZMQ 的 PULL 组件。

A 进程主动 PUSH 消息，B 进程、C 进程进行接收。例如，在消息上报过程中，Syncd 作为 PUSH 组件，Orchagent 作为 PULL 组件。

4．服务层封装：Orch

为了方便各个服务使用，SONiC 还在通信层上进行了更进一步的封装，为各个服务提供了一个基类——Orch。由于有了上面这些封装，Orch 中关于消息通信的封装就相对简单了。Orch 的主要类如图 2-17 所示。

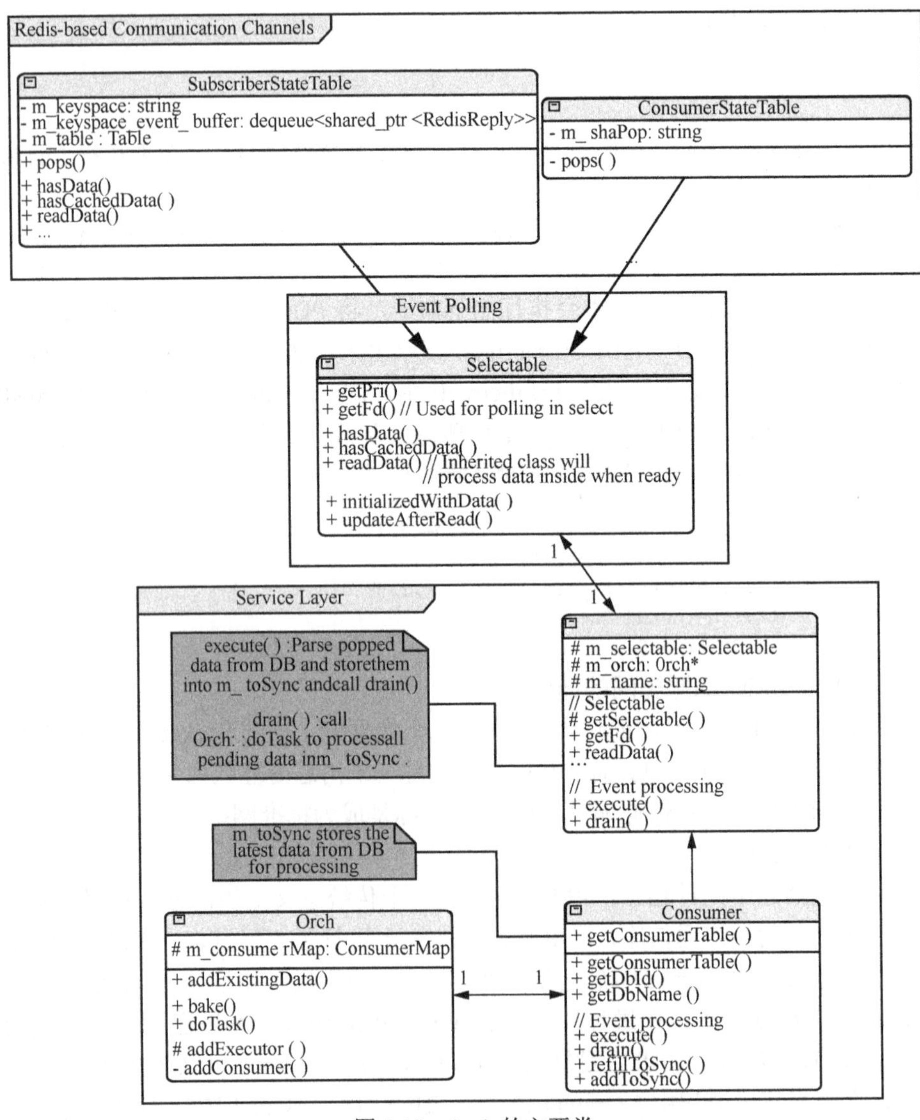

图 2-17　Orch 的主要类

注意，由于该层是服务层，所以其代码在 sonic-swss 的仓库中，而不是 sonic-swss。该类中除了消息通信的封装，还提供了很多和服务实现相关的公共函数，如日志文件等。可以看到，Orch 主要封装了 SubscriberStateTable 和 ConsumerStateTable 以简化和统一消息的订阅，核心代码非常简单，就是根据不同的数据库类型创建不同的 Consumer，代码如下。

```
void Orch::addConsumer(DBConnector *db, string tableName, int pri)
{
    if (db->getDbId() == CONFIG_DB || db->getDbId() == STATE_DB || db->getDbId() ==
CHASSIS_APP_DB) {
        addExecutor(
            new Consumer(
                new SubscriberStateTable(db, tableName, TableConsumable:: DE-
FAULT_POP_BATCH_SIZE, pri),
                this,
                tableName));
    } else {
        addExecutor(
            new Consumer(
                new ConsumerStateTable(db, tableName, gBatchSize, pri),
                this,
                tableName));
    }
}
```

5. 事件分发和错误处理

（1）基于 epoll 的事件分发机制

与很多 Linux 服务一样，SONiC 底层使用 epoll 作为事件分发机制。首先，所有需要支持事件分发的类都需要继承 Selectable 基类，并实现两个最核心的函数，即 getFd()和 readData()。getFd()用于返回 epoll 能用来监听事件的 fd，readData()用于在监听事件到来之后进行事件读取。而对于一般服务而言，这个 fd 就是 Redis 通信使用的 fd，所以 getFd()函数的调用，最终都会被转发到 Redis 的库中。其次，所有需要参与事件分发的对象，都需要注册到 Select 类中，这个类会将所有的 Selectable 对象的 fd 注册到 epoll 中，并在事件到来时调用 Selectable 的 readData()函数。基于 epoll 的事件分发机制主要类如图 2-18 所示。

在 Select 类中，可以很容易地找到其核心的代码，代码实现也非常简单，具体如下。

```
int Select::poll_descriptors(Selectable **c, unsigned int timeout, bool inter-
rupt_on_signal = false)
{
    int sz_selectables = static_cast<int>(m_objects.size());
```

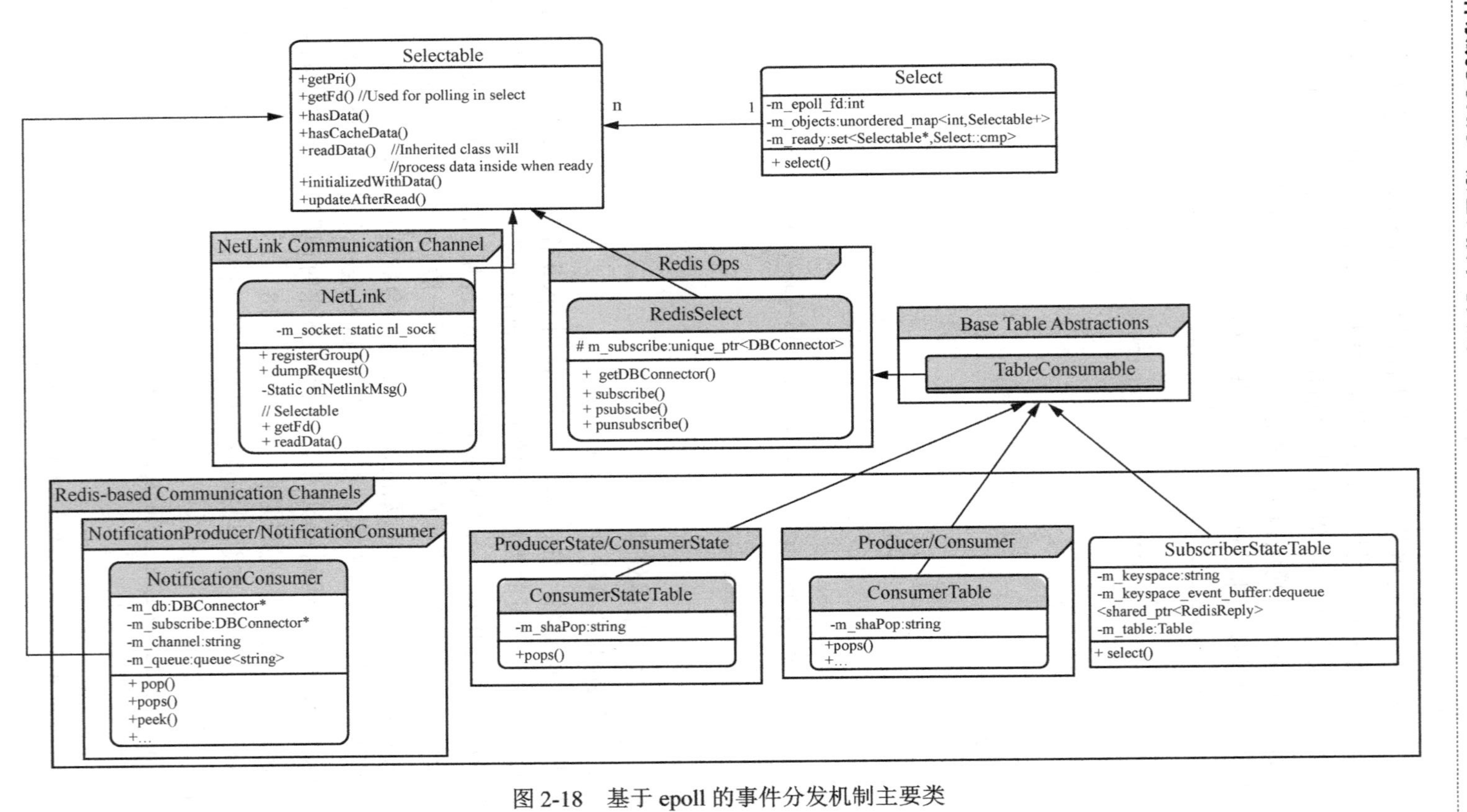

图 2-18　基于 epoll 的事件分发机制主要类

```
    std::vector<struct epoll_event> events(sz_selectables);
    int ret;

    while(true) {
        ret = ::epoll_wait(m_epoll_fd, events.data(), sz_selectables, timeout);
        // ...
    }
    // ...

    for (int i = 0; i < ret; ++i)
    {
        int fd = events[i].data.fd;
        Selectable* sel = m_objects[fd];

        sel->readData();
        // error handling here ...

        m_ready.insert(sel);
    }

    while (!m_ready.empty())
    {
        auto sel = *m_ready.begin();
        m_ready.erase(sel);

        // After update callback ...
        return Select::OBJECT;
    }

    return Select::TIMEOUT;
}
```

然而，正如之前提到的，readData()只是把消息读取出来放在一个待处理队列中，并不会真正地处理消息，真正的消息处理需要调用 pops()函数，将消息从队列里拿出来处理，所以什么地方会调用每一个上层封装的消息进行处理，这是一个问题。这里还是先找到 portmgrd()的 main()函数，从下面简化的代码中，可以看到和一般的 Event Loop 实现不同，在 SONiC 中，最后的事件处理不是通过回调来实现，而是需要最外层的 Event Loop 来主动调用。

```
int main(int argc, char **argv)
{
    // ...
    // Create PortMgr, which implements Orch interface.
    PortMgr portmgr(&cfgDb, &appDb, &stateDb, cfg_port_tables);
vector<Orch *> cfgOrchList = {&portmgr};

    // Create Select object for event loop and add PortMgr to it.
    swss::Select s;
```

```
    for (Orch *o : cfgOrchList) {
        s.addSelectables(o->getSelectables());
    }

    // Event loop
    while (true)
    {
        Selectable *sel;
        int ret;

        // When anyone of the selectables gets signaled, select() will call
        // into readData() and fetch all events, then return.
        ret = s.select(&sel, SELECT_TIMEOUT);
        // ...

        // Then, we call into execute() explicitly to process all events.
        auto *c = (Executor *)sel;
        c->execute();
    }
    return -1;
}
```

（2）错误处理

关于 Event Loop 还有一个问题，即错误处理。例如，如果 Redis 的命令出现执行出错、连接断开或故障等情况，服务会发生什么？从代码来看，SONiC 中的错误处理非常简单，即直接抛出异常（如获取命令执行结果的代码，如下所示），然后在 Event Loop 中捕获异常，打印日志，接着继续执行。

```
RedisReply::RedisReply(RedisContext *ctx, const RedisCommand& command)
{
    int rc = RedisAppendFormattedCommand(ctx->getContext(), command.c_str(), command.
length());
    if (rc != REDIS_OK)
    {
        throw bad_alloc();
    }

    rc = RedisGetReply(ctx->getContext(), (void**)&m_reply);
    if (rc != REDIS_OK)
    {
        throw RedisError("Failed to RedisGetReply with " + string(command.c_str()),
ctx->getContext());
    }
    guard([&]{checkReply();}, command.c_str());
}
```

关于异常和错误的种类及出现异常和错误的原因，在代码里面并没有看到用于统计和遥测的代码，所以可以说监控较薄弱。另外，还需要考虑数据出错的场景，如数据库写到一半连接突然断开导致的脏数据，不过简单地重启相关的*syncd和*mgrd服务可能可以解决此类问题，因为启动时会进行全量同步。

2.2　硬件解耦合：SAI

2.2.1　SAI 概述

作为构建网络设备所需功能的软件集合，SONiC 日渐成为构建开放网络的钥匙，而 SAI 则是"打造"钥匙的标准模具。SAI 是一个跨平台的交换机平台接口，该接口定义了标准化的 API，可以对软件进行编程以适用于多个不同的交换机，而无须进行任何更改。SAI 向上为 SONiC 提供了一套统一的 API，向下则对接不同的 ASIC。SONiC 通过将 SAI 作为南北互联的中间件，运行在不同的 ASIC 平台上，屏蔽了不同 ASIC 之间的驱动差异，也正是由于 SAI 的存在，SONiC 的网络功能应用才能够支持多个厂商的 ASIC。SAI 在所有硬件上运行相同的应用程序堆栈，这使得 SAI 具备简单性、一致性[3]。

OCP 接纳 SONiC 和 SAI，很重要的一点是看重 SONiC 能够完善白盒交换机的生态链。试想一下，如果没有 SAI，那么就需要白盒交换机厂商自行适配不同的 ASIC。有了 SAI 之后，适配 ASIC 的工作就由芯片厂商完成，使得白盒交换机厂商推出一款新产品所花费的时间大幅缩短。需要注意的是，SAI 没有开源代码，ASIC 厂商通常只提供二进制文件格式的 SAI 文件。

2.2.2　SAI 的接口定义

为了更加直观地理解，拿一小部分代码来展示一下 SAI 的接口定义和初始化的方法，如以下代码所示。

```
// File: meta/saimetadata.h
typedef struct _sai_apis_t {
    sai_switch_api_t* switch_api;
    sai_port_api_t* port_api;
    ...
} sai_apis_t;

// File: inc/saiswitch.h
typedef struct _sai_switch_api_t
{
    sai_create_switch_fn                   create_switch;
    sai_remove_switch_fn                   remove_switch;
```

```
    sai_set_switch_attribute_fn                set_switch_attribute;
    sai_get_switch_attribute_fn                get_switch_attribute;
    ...
} sai_switch_api_t;

// File: inc/saiport.h
typedef struct _sai_port_api_t
{
    sai_create_port_fn                         create_port;
    sai_remove_port_fn                         remove_port;
    sai_set_port_attribute_fn                  set_port_attribute;
    sai_get_port_attribute_fn                  get_port_attribute;
    ...
} sai_port_api_t;
```

其中，sai_apis_t 结构体是 SAI 所有模块的接口的集合，其中每个成员都是一个特定模块的接口列表的指针。用 sai_switch_api_t 来举例，它定义了 SAI Switch 模块的所有接口，在 inc/saiswitch.h 中可以看到它的定义。同样地，在 inc/saiport.h 中可以看到 SAI Port 模块的接口定义。

2.2.3 数据结构说明及初始化

1. 源码目录

首先，了解 SAI 就需要了解其源码组成，SAI 源码目录及其相关描述如表 2-1 所示。

表 2-1 SAI 源码目录及其相关描述

目录	描述
bm	基于 P4 实现的虚拟交换机，并提供了模拟的 SAI 源码
debian	提供编译脚本，将 SAI 编成 deb 包
doc	文档介绍
flexsai	P4-SAI 编译器（基于 P4-16）
inc	SAI 提供的头文件，包括数据结构和函数声明
meta	SAI 的辅助工具，对数据结构进行解析、检验
stub	SAI 的示例代码，大部分都是桩函数，演示 SAI 的使用过程

2. 初始化流程

SAI 的初始化其实就是想办法获取上面这些函数指针，这样可以通过 SAI 操作 ASIC。参与 SAI 初始化的主要函数有两个，它们都定义在 inc/sai.h 中。第一个是 sai_api_initialize()函数，负责初始化 SAI 和芯片，并下发芯片配置；第二个是 sai_api_query()函数，负责传入 SAI 的 API 类型，获取对应的接口列表，根据芯片模块枚举，获取相对函数指针数组。

虽然大部分厂商的 SAI 实现是闭源的，但是 Mellanox（迈络思）却开源了自己的 SAI 实现，所以可以借助其更加深入地理解 SAI 是如何工作的。比如，sai_api_initialize()函数其实就是简单地设置两个全局变量，然后返回 SAI_STATUS_SUCCESS，代码如下。

```
//   File:   platform/mellanox/mlnx-sai/SAI-Implementation/mlnx_sai/src/mlnx_sai_
interfacequery.c
sai_status_t sai_api_initialize(_In_ uint64_t flags, _In_ const sai_service_method_
table_t* services)
{
    if (g_initialized) {
        return SAI_STATUS_FAILURE;
    }
    // Validate parameters here (code omitted)

    memcpy(&g_mlnx_services, services, sizeof(g_mlnx_services));
    g_initialized = true;
    return SAI_STATUS_SUCCESS;
}
```

初始化完成后，可以使用 sai_api_query()函数，传入 API 的类型来查询对应的接口列表，而每一个接口列表其实都是一个全局变量，代码如下。

```
//   File:   platform/mellanox/mlnx-sai/SAI-Implementation/mlnx_sai/src/mlnx_sai_
interfacequery.c
sai_status_t sai_api_query(_In_ sai_api_t sai_api_id, _Out_ void** api_method_table)
{
    if (!g_initialized) {
        return SAI_STATUS_UNINITIALIZED;
    }
    ...

    return sai_api_query_eth(sai_api_id, api_method_table);
}

//   File:   platform/mellanox/mlnx-sai/SAI-Implementation/mlnx_sai/src/mlnx_sai_
interfacequery_eth.c
sai_status_t sai_api_query_eth(_In_ sai_api_t sai_api_id, _Out_ void** api_method_
table)
{
    switch (sai_api_id) {
    case SAI_API_BRIDGE:
        *(const sai_bridge_api_t**)api_method_table = &mlnx_bridge_api;
```

```
        return SAI_STATUS_SUCCESS;
    case SAI_API_SWITCH:
        *(const sai_switch_api_t**)api_method_table = &mlnx_switch_api;
        return SAI_STATUS_SUCCESS;
    ...
    default:
        if (sai_api_id >= (sai_api_t)SAI_API_EXTENSIONS_RANGE_END) {
            return SAI_STATUS_INVALID_PARAMETER;
        } else {
            return SAI_STATUS_NOT_IMPLEMENTED;
        }
    }
}

//  File:  platform/mellanox/mlnx-sai/SAI-Implementation/mlnx_sai/src/mlnx_sai_
bridge.c
const sai_bridge_api_t mlnx_bridge_api = {
    mlnx_create_bridge,
    mlnx_remove_bridge,
    mlnx_set_bridge_attribute,
    mlnx_get_bridge_attribute,
    ...
};

//  File:  platform/mellanox/mlnx-sai/SAI-Implementation/mlnx_sai/src/mlnx_sai_
switch.c
const sai_switch_api_t mlnx_switch_api = {
    mlnx_create_switch,
    mlnx_remove_switch,
    mlnx_set_switch_attribute,
    mlnx_get_switch_attribute,
    ...
};
```

3. 核心数据结构

SAI 核心数据结构包括 typedef union sai_attribute_value_t 及 typedef uint64_t sai_object_id_t。其中 typedef union sai_attribute_value_t 表示联合数据结构，可以代表多种数据类型，如 bool、uint8_t、int16_t（单一数据类型），uint8_t sai_mac_t（数组类型），sai_ip_address_t ipaddr（结构体类型）。typedef union sai_attribute_value_t 是对数据类型的高度抽象，大部分接口的设计不需要额外定义数据接口，以保持各函数模块的统一性。而 typedef uint64_t sai_object_id_t 意味着 SAI 针对交换芯片的各种业务分别提供了一组 API，用于创建、删除、设置和获取 SAI 对象的属性，上层应用程序可以使用它们来管理对象，即设置/获取对象属性和删除对象。例如，应用定义 switch_id，传入 SAI 层，SAI 生成该 ID，应用后续可以根据 swith_id 管理交换机。

```
sai_object_id_t switch_id; status = sai->create(SAI_OBJECT_TYPE_SWITCH, &switch_id;
SAI_NULL_OBJECT_ID, AttributesCount, attrs)
```

对于 SAI 中的函数定义，交换机初始化函数及设置交换机属性函数实现逻辑如下。

```
typedef sai_status_t (*sai_create_switch_fn)(
        _Out_ sai_object_id_t *switch_id,
        _In_ uint32_t attr_count,
        _In_ const sai_attribute_t *attr_list);

typedef sai_status_t (*sai_set_switch_attribute_fn)(
        _In_ sai_object_id_t switch_id,
        _In_ const sai_attribute_t *attr);
```

2.2.4 关键组件

本部分将提供 SAI 中各关键组件的详细说明，包括关于交换机配置、物理端口管理、LAG 操作、FDB 条目管理、VLAN 管理、生成树协议（STP）实例的创建与维护，以及路由管理等方面的详细信息。

（1）Switch 功能表

函数定义在 saiswitch.h 中，这是交换机配置函数。该对象主要对交换机进行初始化，并对全局参数进行配置。

（2）Port 功能表

函数定义在 saiport.h 中，该模块提供以下功能：①物理端口属性配置，端口状态上报；②设置端口的逻辑子通道（LANE）信息（用作端口拆分）；③获取端口的 LANE 信息。

（3）LAG 功能表

函数定义在 saiswitch.h 中，SAI LAG 提供了用于创建、删除和更新 LAG 对象的 API。创建调用返回一个 LAG ID，该 ID 以后可用于管理 LAG 的端口成员。删除调用将销毁 LAG 对象。add_ports_to_lag()和 remove_ports_from_lag()分别用于添加和删除 LAG 中的端口。

（4）FDB 功能表

函数定义在 saifdb.h 中，提供 FDB 条目管理相关操作，以及 MAC 老化/学习通知。

（5）VLAN 功能表

函数定义在 saivlan.h 中，该模块提供 VLAN 管理功能，如 VLAN 创建删除和端口成员管理。

（6）STP 功能表

函数定义在 saistp.h 中，SAI STP 提供用于创建、删除和更新 STP 实例的 API。用户可以创建一个 STP 实例，然后将一个或多个 VLAN 关联到该 STP 实例上。用户还可以为 STP 实例设置生成树端口状态。

（7）ROUTER 功能表

函数定义在 sairouter.h 中，提供管理路由的功能，如创建和删除路由。

2.2.5 SAI-ACL 模块

SAI-ACL 模块接口如下。

```
sai_create_acl_table_fn                //创建 ACL TABLE
sai_set_acl_table_attribute_fn         //设置 ACL TABLE 属性
sai_create_acl_entry_fn                //创建 ACL ENTRY
sai_set_acl_entry_attribute_fn         //设置 ACL ENTRY 属性
```

其中，创建 ACL_TABLE 接口的相关参数介绍如下。

（1）SAI_ACL_TABLE_ATTR_ACL_BIND_POINT_TYPE_LIST

```
SAI_ACL_BIND_POINT_TYPE_PORT           //ACL TABLE 绑定一个物理口
SAI_ACL_BIND_POINT_TYPE_LAG            //ACL TABLE 绑定 LAG
SAI_ACL_BIND_POINT_TYPE_VLAN           //ACL TABLE 绑定 VLAN
SAI_ACL_BIND_POINT_TYPE_ROUTER_INTF    //ACL TABLE 绑定路由口
```

（2）SAI_ACL_TABLE_ATTR_ACL_STAGE

```
SAI_ACL_STAGE_INGRESS
SAI_ACL_STAGE_EGRESS
```

（3）SAI_ACL_ACTION_TYPE_PACKET_ACTION

```
SAI_ACL_ACTION_TYPE_PACKET_ACTION : DROP and TRAP
SAI_ACL_ACTION_TYPE_REDIRECT,
SAI_ACL_ACTION_TYPE_REDIRECT_LIST,
SAI_ACL_ACTION_TYPE_FLOOD,
SAI_ACL_ACTION_TYPE_COUNTER,
SAI_ACL_ACTION_TYPE_SET_INNER_VLAN_PRI,
SAI_ACL_ACTION_TYPE_SET_OUTER_VLAN_ID,
```

（4）设置 ACL_TABLE 支持的匹配项

```
SAI_ACL_TABLE_ATTR_FIELD_SRC_IPV6          //IPv6 SIP
SAI_ACL_TABLE_ATTR_FIELD_DST_IPV6          //IPv6 DIP
SAI_ACL_TABLE_ATTR_FIELD_INNER_SRC_IPV6    //inner IPv6 SIP
SAI_ACL_TABLE_ATTR_FIELD_INNER_DST_IPV6    //inner IPv6 DIP
SAI_ACL_TABLE_ATTR_FIELD_SRC_MAC       //SMAC
SAI_ACL_TABLE_ATTR_FIELD_DST_MAC       //DMAC
```

```
SAI_ACL_TABLE_ATTR_FIELD_SRC_IP         //IPv4 SIP
SAI_ACL_TABLE_ATTR_FIELD_DST_IP         //IPv4 DIP
```

SAI-ACL 调用示例如下。

```
    // Create an ACL table
    sai_object_id_t acl_table_id1 = 0ULL;
    acl_attr_list[0].id = SAI_ACL_TABLE_ATTR_ACL_STAGE;
    acl_attr_list[0].value.s32 = SAI_ACL_STAGE_INGRESS;
    acl_attr_list[1].id = SAI_ACL_TABLE_ATTR_ACL_BIND_POINT_TYPE_LIST;
    acl_attr_list[1].value.objlist.count = 1;
    acl_attr_list[1].value.objlist.list[0] = SAI_ACL_BIND_POINT_TYPE_PORT;
    acl_attr_list[3].id = SAI_ACL_TABLE_ATTR_FIELD_SRC_MAC;
    acl_attr_list[3].value.booldata = True;
saistatus = sai_acl_api->create_acl_table(&acl_table_id1, 3, acl_attr_list);

// Create an ACL entry
    // Create an ACL table entry to deny *src_Mac_to_suppress* mac entry
    acl_entry_attrs[0].id = SAI_ACL_ENTRY_ATTR_TABLE_ID;
    acl_entry_attrs[0].value.oid = acl_table_id1;
    acl_entry_attrs[1].id = SAI_ACL_ENTRY_ATTR_PRIORITY;
    acl_entry_attrs[1].value.u32 = 1;
    acl_entry_attrs[2].id = SAI_ACL_ENTRY_ATTR_FIELD_SRC_MAC;
    saistatus = sai_acl_api->create_acl_entry(&acl_entry, 3, acl_entry_attrs);
```

2.2.6 SAI 实现

国内外众多网络设备制造商都在积极拥抱 SAI 标准，通过实现 SAI 提供与自家硬件的无缝集成。盛科网络作为其中的代表，也在其交换机产品中实现了 SAI，以支持更广泛的应用场景和提升网络管理的灵活性。盛科网络的 SAI 实现涵盖了多种网络功能，包括但不限于访问控制列表（ACL）、路由、交换机配置等。在接下来的部分中，本书将介绍盛科网络在 SAI 中实现 ACL 功能的细节。通过这些实现，可以看到盛科网络如何根据 SAI 标准设计和封装其 SDK，以及如何通过 SAI API 提供对网络流量的精细控制和管理。

首先，注册 ACL API，实现 SAI 头文件定义的函数指针数据，代码如下。

```
ctc_sai_acl_api_init();
const sai_acl_api_t ctc_sai_acl_api = {
    ctc_sai_acl_create_acl_table,
    ctc_sai_acl_remove_acl_table,
    ctc_sai_acl_create_acl_entry,
    ctc_sai_acl_remove_acl_entry
  };
```

其次，实现 ctc_sai_acl_api 定义的成员函数，ctc_sai_acl_create_acl_table 流程对应 SAI（sai_create_acl_table_fn）。随后，解析 SAI 的参数（ctc_sai_find_attrib_in_list），根据不同属性查找参数表，具体如下。

```
SAI_ACL_TABLE_ATTR_ACL_STAGE, SAI_ACL_TABLE_ATTR_ACL_BIND_POINT_TYPE_LIST
```

最后，分配 object_id (ctc_sai_create_object_id)，盛科网络基于位域直接拼成 uint64_t 数值，查看匹配项，遍历 SAI 定义的所有匹配项，调用 ctcs_api_s 函数指针数组。该函数指针数组是对 SDK 的封装。该函数指针数组会在初始化的时候对应不同芯片的原始 SDK，具体如下。

```
ctcs_api[lchip] = &ctc_greatbelt_api;
```

2.2.7 Pipeline 定义

SAI 对部分 Pipeline 的定义如图 2-19 所示，SONiC SAI 对交换机、路由器的报文处理流程建立了标准化的行为模型。不同的交换芯片内部实现报文处理的方式各不相同，由于行为模型是报文处理过程的抽象描述，这种抽象可以把不同的交换芯片在 SAI 上统一。SAI 针对 1D Bridge、1Q Bridge、MPLS LSR、LER、VxLAN、SR 等功能都建立了相应的标准化的行为模型。芯片供应商根据不同的行为模型，通过对各自 SDK 的调用来实现 SAI。其具体实现流程如下。①报文通过特定端口输入后自动获得了对应端口号的元数据。②判断报文是否属于 LAG 组。③报文经过 ACL 审查，默认操作是 No Action，满足 ACL 条件的报文将按 Action 中指定的内容处理。④判断报文是否携带 VLAN 标签。⑤根据端口和 VLAN 标签选择 1Q Bridge Flow 路径。

2.2.8 SAI 使用

在 Syncd 容器中，SONiC 会在启动时启动 Syncd 服务，而 Syncd 服务会加载当前系统中的 SAI 组件，SAI 组件由各个厂商提供，它们会根据自己的硬件平台实现上面展现的 SAI，从而让 SONiC 使用统一的上层逻辑控制多种不同的硬件平台。用户可以通过 ps 命令、ls 命令和 nm 命令简单地对此进行验证。SAI 的相关测试如图 2-20 所示。

```
# 进入 Syncd 容器
admin@sonic:~$ docker exec -it syncd bash
# 列出所有进程，此处只会看到 Syncd 进程
root@sonic:/# ps aux
root@sonic:/# find / -name libsai*.so.*
```

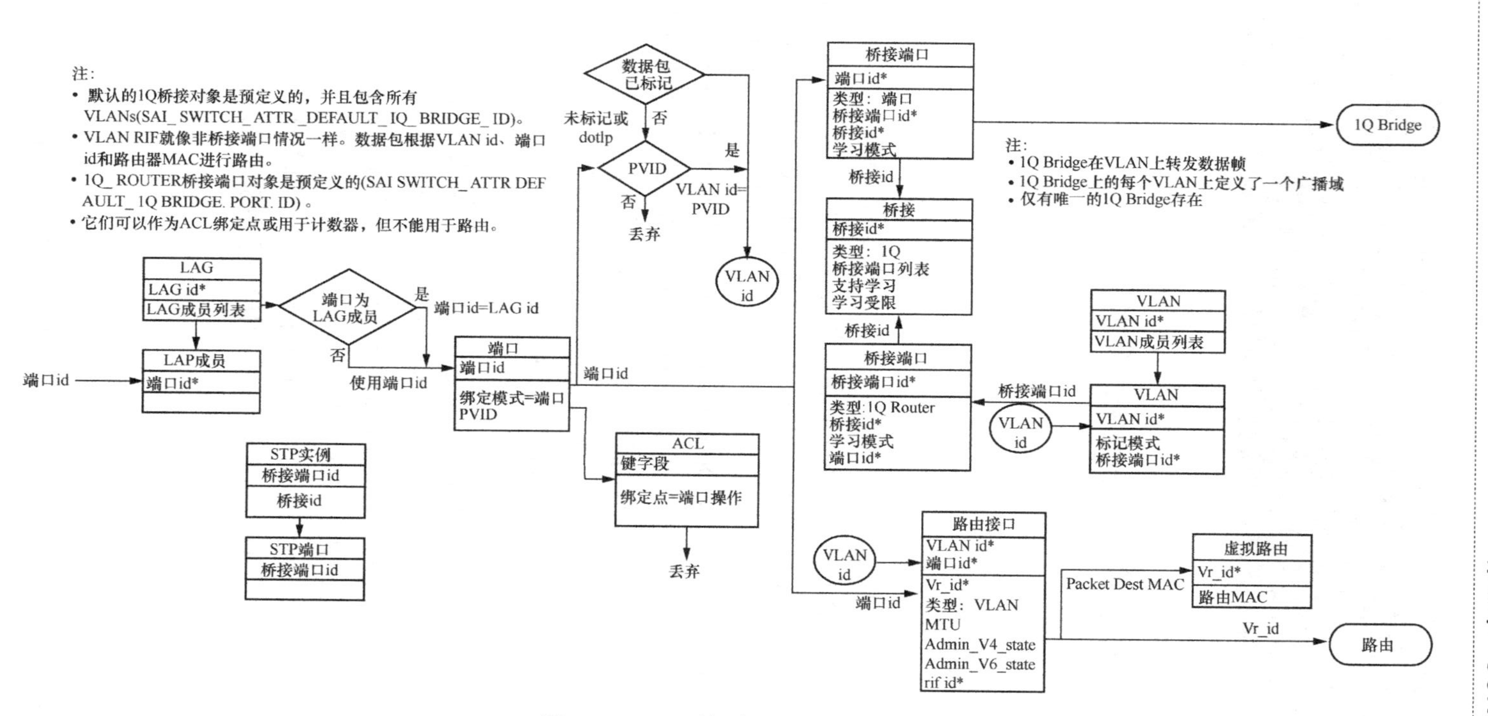

图 2-19 SAI 对部分 Pipeline 的定义

```
root@switch:/mnt/flash# docker exec -it syncd bash
root@switch:/# ps aux
USER       PID %CPU %MEM    VSZ   RSS TTY      STAT START   TIME COMMAND
root         1  0.0  0.6  30492 23980 pts/0    Ss+  Sep14   4:41 /usr/bin/python3 /usr/local/bin/supervisord
root        10  0.0  0.4  25592 18696 pts/0    S    Sep14   1:01 python3 /usr/bin/supervisor-proc-exit-listener --container-name syncd
root        13  0.0  0.1 221764  5532 pts/0    Sl   Sep14   0:00 /usr/sbin/rsyslogd -n -iNONE
root        17 23.2  2.2 1277868 89344 pts/0   Sl   Sep14 3459:31 /usr/bin/syncd -u -s -p /usr/share/sonic/hwsku/sai.profile
root     83331  0.0  0.0   3868  3124 pts/1    Ss   22:07   0:00 bash
root     83337  0.0  0.0   7640  2796 pts/1    R+   22:07   0:00 ps aux
root@switch:/# find / -name libsai*.so.*
/usr/lib/x86_64-linux-gnu/libsairedis.so.0.0.0
/usr/lib/x86_64-linux-gnu/libsaimeta.so.0
/usr/lib/x86_64-linux-gnu/libsaimetadata.so.0
/usr/lib/x86_64-linux-gnu/libsaimeta.so.0.0.0
/usr/lib/x86_64-linux-gnu/libsaimetadata.so.0.0.0
/usr/lib/x86_64-linux-gnu/libsairedis.so.0
/usr/lib/libsai.so.3
/usr/lib/libsai.so.1.9.1
root@switch:/#
```

图 2-20　SAI 的相关测试

2.3　软件解耦合：Docker 技术

2.3.1　Docker 概述

在 SONiC 中，Docker 技术被广泛应用于实现软件解耦合，提高了系统的灵活性和可维护性。Docker 是一种开源的应用容器引擎，它允许开发者打包他们的应用及依赖包到一个可移植的容器中，然后发布到任何流行的 Linux 机器上，也可以实现虚拟化[4]。容器完全使用沙箱机制，相互之间不会有任何接口。Docker 包含以下 3 种内容。①镜像，Docker 镜像相当于一个 root 文件系统，如官方提供的名为 Ubuntu:16.04 的镜像，包含了运行 Ubuntu16.04 操作系统所需的最基本的文件和目录集合。②容器，镜像和容器的关系就像是面向对象程序设计中的类和实例一样，镜像是静态的定义，容器是镜像运行时的实体。容器可以被创建、启动、停止、删除、暂停等。容器的本质就是进程。③仓库，仓库可被看成一个代码控制中心，用于保存镜像。

Docker 技术的引入解决了诸多问题，包括软件更新发布及部署低效、过程烦琐且需要人工介入、开发环境和生产环境的一致性难以保证、不同环境之间的迁移成本过高等。而 Docker 的使用则简单至极，从开发的角度来看是“三步走”，即构建、传输、运行。其中关键步骤是构建环节，即打包镜像文件。有了这个镜像文件，想复制到哪运行都可以，完全和平台无关。同时 Docker 这种容器技术隔离出了独立的运行空间，不会和其他应用程序争用系统资源，且无须考虑应用之间相互影响。

2.3.2　基础命令

为了更好地理解和使用 Docker，掌握一些基础的命令是非常必要的。在接下来的内容中，将详细介绍Docker中包含的基础命令，包括镜像管理、容器管理及容器文件系统管理等方面的命令。通过学习这些命令，用户能够更加熟练地使用Docker管理容器化应用。Docker包含的基础命令及简介如表2-2所示。

表2-2 Docker包含的基础命令及简介

分类	命令	简介
镜像管理	docker build	创建镜像
	docker images	列出本地镜像
	docker rmi	删除本地一个或多个镜像
	docker save	将指定镜像保存成.tar文件
	docker load	导入使用docker save命令导出的镜像
	docker history	查看指定镜像的创建历史
容器管理	docker run	创建一个新的容器并运行一个命令
	docker start	启动一个或多个已经被停止的容器
	docker stop	停止一个运行中的容器
	docker restart	重启容器
	docker rm	删除一个或多个容器
	docker create	创建一个新的容器但不启动它
	docker exec	在运行的容器中执行命令
容器文件系统管理	docker commit	在容器中创建一个新的镜像
	docker cp	用于容器与主机之间的数据复制
	docker diff	检查容器里文件结构的更改

2.3.3 构建镜像

Dockerfile是一个用来构建镜像的文本文件，文本内容包含了一条条构建镜像所需的指令和说明。Dockerfile指令介绍如下。

① FROM命令：FROM为指定基础镜像，如基于官方Debian进行定制，可以省略大量的重复工作。DockerHub上有大量的镜像。

② RUN命令：RUN命令用来在容器中执行命令，以修改容器内部的文件系统。

③ COPY命令：COPY命令用于将文件复制到镜像中。

④ CMD命令：CMD命令为容器启动时的默认命令。

使用docker build命令创建镜像：docker build -f /path/to/a/Dockerfile。

示例如下。

```
FROM ubuntu
RUN apt-get update && apt-get install -y nginx
CMD /usr/sbin/nginx
```

2.3.4 网络模型

Docker 可以为容器创建隔离的网络环境，在隔离的网络环境下，容器具有完全独立的网络栈，与宿主机隔离，也可以使容器共享主机或者其他容器的网络命名空间，基本可以满足开发者在各种场景下的需要。按 Docker 官方的说法，Docker 容器的网络有以下 4 种模式。

① bridge：Docker 默认的网络模式，为容器创建独立的网络命名空间，容器具有独立的网卡等所有单独的网络栈，是最常用的使用方式。

② host：直接使用容器宿主机的网络命名空间。

③ none：为容器创建独立网络命名空间，但不为它进行任何网络配置。

④ container：与 host 模式类似，只是容器将与指定的容器共享网络命名空间。

2.3.5 Docker 原理

1. 命名空间

命名空间是 Linux 为用户提供的用于分离进程树、网络接口、挂载点及进程间通信等资源的方法[5]。在日常使用 Linux 或者 macOS 时，并没有运行多个完全分离的服务器的需要，但是如果在服务器上启动了多个服务，这些服务其实会相互影响，每一个服务都能看到其他服务的进程，也可以访问宿主机器上的任意文件，这是很多时候人们不愿意看到的，人们更希望运行在同一台机器上的不同服务能完全隔离，就像运行在多台不同的机器上一样。

在这种情况下，一旦服务器上的某一个服务被入侵，那么入侵者就能够访问当前机器上的所有服务和文件，这也是人们不想看到的，而 Docker 其实通过 Linux 的命名空间对不同的容器进行了隔离。Linux 提供了以下 7 种不同的命名空间，包括 CLONE_NEWCGROUP、CLONE_NEWIPC、CLONE_NEWNET、CLONE_NEWNS、CLONE_NEWPID、CLONE_NEWUSER 和 CLONE_NEWUTS，这 7 个命名空间能在创建新的进程时设置新进程应该在哪些资源上与宿主机器隔离。

2. 文件系统挂载

如果一个容器需要启动，那么它一定需要提供一个根文件系统（rootfs），容器需要使用这个文件系统创建一个新的进程，所有二进制的执行都必须在这个根文件系统中进行。要保证当前的容器进程没有办法访问宿主机上的其他目录，还需要通过 Libcontainer 提供的 pivot_root()函数或 chroot()函数改变进程能够访问文件目录的根节点。将容器需要的目录挂载到容器中，同时也禁止当前的容器进程访问宿主机器上的其他目录，保证了不同文件系统的隔离。

Linux 的命名空间为新创建的进程隔离了文件系统、网络，并实现了宿主机器之间的进程相互隔离，但是命名空间并不能够提供物理资源的隔离，如 CPU 或者内存，如果在同一台机器上运行了多个对彼此及宿主机器“一无所知”的容器，这些容器却共同占用了宿主机器的物理资源[6]，其中的某一个容器正在执行 CPU 密集型的任务，那么就会影响其他容器中任务的性能与执行效率，导致多个容器相互影响并且互相抢占资源。如何对多个容器的资源的使用进行限制就成了实现进程虚拟资源隔离之后需要解决的主要问题，而 CGroups（Control Groups）能够隔离宿主机器上的物理资源，如 CPU、内存、磁盘 I/O 和网络带宽。在启动容器时可以通过参数配置容器资源。Docker 镜像是分层构建的，Dockerfile 中的每条指令都会新建一层，举例如下。

```
FROM ubuntu:18.04
COPY . /app
RUN make /app
CMD python /app/app.py
```

以上 4 条指令会创建 4 层，分别对应基础镜像、复制文件、编译文件及入口文件，每层只记录本层的更改，而这些层都是只读层。当启动一个容器时，Docker 会在最顶部添加读写层，用户在容器内进行的所有更改，如写日志、修改/删除文件等，都保存到了读写层内，一般称该层为容器层。

2.4 SwSS 模块

2.4.1 SwSS 概述

交换状态服务（SwSS）是一个软件集合，它能有效促使 SONiC 各个模块之间的交流。SwSS 的几个进程会负责与 SONiC 应用层的北向交互，其中有 3 个进程是在其他容器里运行的，包括 Fpmsyncd、Teamsyncd 和 Lldp_syncd，但是无论它们在哪个容器里运行，都有一个共同的目标，即提供能够使 SONiC 应用和 SONiC 的 Redis 引擎保持连接的方法。

2.4.2 SwSS 启动

SwSS 模块涉及的服务脚本（systemd 启动方式）路径为/etc/systemd/system/

swss.service。其服务内容如下所示。

```
[Unit]
Description=switch state service
Requires=database.service   //依赖关系
After=database.service      //前后关系，组合起来说明 SwSS 模块要在 database 模块后运行
Requires=opennsl-modules-4.9.0-11-2-amd64.service
Requires=updategraph.service
After=updategraph.service
[Service]
User=root
Environment=sonic_asic_platform=broadcom
ExecStartPre=/usr/local/bin/swss.sh start      //在 ExecStart 执行前执行的命令
ExecStart=/usr/local/bin/swss.sh wait          //启动服务
ExecStop=/usr/local/bin/swss.sh stop           //停止服务
Restart=always                                 //任意原因退出后总是重启
RestartSec=30
```

该服务会启动脚本 swss.sh。swss.sh 会启动 swss docker，创建 Docker 容器但并不启动，核心代码如下。

```
docker create --privileged -t -v /etc/network/interfaces:/etc/network/interfaces:ro
-v /etc/network/interfaces.d/:/etc/network/interfaces.d/:ro -v /host/machine. conf:
/host/machine.conf:ro  -v  /etc/sonic:/etc/sonic:ro  -v  /var/log/swss:/var/log/
swss:rw  \
        --net=$NET \
        --uts=host \
        --log-opt max-size=2M --log-opt max-file=5 \
        -v /var/run/Redis$DEV:/var/run/Redis:rw \
        $REDIS_MNT \
        -v /usr/share/sonic/device/$PLATFORM:/usr/share/sonic/platform:ro \
        -v /usr/share/sonic/device/$PLATFORM/$HWSKU/$DEV:/usr/share/sonic/hwsku:ro \
        --tmpfs /tmp \
        --tmpfs /var/tmp \
        --name=swss$DEV docker-Orchagent:latest || {
            echo "Failed to docker run" >&1
            exit 4;
```

swss docker 的入口定义在 dockers/docker-Orchagent/Dockerfile.j2 中，复制文件到 Docker 文件系统中，其核心代码如下。

```
//复制文件到 Docker 文件系统中
 COPY ["files/arp_update", "/usr/bin"]
COPY ["arp_update.conf", "/usr/share/sonic/templates/"]
COPY ["enable_counters.py", "/usr/bin"]
COPY ["docker-init.sh", "Orchagent.sh", "swssconfig.sh", "/usr/bin/"]
COPY ["supervisord.conf", "/etc/supervisor/conf.d/"]
```

```
COPY ["files/supervisor-proc-exit-listener", "/usr/bin"]
COPY ["critical_processes", "/etc/supervisor/"]

## Copy all Jinja2 template files into the templates folder
COPY ["*.j2", "/usr/share/sonic/templates/"]
```

定义 Docker 的入口程序，代码如下。

```
ENTRYPOINT ["/usr/bin/docker-init.sh"]
```

/usr/bin/docker-init.sh 的实现代码如下。其中，supervisord 是一个基于 Python 的进程监控工具。

```
exec/usr/bin/supervisord
```

依赖配置脚本，代码如下。

```
/etc/supervisor/supervisord.conf
```

/etc/supervisor/conf.d/supervisord.conf 核心语句如下。

```
[include]
files = /etc/supervisor/conf.d/*.conf
```

最终进程的配置文件如下。

```
/etc/supervisor/conf.d/supervisord.conf
[program:start.sh]
command=/usr/bin/start.sh
priority=1
autostart=true              //定义进程启动方式
autorestart=false
stdout_logfile=syslog
stderr_logfile=syslog
[program:Orchagent]
command=/usr/bin/Orchagent.sh
priority=3
autostart=false
autorestart=false
stdout_logfile=syslog
stderr_logfile=syslog
```

通过配置文件可以看到/usr/bin/start.sh 是唯一自动启动的脚本，该脚本会启动其他所有 SwSS 模块进程，具体如下。

```
supervisorctl start rsyslogd
supervisorctl start Orchagent
supervisorctl start restore_neighbors
supervisorctl start portsyncd
supervisorctl start neighsyncd
supervisorctl start swssconfig
supervisorctl start vrfmgrd
supervisorctl start vlanmgrd
```

```
supervisorctl start intfmgrd
supervisorctl start portmgrd
supervisorctl start buffermgrd
supervisorctl start enable_counters
supervisorctl start nbrmgrd
supervisorctl start vxlanmgrd
supervisorctl start arp_update
```

2.4.3 *syncd 进程

SwSS 模块包含 Mclagsyncd、Portsyncd、Fpmsyncd、Neighsyncd、Teamsyncd、Natsyncd、Lldp_syncd 等 syncd 后缀进程。这些进程有一个统一的特点，即将用户的配置和系统的配置推送到 APPL_DB。关于这些进程的具体说明如下。

（1）Portsyncd：监听与端口相关的（port-related）Netlink 事件。在启动期间，Portsyncd 会通过解析 CONFIG_DB 信息获取物理端口的信息。最终 Portsyncd 将所有收集到的状态信息推送到 APPL_DB 中。如端口速率、LANE 和 MTU 将通过此途径传送。Portsyncd 还会将状态注入 STATE_DB。

（2）Neighsyncd：侦听由于 ARP 处理而由新发现的邻居触发的邻居相关的网络链接事件。该进程处理诸如 MAC+地址和邻居的 Address-Family（地址簇）之类的属性。该状态最终将用于构建数据面中出于 L2 重写下一跳所需的邻接表。所有收集的状态最终都将转移到 APPL_DB 中。

（3）Lldp_syncd：负责将 LLDP 的发现状态上载到集中式系统的消息基础结构（重新分发引擎）中的过程。这样，LLDP 状态将传递给对使用此信息感兴趣的应用程序（如 SNMP）。

（4）Fpmsyncd：小型进程，负责收集由 Zebra 生成的 FIB 状态并将其内容转储到 Redis 引擎的 APPL_DB 中。

举例来讲，对于 Portsyncd 的逻辑介绍，SwSS 模块启动后，Portsyncd 进程会监听 CONFIG_DB 的 CFG_PORT_TABLE_NAME 部分，具体流程如下。

首先，遍历 CONFIG_DB 的 CFG_PORT_TABLE_NAME 表项。核心代码如下。

```
Table table(&cfgDb, CFG_PORT_TABLE_NAME);
std::vector<FieldValueTuple> ovalues;
std::vector<string> keys;
table.getKeys(keys)
```

其次，将 CFG_PORT_TABLE_NAME 表项转为 APP_PORT_TABLE_NAME。核心代码如下。

```
ProducerStateTable &p
FieldValueTuple attr(v.first, v.second);
```

```
attrs.push_back(attr);
p.set(k, attrs);
```

随后，当所有的 APP_PORT_TABLE_NAME 表项下发完毕后，下发 PortConfig-Done 通知。核心代码如下。

```
ProducerStateTable &p
FieldValueTuple finish_notice("count", to_string(g_portSet.size()));
vector<FieldValueTuple> attrs = { finish_notice };
p.set("PortConfigDone", attrs);

//APP_PORT_TABLE_NAME 表项:
127.0.0.1:6379> HGETALL PORT_TABLE:Ethernet42
3) "lanes"
4) "65"
5) "fec"
6) "fc"
7) "mtu"
8) "9100"
11) "admin_status"
12) "up"
13) "speed"
14) "25000"
17) "oper_status"
18) "down"

//PortConfigDone 数据库信息:
127.0.0.1:6379> HGETALL "PORT_TABLE:PortConfigDone"
1) "count"
2) "56"
```

port_syncd 会实时监控虚拟网口状态变化（通过 Netlink）及 CONFIG_DB 数据库的变化。监控 Netlink 消息，需要注册监控网口 link 消息。

```
LinkSync sync(&appl_db, &state_db);
NetDispatcher::getInstance().registerMessageHandler(RTM_NEWLINK, &sync);
NetDispatcher::getInstance().registerMessageHandler(RTM_DELLINK, &sync);
```

当底层收到初始化端口信息后会通过 SAI-hostif 创建虚拟网口，Portsyncd 收到创建虚拟网口消息后将端口状态写入 STATE_DB，表明 SwSS、Syncd 等模块已经完成对端口的初始化，当所有端口的初始化完成后，Portsyncd 会下发 PortInitDone 消息，消息内容如下。

```
127.0.0.1:6379> HGETALL "PORT_TABLE:PortInitDone"
1) "lanes"
2) "0"
```

2.4.4 *mgrd 进程

SwSS 模块包含 Portmgrd、Nbrmgrd、Vxlanmgrd、Teammgrd、Vrfmgrd、Vlanmgrd、Intfmgrd、Fdbmgrd 等 mgrd 后缀进程。这些进程会监控 cfg_db，读取相关配置，并对配置进行整合，同时会保证配置同步到协议栈中。其详细介绍如下。

① Portmgrd：监听 CONFIG_DB 中与端口相关的更改，并使用 ip 命令在内核中设置 MTU 和/或 AdminState，并将其推送到 APPL_DB 中。

② Nbrmgrd：监听 CONFIG_DB 的 NEIGH_TABLE 中与邻居相关的更改以进行静态 ARP/ND 配置，并触发主动 ARP（通过未指定 MAC 地址获得潜在的 VxLAN Server IP 地址），然后使用 Netlink 与 Linux 内核通信，对监听到的邻居相关更改进行编程，以实现静态 ARP/ND 配置。Nbrmgrd 在 APPL_DB 中不写入任何内容。

③ Teammgrd：监听 CONFIG_DB 中与端口通道相关的配置更改，并为每个端口通道运行 LAG 的过程。然后将信息推送至 APPL_DB 中。

④ Vlanmgrd：监听 CONFIG_DB 中与 VLAN 相关的更改，并在 Linux 中使用 bridge 命令和 ip 命令对它们进行编程，然后写入 APPL_DB。

⑤ Intfmgrd：监听 CONFIG_DB 中接口的 IP 地址更改和 VRF 名称更改，并在 Linux 中使用/ sbin / ip 命令对其进行编程，然后写入 APPL_DB。

其中，Portmgrd 处理流程如图 2-21 所示。首先在初始化过程中会创建 PortMgr 对象，并传入需要侦听的数据库表（CFG_PORT_TABLE_NAME），随后在 select 模型中添加 PortMgr 需要侦听的表项，并在 CFG_PORT_TABLE_NAME 表有数据更改时调用 do Task 进行处理，在数据库表项更新后，分别对端口各属性进行处理。同步到协议栈，下发 APPL_DB 信息。

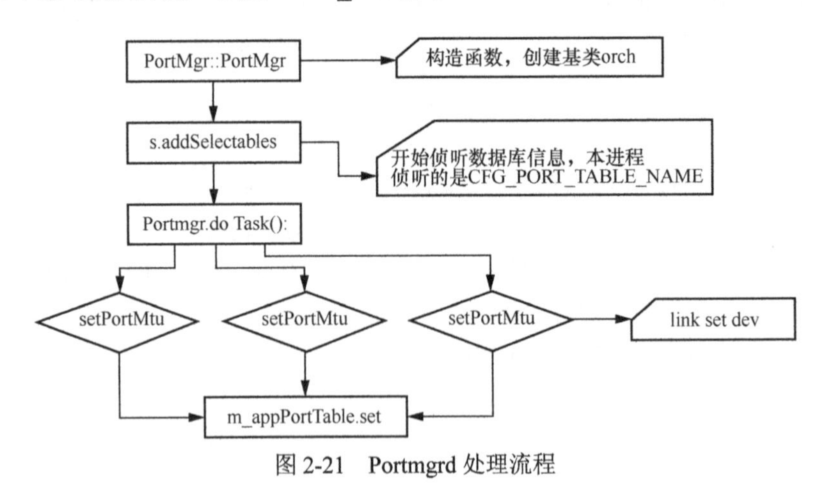

图 2-21　Portmgrd 处理流程

2.4.5　Orchagent 概述

Orchagent 进程是 SwSS 的核心进程，其是 SwSS 子系统中最重要的组件。Orchagent 将所有从其他*syncd、*mgrd 进程注入的状态信息从 APPL_DB（北向接口）中提取出来，然后处理并转发这些信息，最终将这些信息推送至 Orchagent 的南向接口。这个南向接口就是 Redis 数据库引擎中的 ASIC_DB，所以可以发现，Orchagent 既是订阅者，又是生产者，因为它既从 APPL_DB 中获取数据，也向 ASIC_DB 提供数据。

Orchagent 从 APPL_DB 中获取数据的流程如图 2-22 所示。其中，OrchDaemon::init()函数初始化了所有业务处理对象，这些对象都是从 class Orch 派生的。Orchagent 以 Orch 为单位进行资源管理，一个 Orch 包含一组相似的资源；Orchagent 调度系统以 Executor 为调度单位，调度实体有 Consumer、ExecutableTimer 等。OrchDaemon::start()函数将需要参与调度的业务处理对象加入 select 模型，并开始监听数据库的相关表项改动，进而调用业务处理对象的对应处理函数。

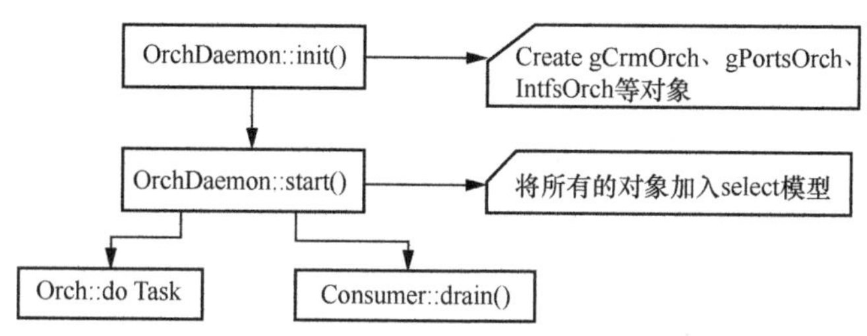

图 2-22　Orchagent 从 APPL_DB 中获取数据的流程

Orchagent 核心类包括 class Orch、class Consumer、class Executor、class RedisRemoteSaiInterface 及 class Sai，其核心类介绍如表 2-3 所示。一个 Orch 可以拥有 1 个或者多个 Executor，每个 Executor 均包含需要处理的数据库表项信息并通过 epoll 模型进行消息的处理。

表 2-3　Orchagent 核心类介绍

类	说明
class Orch	消息调度基类
class Consumer	消息调度最小单元
class Executor	消息处理基类
class RedisRemoteSaiInterface	Sai-Redis 类，每个对象代表一个芯片（当前支持 1 个）
class Sai	Sai-Redis 管理类，用来管理多个芯片对象

2.5 Syncd 模块

2.5.1 Syncd 概述

Syncd 模块的主要目标是让交换机的网络状态信息（协议栈信息）和交换机硬件（ASIC）的实际状态保持同步。这种机制主要包括初始化、配置及收集交换机硬件当前的状态。Syncd 的主体功能有两个，第一个功能是从 ASIC_DB 收集用户的配置信息，并调用 SAI 下发到芯片；第二个功能是实时获取芯片的某些状态改变信息（如端口信息变化、FDB 事件等）并上报给 SwSS 模块。

2.5.2 Syncd 启动

Syncd 模块涉及的服务脚本路径为/etc/systemd/system/syncd.service。其服务内容如下。

```
[Unit]
Description=syncd service
Requires=database.service
After=database.service
After=swss.service
Requires=updategraph.service
After=updategraph.service
After=interfaces-config.service
Before=ntp-config.service
[Service]
User=root
Environment=sonic_asic_platform=broadcom
ExecStartPre=/usr/local/bin/syncd.sh start
ExecStart=/usr/local/bin/syncd.sh wait
ExecStop=/usr/local/bin/syncd.sh stop
```

该服务会启动脚本 syncd.sh，随后该脚本会判断是否为初次启动 docker-syncd，核心代码如下。

```
docker create --privileged -t -v /host/machine.conf:/etc/machine.conf -v /etc/
sonic:/etc/sonic:ro -v /host/warmboot:/var/warmboot -v /var/run/docker-syncd: /var/
run/sswsyncd  \
      --net=$NET \
      --uts=host \
```

```
        --log-opt max-size=2M --log-opt max-file=5 \
        -v /var/run/Redis$DEV:/var/run/Redis:rw \
        $REDIS_MNT \
        -v /usr/share/sonic/device/$PLATFORM:/usr/share/sonic/platform:ro \
        -v /usr/share/sonic/device/$PLATFORM/$HWSKU/$DEV:/usr/share/sonic/hwsku:ro \
        --tmpfs /tmp \
        --tmpfs /var/tmp \
        --name=syncd$DEV docker-syncd-brcm:latest || {
            echo "Failed to docker run" >&1
            exit 4
```

-docker syncd 的入口定义在 sonic-buildimage/platform/broadcom/docker-syncd-brcm/Dockerfile.j2 中。核心语句如下。

```
ENTRYPOINT ["/usr/local/bin/supervisord"]
```

supervisord 是一个基于 Python 的进程监控工具，依赖配置脚本路径/etc/supervisor/supervisord.conf，supervisord.conf 核心语句如下。

```
[include]
files = /etc/supervisor/conf.d/*.conf
```

最终进程的配置文件为/etc/supervisor/conf.d/supervisord.conf，如下。

```
[program:start.sh]
command=/usr/bin/start.sh                //第一个启动的脚本
priority=1
autostart=true
autorestart=false
stdout_logfile=syslog
stderr_logfile=syslog

[program:syncd]
command=/usr/bin/syncd_start.sh
priority=3
autostart=false
autorestart=false
stdout_logfile=syslog
stderr_logfile=syslog
```

start.sh 会启动 Rsyslogd、Syncd 等一系列脚本，核心代码如下。

```
supervisorctl start rsyslogd
supervisorctl start syncd
```

最终会执行/usr/bin/syncd_start.sh，syncd_start.sh 会启动 Syncd 进程。

```
config_syncd
exec ${CMD} ${CMD_ARGS}
```

2.5.3 Syncd 进程

Syncd 模块会提供一种机制，将交换机的网络状态与交换机的实际 ASIC 进行同步。在编译时，与硬件供应商提供的 ASIC SDK 库进行同步链接（libsai.so）。Syncd 核心类介绍如表 2-4 所示。

表 2-4 Syncd 核心类介绍

类	说明
class VendorSai	SAI 封装类
class CommandLineOptions	命令行参数解析类
class ComparisonLogic	ASIC 数据库数据比较类，主要用作热启动场景
class RedisNotificationProducer	信息上报类
class VidManager	VID 管理类
class RedisSelectableChannel	Syncd 和 Orchagent 的通信类（基于 Redis）

1. RedisSelectableChannel

RedisSelectableChannel 类是 Syncd 进程和 Orchagent 使用 Redis 通信的组件。其核心方法如下。

① RedisSelectableChannel::RedisSelectableChannel()构造函数：创建 m_asicState 对象（基于 KEY_VALUE_OP 消息系统的消费者）；创建 m_getResponse 对象（基于 KEY_VALUE_OP 消息系统的消费者）。

② RedisSelectableChannel::set()设置函数：对 Orchagent 的消息进行回复。

③ RedisSelectableChannel::pop()函数：在 Syncd 进程取出 Orchagent 进程发送过来的消息，并进行反序列化，主要调用 m_asicState 的 pop 方法。

④ RedisSelectableChannel::getFd()函数：取出 m_asicState 连接数据库的 FD 并提供给 select 方法，用来监听数据。

⑤ RedisSelectableChannel::readData()、RedisSelectableChannel::hasData()、RedisSelectableChannel::hasCachedData()函数：判断消费者是否有数据要进行处理，主要在 select 模型中调用。

2. VendorSai

VendorSai 类对 SAI 的函数指针数组进行了二次封装。其部分核心方法如下。

① VendorSai::initialize()函数：调用 sai_api_initialize 初始化 libsai.so 动态库，并调用 sai_metadata_apis_query()函数返回各函数指针数组，存放于 m_apis 结构体中。

② VendorSai::uninitialized()函数：调用 sai_api_uninitialize 进行资源释放。

③ VendorSai::create()函数：根据 sai_object_type_t 参数获取不同的功能函数指针数组 sai_metadata_get_object_type_info（根据 type 获取指针数组），最终调用各函数指针数据的 create 方法完成芯片下发——info->create。

④ VendorSai::remove()函数：根据 sai_object_type_t 参数获取不同的功能函数指针数组 sai_metadata_get_object_type_info（根据 type 获取指针数组），最终调用各函数指针数据的 remove 方法完成芯片下发——info->remove。

⑤ #define DECLARE_CREATE_ENTRY(OT,ot)、#define DECLARE_REMOVE_ENTRY(OT,ot)、#define DECLARE_SET_ENTRY(OT,ot)、#define DECLARE_GET_ENTRY(OT,ot) 函数：定义 create()、remove()、Set()、get()函数。

例如，IPMC_ENTRY、L2MC_ENTRY 对应结构为_sai_ipmc_entry_t、_sai_l2mc_entry_t。

而对于 Syncd 初始化及消息接收，其下发处理流程如图 2-23 所示。

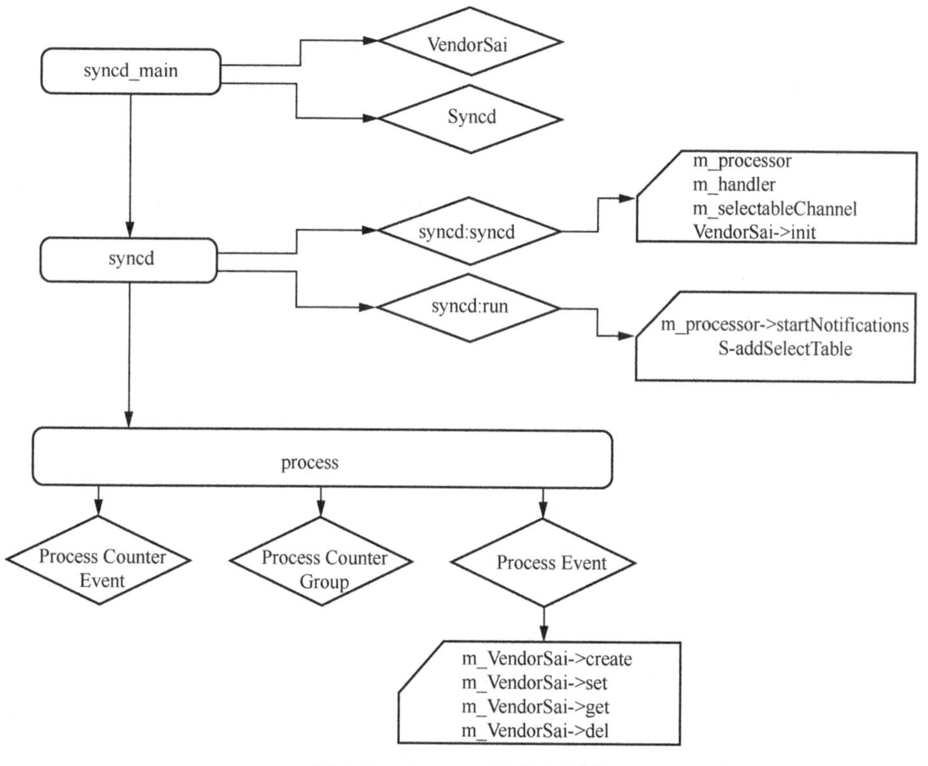

图 2-23　Syncd 下发处理流程

消息上报流程如图 2-24 所示，具体的消息上报流程解析如下。

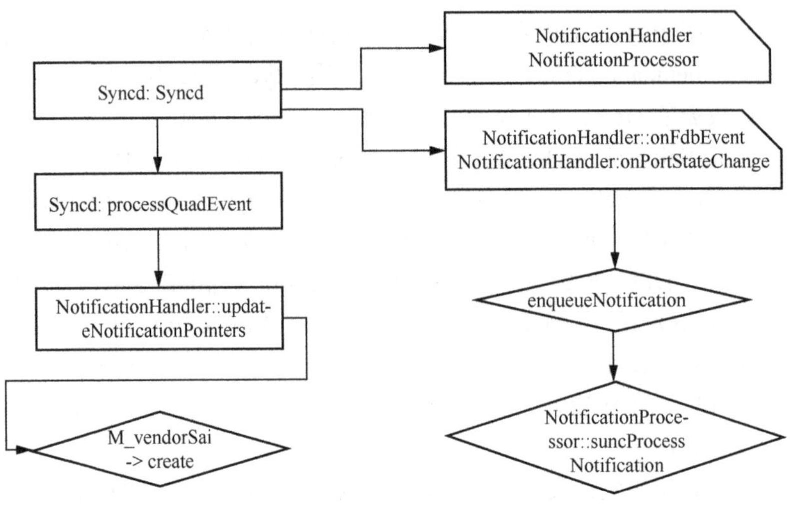

图 2-24　消息上报流程

① 注册回调函数。消息通知回调函数通过 SAI 注册。相关的宏定义如下。

```
SAI_SWITCH_ATTR_FDB_EVENT_NOTIFY,
SAI_SWITCH_ATTR_PORT_STATE_CHANGE_NOTIFY
SAI_SWITCH_ATTR_PACKET_EVENT_NOTIFY
```

② 收到 Orchagent 发送的创建交换机消息，Syncd 会调用 SAI，消息处理过程如下。

```
Syncd::processSingleEvent
Syncd::processQuadEvent
NotificationHandler::updateNotificationsPointers
```

③ 注册回调函数，代码如下。

```
attr.value.ptr = (void*)m_switchNotifications.on_switch_state_change
```

④ 消息上报流程如下。

a. 在 NotificationHandler::onPortStateChange 中收到芯片上报的消息。

b. NotificationHandler::enqueueNotification 进行队列通知，通知 Notification Processor 进行消息处理。

c. NotificationProcessor::ntf_process_function 收到信号后，调用函数 Notification Pocessor::processNotification()进行处理。

d. 调用 NotificationProcessor::syncProcessNotification()，并调用 Notification Processor::handle_port_state_change()进行处理。

e. 最终会调用 NotificationProducer::send()，该函数调用 Redis 的 publish 命令进行上报。

2.6 数据库驱动：Redis 数据库

2.6.1 Redis 概述及功能解析

SONiC 里面最核心的服务就是中心数据库 Redis。Redis 数据库的主要目的有两个，即存储所有服务的配置和状态，且为各个服务提供通信的媒介。Redis 是完全开源的，遵守 BSD 开源协议，其是一个高性能的 Key-Value 数据库。与其他 Key-Value 缓存产品相比较，Redis 有以下几个特点。首先 Redis 支持数据持久化，可以将内存中的数据保存在磁盘中，重启的时候可以再次加载使用。其次，Redis 不仅支持简单的 Key-Value 类型的数据，同时还提供 List、Set、Zset、Hash 等数据结构的存储。最后，Redis 支持数据的备份，即 master-slave 模式的数据备份，同时还支持 publish/subscribe 及键空间通知等特性[7]。

正如前文所述，SONiC 采用容器技术为各个组件提供独立的运行环境，通过容器间共享网络命名空间进行通信。各个第三方组件有各自的配置文件格式和消息格式，如何让这些组件互通信息是一个问题。对此，SONiC 采用 Redis 数据库作为消息传递平台，通过纯字符消息方式屏蔽了各个组件的插件，并通过胶水代码将其黏合。

SONiC 使用 Redis 数据库提供的两种机制，即发布/订阅和键空间以封装出多种通信模型，建立以 Redis 数据库为中心的消息传递机制。同时也通过调用 Linux 工具命令对系统进行配置，并以发送和监听 Netlink 消息的方式与 Linux 内核通信。SONiC 使用了多个 Redis 数据库，用来存放不同的配置、状态和控制表项等信息。SONiC 消息框架如图 2-25 所示。

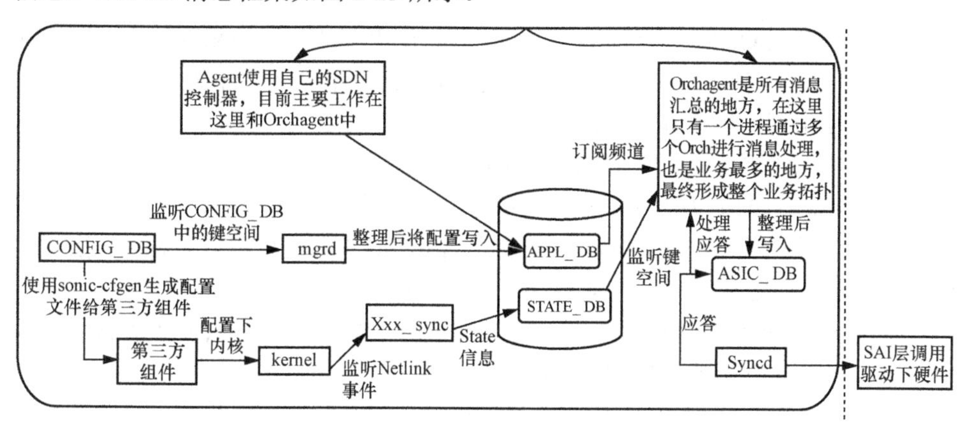

图 2-25 SONiC 消息框架

SONiC 通过 Redis 数据库的发布–订阅机制和键空间事件机制实现了整个消息传递机制[8]。当客户端修改数据时，Redis 服务器会通知其他相关订阅者的数据变化。SONiC 会在 Redis 中创建一个名为 sonic-db 的数据库，其配置和分库信息可以在/var/run/Redis/sonic-db/database_config.json 中找到，如图 2-26 所示。

```
admin@sonic:~$ cat /var/run/Redis/sonic-db/database_config.json
```

```
root@Switch:/mnt/flash#  cat /var/run/redis/sonic-db/database_config.json
{
    "INSTANCES": {
        "redis": {
            "hostname": "127.0.0.1",
            "port": 6379,
            "unix_socket_path": "/var/run/redis/redis.sock",
            "persistence_for_warm_boot": "yes"
        }
    },
    "DATABASES": {
        "APPL_DB": {
            "id": 0,
            "separator": ":",
            "instance": "redis"
        },
        "ASIC_DB": {
            "id": 1,
            "separator": ":",
            "instance": "redis"
        },
        "COUNTERS_DB": {
            "id": 2,
            "separator": ":",
            "instance": "redis"
        },
        "LOGLEVEL_DB": {
            "id": 3,
            "separator": ":",
            "instance": "redis"
        },
        "CONFIG_DB": {
            "id": 4,
            "separator": "|",
            "instance": "redis"
        },
        "PFC_WD_DB": {
            "id": 5,
            "separator": ":",
            "instance": "redis"
        },
        "FLEX_COUNTER_DB": {
            "id": 5,
            "separator": ":",
            "instance": "redis"
        },
        "STATE_DB": {
            "id": 6,
            "separator": "|",
            "instance": "redis"
        },
        "SNMP_OVERLAY_DB": {
            "id": 7,
            "separator": "|",
            "instance": "redis"
        },
        "RESTAPI_DB": {
            "id": 8,
            "separator": "|",
            "instance": "redis"
```

图 2-26　SONiC 数据库配置和分库信息

可以看到，SONiC 中使用多个 Redis 数据库来存放不同的配置、状态和控制表项等信息，但是大部分时候只需要关注以下几个重要的数据库就可以了，对 SONiC 中使用到的重要数据库的说明如下。

① 0 号数据库：APPL_DB，存储所有应用程序生成的状态——路由、下一跳、邻居等。这是应用程序与其他 SONiC 子系统交互的入口点。

② 1 号数据库：ASIC_DB，存放底层 ASIC 的状态信息和配置表项，格式对底层芯片友好，芯片重启可以从 ASIC_DB 快速恢复。

③ 2 号数据库：COUNTERS_DB，存放每个端口计数器和统计信息，这些信息可以被 CLI 使用或者反馈给 telemetry。

④ 3 号数据库：LOGLEVEL_DB，存放日志配置等级信息。

⑤ 4 号数据库：CONFIG_DB，存储 SONiC 应用程序创建的配置状态——端

口配置、接口、VLAN 等，有的 App/模块可能没有配置，可以没有对应表；有的直接调用 Linux 的命令进行配置；有的配置还需要下发到芯片，这时需要往 APPL_DB 里写。

⑥ 5 号数据库：FLEX_COUNTER_DB，存放灵活计数器配置。

⑦ 6 号数据库：STATE_DB，存储系统中配置实体的“关键”操作状态。此状态用于解决不同 SONiC 子系统之间的依赖关系。例如，LAG 端口 Channel（由 teamd 子模块定义）可能指系统中可能存在或不存在的物理端口。另一个例子是 VLAN 的定义（通过 Vlanmgrd 组件），它可能引用系统中存在未知性的端口成员。本质上，该数据库存储了解决跨模块依赖关系所需的所有状态。

2.6.2　以数据库为中心的模型

以数据库为中心的通信模型示意图如图 2-27 所示，包含 SubscriberStateTable、NotificationProducer、NotificationConsumer、ProducerStateTable/ConsumerStateTable、ProducerTable/ConsumerTable。下面展开详细介绍。

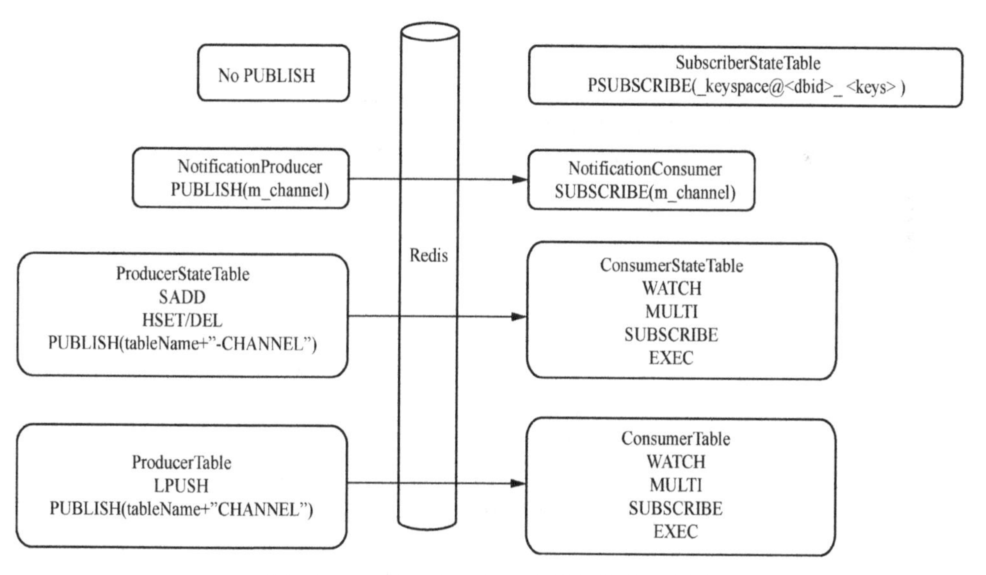

图 2-27　以数据库为中心的通信模型示意图

1．SubscriberStateTable

在 SONiC 中，CONFIG_DB 和 STATE_DB 之间的数据监听通过键空间机制实现。键空间机制的消费者通过 sonic-swss-common/common 中的 Subscriber StateTable

类实现。SubscriberStateTable 的原理是利用 Redis 数据库中自带的 keyspace 消息通知机制，即若数据库中的任何一个 Key 对应的值发生了变化，就会触发 Redis 发送两个 keyspace 的事件通知，一个是 keyspace@<db-id>__:<key>下的<op>事件，另一个是__keyspace@<db-id>__:<op>下的<key>>事件。对 CONFIG_DB 的修改一般用于对系统进行配置操作，如使用命令行来配置系统功能，SONiC 在 sonic-py-swsssdk 组件中封装了对 CONFIG_DB 的操作，根据传递 data 是否为空执行 hmset 或 delete 操作。

这里以监听 CONFIG_DB 配置 VLAN 为例进行说明。Vlanmgr 组件在初始化时监听 CFG_VLAN_TABLE_NAME 和 CFG_VLAN_MEMBER_TABLE_NAME 两个键空间事件，当通过 Config 命令（sonic cli）添加 VLAN 100 的操作时，Redis 服务器的 CONFIG_DB 会为“VLAN|Vlan100”的 Key 产生 key-space 事件消息，Vlanmgr 组件收到消息后，调用 VlanMgr::doTask(Consumer &consumer)处理，整个流程及伪代码如图 2-28 所示。

```
@startuml
Config -> Redis 服务器: 写 Redis
Redis 服务器 -> client: 产生 keyspace 消息
Client -> client: 接收消息，并调用函数处理
@enduml
```

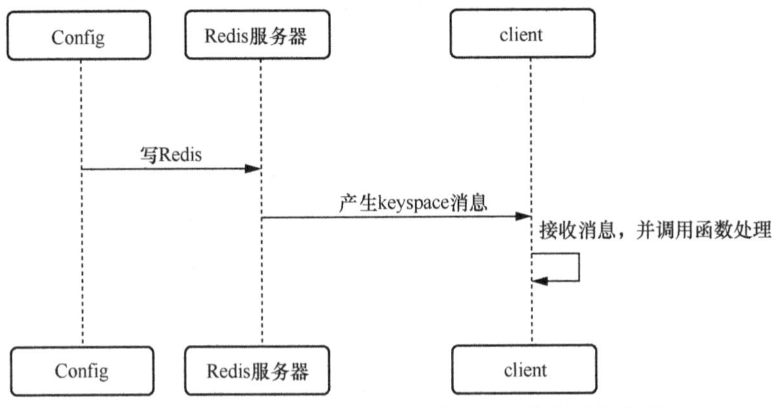

图 2-28　监听 CONFIG_DB 配置 VLAN 流程及伪代码

收到消息后，这里的 Consumer 即通过 Orch 类封装过的 SubscriberStateTable。

2．NotificationProducer/NotificationConsumer

该通信模型使用 Redis 的 publish/subscribe 模型直接封装实现，通过消息队列来传递信息，内容可以灵活定义。在 SONiC 中，该通信模型主要用于 SwSS 容器中的 Orchagent 与 Syncd 之间的事件通知。

以 FDB 事件为例，Syncd 收到来自底层驱动的 FDB 事件，调用数据库的 hset 或 del 操作更新 ASIC_DB 中的 FDB 表项，同时作为 Notification 生产者发送名为“fdb_event”的通知消息。Notification 的消费者流程在 FdbOrch 中实现，通知消息触发 FdbOrch::doTask(NotificationConsumer&consumer)进行后续处理，更新 Orchagent 中的 FDB 信息。

3. ProducerStateTable/ConsumerStateTable

使用 Redis 的 publish/subscribe 模型封装，通过 publish 通知 Key 修改事件，利用 KeySet 机制传递信息。该通信模型通过集合传递 Key-Value 信息，不指定操作动作，当传递的 Value 为空时，对应操作为 del；当传递的 Value 非空时，对应操作为 set。

在 SONiC 中，该通信模型用于围绕 APPL_DB 的消息传递，生产者一般为 cfgmgr 或应用组件的 Syncd 进程，消费者则是 Orchagent。

这种通信模型，在 publish 通知 Key 修改事件前允许对 Key-Value 进行多次操作，操作过程不保证执行顺序。这样做的好处是不必在每次设置 Key-Value 时都触发事件通知，可以提升处理效率，但对 Orchagent 处理流程有一定要求。Orchagent 作为消费者，在 Consumer::execute 过程中取出所有待处理的 Key-Value 信息，加入待处理的 m_toSync 映射表中，当 m_toSync 映射表还有未处理完的信息时，Orchagent 会将新任务与旧任务合并，然后交由每个 orch 实例处理。

Orchagent 调度处理采用 epoll 事件通知模型，事件触发即会产生调度；在调度处理过程中，可能出现资源依赖等因素导致任务处理无法完成的情况，此时可以选择将任务保留在 m_toSync 中等待下一次调度处理。在大规模控制表项和逻辑关系较复杂的场景中，这种调度机制可能出现资源限制、资源依赖、条件不满足等因素导致的频繁或无效调度，Asterfusion 通过优化处理顺序、改进批量操作及在 STATE_DB 中设置状态标志等改进方式，提高了组件运行效率和可靠性。

4. ProducerTable/ConsumerTable

使用 Redis 的 publish 命令通知 Key 修改事件，利用 Key-Value-Operate 机制传递信息。该通信模型通过有序链表（list）传递 Key-Value-Operate 三元消息，一次操作在 List 中压入 3 个值（通知订阅者进行消息处理，循环处理消息，一次必须从链表中拿出 3 个 Key），分别为 Key、Value、Operate。其中的 Value 是对一个 hash 表进行 JSON 编码后形成的一个单一的字符串，所以订阅者得到消息后需要进行解码还原。Operate 一个是操作类型。Syncd 通过有序链表获得 Key-Value-Operation, 然后解码，写入 ASIC_STATE，同时调用底层 SAI。

使用 Redis 的 publish/subscribe 模型封装，通过 publish 通知 Key 修改事件，

利用 KeyValueOpQueues 机制传递信息。该通信模型通过有序链表传递 Key-Value-Op 三元消息，在 SONiC 中，该模型用于围绕 ASIC_DB 和 FLEX_COVNTER_DB 的消息传递，与 ProducerStateTable/ConsumerStateTable 相比，该模型保证了操作的严格执行顺序，在 Syncd 执行 SAI API 调用时保证了对底层 ASIC 的操作时序。示例如下。

```
"LPUSH""ASIC_STATE_KEY_VALUE_OP_QUEUE"
"SAI_OBJECT_TYPE_ROUTE_ENTRY:{\"dest\":\"1.1.1.0/24\",\"switch_id\":\"oid:0x2100
0000000000\",\"table_id\":\"oid:0x0\",\"vr\":\"oid:0x3000000000043\"}"
"[\"SAI_ROUTE_ENTRY_ATTR_PACKET_ACTION\",\"SAI_PACKET_ACTION_FORWARD\",\"SAI_ROU
TE_ENTRY_ATTR_NEXT_HOP_ID\",\"oid:0x600000000063a\"]" "Screate"
## 通知订阅者进行消息处理,循环处理消息,一次必须从链表中拿出 3 个 Key,即"PUBLISH" "ASIC_STATE_
CHANNEL" "G"
```

2.6.3 与内核的通信方式

SONiC 中,应用模块与 Linux 内核通信主要用于处理网络接口事件和路由等,包括向内核发送消息和获取内核消息，一般通过 Netlink 机制或调用系统工具完成。SONiC 中使用的 Teamd、FRRouting 等开源组件与内核存在依赖关系，采用这种通信机制在减少模块耦合性的同时，可以尽量减少对原有开源组件的修改。

网络接口事件和路由等需要 SONiC 应用程序与 Linux 内核通信，向内核发送消息一般有如下两种方式。一种方式是通过调用 Linux 工具命令，如调用 ip 命令配置网络接口 IP 地址和设置 VRF，又如调用 bridge 命令配置 VLAN；另一种方式是直接发送 Netlink 消息，如通过 NETLINK_ROUTE 生成内核路由表。调用工具命令的方式比较简单,用封装的 swss::exec 通过 popen 执行拼装好的 command 指令。对 Netlink 消息的操作则是通过以 libnl 库为基础封装的 NetLink 类来完成,同时 SwSS 也定义了一套 NetDispatcher 机制来实现对 Netlink 消息的监听和分发处理。这里以 Neighsyncd 为例进行说明。

Neighsyncd 通过 NetDispatcher 机制提供的方法注册 RTM_NEWNEIGH 和 RTM_DELNEIGH 两类 Netlink 消息类型的回调函数,当触发 Netlink 消息事件时,调用 NetDispatcher 机制的 onNetlinkMessage 方法来处理。这里根据 Netlink 消息类型查找之前注册的回调函数，并最终调用 nl_msg_parse 执行回调函数。Neighsyncd 的回调函数根据 Netlink 携带的信息组织生成邻居表项，并向 APP_NEIGH_TABLE 写入相应键值。在生成邻居表项的过程中，使用了 SwSS 实现的一种名为 linkcache 的机制,该机制缓存曾经使用的 NETLINK_ROUTE 消息,通过网络接口索引查询网络接口名称。下面以 Teamd 聚合组配置流程为例说明聚合组配置流程和聚合流程。

1. Teamd 聚合组配置

Teamd 聚合组配置流程如图 2-29 所示，其详细步骤介绍如下。

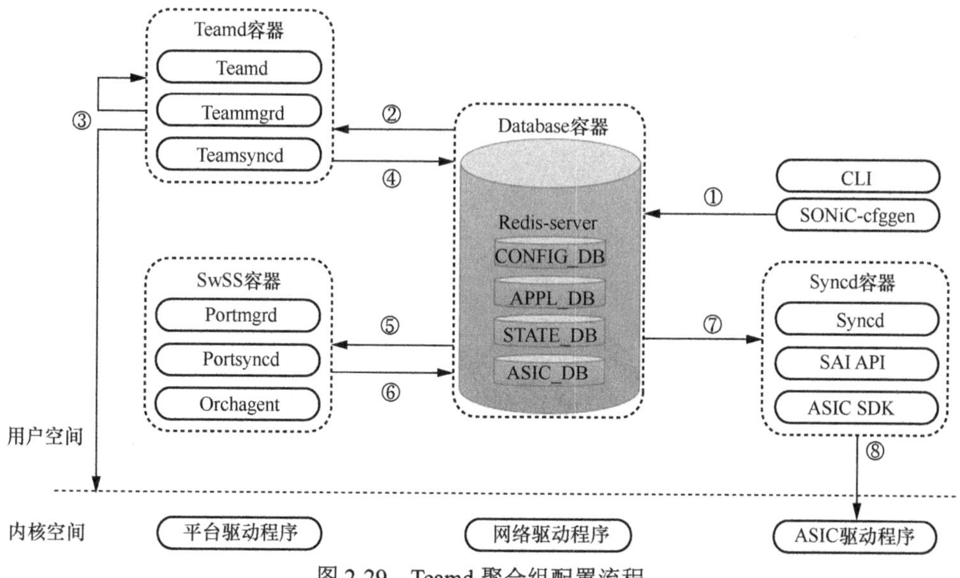

图 2-29 Teamd 聚合组配置流程

① 通过 CLI 创建名称为 PortChannel0001 的聚合组，并加入聚合组成员口 Ethernet0 和 Ethernet4，在 CONFIG_DB 中生成配置表项，如图 2-30 所示。

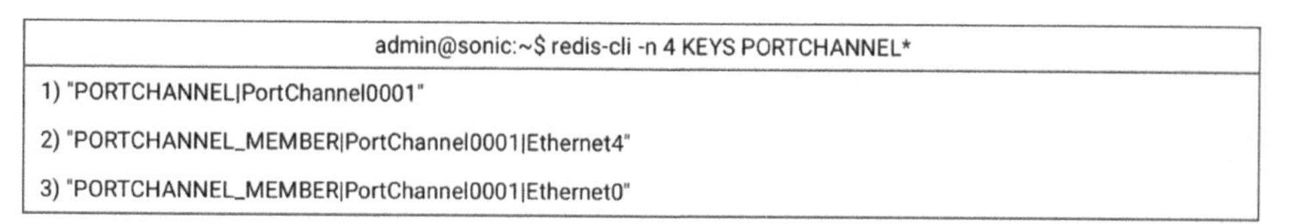

```
admin@sonic:~$ redis-cli -n 4 KEYS PORTCHANNEL*
1) "PORTCHANNEL|PortChannel0001"
2) "PORTCHANNEL_MEMBER|PortChannel0001|Ethernet4"
3) "PORTCHANNEL_MEMBER|PortChannel0001|Ethernet0"
```

图 2-30 PortChannel0001 配置表项

② Teammgrd 进程监听相应键值变化，调用 doLagTask 和 doLagMemberTask 方法处理。

③ doLagTask 方法解析参数并生成所需的配置文件 conf，通过调用 Teamd 命令创建并配置聚合组，并调用 ip 命令设置聚合组接口 MAC 地址和管理状态；在 doLagMemberTask 方法中先判断聚合组及待加入聚合组成员接口状态是否满足要求，如果满足要求则调用 teamdctl 命令和 ip 命令来配置聚合成员接口，这里会将聚合成员口设置为 down，否则挂起当前任务后续再处理，图 2-31 展示了查看 6 号数据库中相应字段值的方法。

④ Teammgrd 作为生产者将聚合组和成员的配置信息写入 APPL_DB。

⑤ Portsorch 作为消费者订阅 APP_LAG_TABLE、APP_LAG_ MEMBER_TABLE 进行处理，获取 0 号数据库中所有以 LAG 开头的键，如图 2-32 所示。

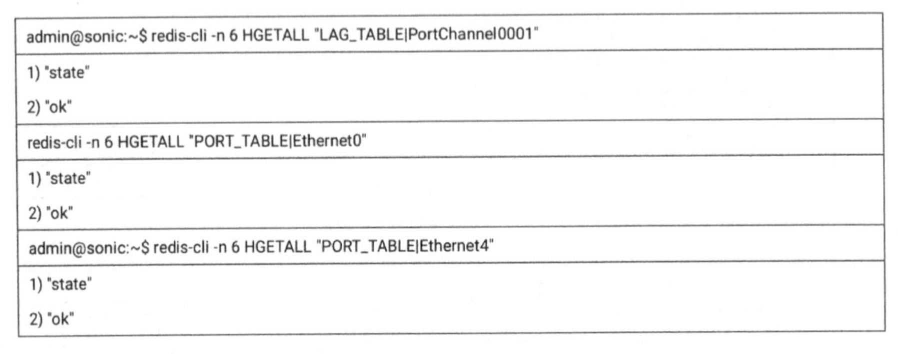

```
admin@sonic:~$ redis-cli -n 6 HGETALL "LAG_TABLE|PortChannel0001"
1) "state"
2) "ok"
redis-cli -n 6 HGETALL "PORT_TABLE|Ethernet0"
1) "state"
2) "ok"
admin@sonic:~$ redis-cli -n 6 HGETALL "PORT_TABLE|Ethernet4"
1) "state"
2) "ok"
```

图 2-31　查看 6 号数据库中相应字段值

```
admin@sonic:~$ redis-cli -n 0 KEYS LAG*
1) "LAG_MEMBER_TABLE:PortChannel0001:Ethernet0"
2) "LAG_MEMBER_TABLE:PortChannel0001:Ethernet4"
3) "LAG_TABLE:PortChannel0001"
```

图 2-32　获取 0 号数据库中所有以 LAG 开头的键

⑥ Portsorch 调用 SAIRedis 的 API，检查参数类型合法性，并将 LAG 配置信息写入 ASIC_DB。

⑦ Syncd 订阅 ASIC_DB 中的 LAG 相关表项并处理，图 2-33 展示了获取 1 号数据库中所有以 LAG 开头的键。

```
admin@sonic:~$ redis-cli -n 1 KEYS *LAG*
1) "ASIC_STATE:SAI_OBJECT_TYPE_LAG_MEMBER:oid:0x1b000000000569"
2) "ASIC_STATE:SAI_OBJECT_TYPE_LAG:oid:0x2000000000568"
3) "ASIC_STATE:SAI_OBJECT_TYPE_LAG_MEMBER:oid:0x1b00000000056a"
```

图 2-33　获取 1 号数据库中所有以 LAG 开头的键

⑧ Syncd 调用 ASIC SDK 对 SAI API 的实现，并通过 ASIC 驱动程序下发到底层芯片。

2. Teamd 聚合流程

Teamd 聚合流程如图 2-34 所示，其详细步骤如下。

① Teamsyncd 初始化阶段注册监听 RTM_NEWLINK 和 RTM_DELLINK 类型的 Netlink 消息，同时也会注册 Teamd 的操作 handler，用于处理 Teamd 聚合成员口状态变化及 Teamd 参数变化触发的事件。

② Teamsyncd 处理两类消息。一类是 Netlink 消息，当触发 NEWLINK 或 DELLINK 时，对应操作 STATE_LAG_TABLE 设置聚合组状态；另一类是 Teamd 状态变化消息，当 Teamd 通过 LACP 交互及内部状态机产生聚合成员口状态变化时，调用 TeamSync::TeamPortSync::onChange 进行处理。

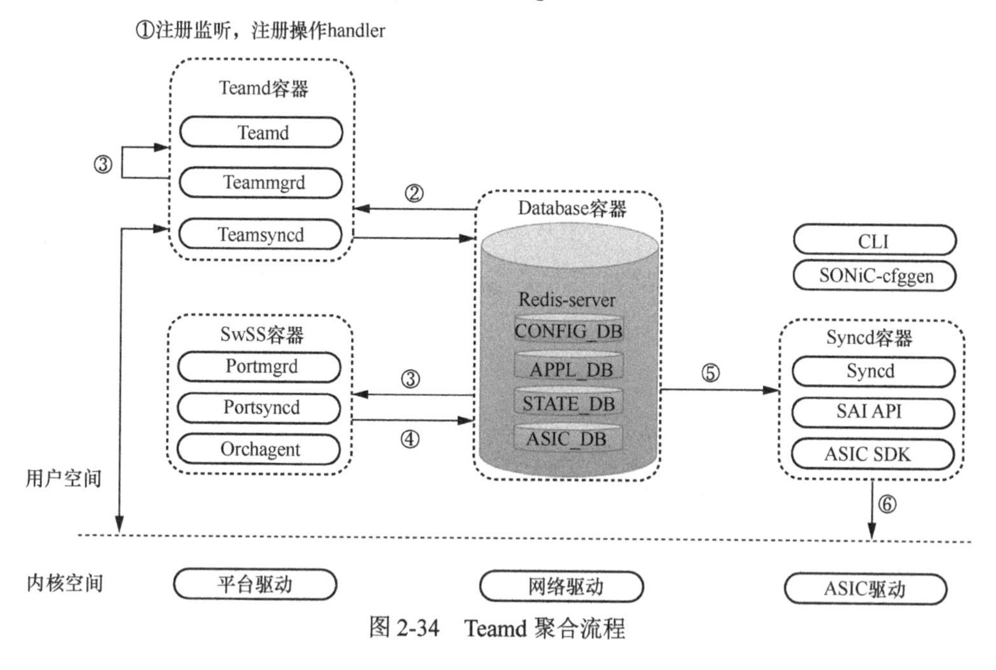

图 2-34　Teamd 聚合流程

③ Teamd 感知聚合成员口发生状态变化，Teamsyncd 从 Teamd 获取当前聚合成员列表和状态，与变化前的聚合成员列表进行比较。如果聚合成员已存在且状态发生变化，则直接修改相应的 APP_LAG_MEMBER_TABLE 成员状态，如果成员列表发生变化，则向 APP_LAG_MEMBER_TABLE 添加新增的成员口并设置成员状态及删除不存在的成员口。

④ Portsorch 作为消费者订阅 APP_LAG_MEMBER_TABLE 进行处理，图 2-35 展示了根据聚合成员口状态设置 SAI_LAG_MEMBER_ATTR_INGRESS_DISABLE 和 SAI_LAG_MEMBER_ATTR_EGRESS_DISABLE，决定是否允许通过该成员口接收流量及从该成员口发送流量。

⑤ Portsorch 调用 SAIRedis 的 API，并更新 LAG Member 配置表项及属性到 ASIC_DB 中。

⑥ Syncd 订阅 ASIC_DB 中的 LAG Member 表项并进行处理，流程如图 2-36 所示。

```
admin@sonic:~$ redis-cli -n 0 HGETALL "LAG_TABLE:PortChannel0001"
1) "admin_status"
2) "up"
3) "oper_status"
4) "up"
5) "mtu"
6) "9100"
admin@sonic:~$ redis-cli -n 0 HGETALL "LAG_MEMBER_TABLE:PortChannel0001:Ethernet0"
1) "status"
2) "enabled"
admin@sonic:~$ redis-cli -n 0 HGETALL "LAG_MEMBER_TABLE:PortChannel0001:Ethernet4"
1) "status"
2) "enabled"
```

图 2-35　查看 0 号数据库中相应字段值

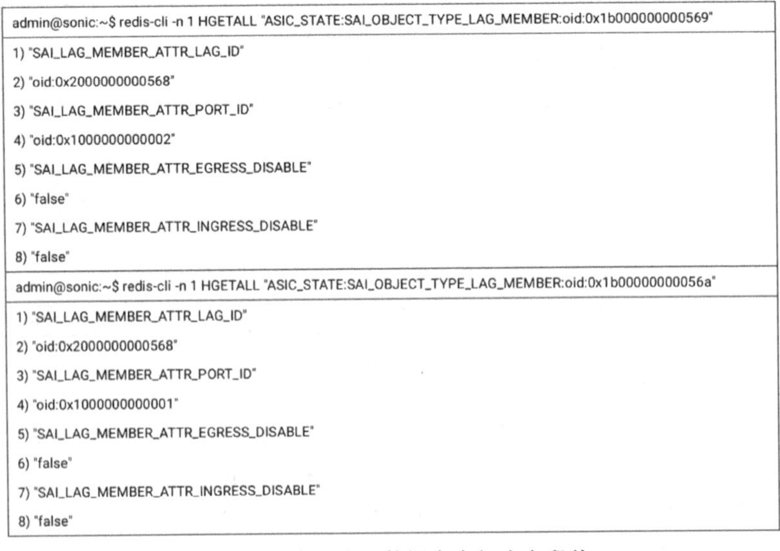

```
admin@sonic:~$ redis-cli -n 1 HGETALL "ASIC_STATE:SAI_OBJECT_TYPE_LAG_MEMBER:oid:0x1b000000000569"
1) "SAI_LAG_MEMBER_ATTR_LAG_ID"
2) "oid:0x2000000000568"
3) "SAI_LAG_MEMBER_ATTR_PORT_ID"
4) "oid:0x1000000000002"
5) "SAI_LAG_MEMBER_ATTR_EGRESS_DISABLE"
6) "false"
7) "SAI_LAG_MEMBER_ATTR_INGRESS_DISABLE"
8) "false"
admin@sonic:~$ redis-cli -n 1 HGETALL "ASIC_STATE:SAI_OBJECT_TYPE_LAG_MEMBER:oid:0x1b00000000056a"
1) "SAI_LAG_MEMBER_ATTR_LAG_ID"
2) "oid:0x2000000000568"
3) "SAI_LAG_MEMBER_ATTR_PORT_ID"
4) "oid:0x1000000000001"
5) "SAI_LAG_MEMBER_ATTR_EGRESS_DISABLE"
6) "false"
7) "SAI_LAG_MEMBER_ATTR_INGRESS_DISABLE"
8) "false"
```

图 2-36　查看 1 号数据库中相应字段值

⑦ 调用 ASIC SDK 对 SAI API 的实现，并通过 ASIC driver 下发到底层芯片。

2.7　开源路由协议栈（FRRouting）

路由套件是控制面软件的集合，它们使用多种路由协议在网络操作系统之上运行。路由套件与其他路由器交换路由信息，并在内核中更新路由信息。作为路由套件的一个示例，Quagga 是一个开源的路由软件套件，用于构建路由器和交换机。它是基于 GNU Zebra 路由软件的分支，支持多种路由协议，包括 OSPF、BGP、路由信息协议（RIP）等[9]。

在早期版本的 SONiC 系统中，Quagga 作为默认的路由软件套件被集成并广泛使用。它为 SONiC 设备提供了路由和动态路由协议的支持，通过配置和运行不同的 Quagga 进程，实现了自动的路由交换和路由表更新功能。

SONiC 设备上存在两个主要的 Quagga 进程，即 Bgpd（BGP daemon）和 Zebra。当有路由信息来的时候，Bgpd 先进行处理，决定是否放入 SONiC 内核路由表，然后 Zebra 使用转发平面管理器（Fpmsyncd）对转发平面进行编程。使 APPL_DB 中的路由表更新，之后 SONiC 处理内核路由表的更新。简而言之，Quagga 判断路由信息是否更新，SONiC 负责更新内核路由表。图 2-37 显示了当收到一条新的 BGP 路由信息时，Quagga 和 SONiC 的交互流程。

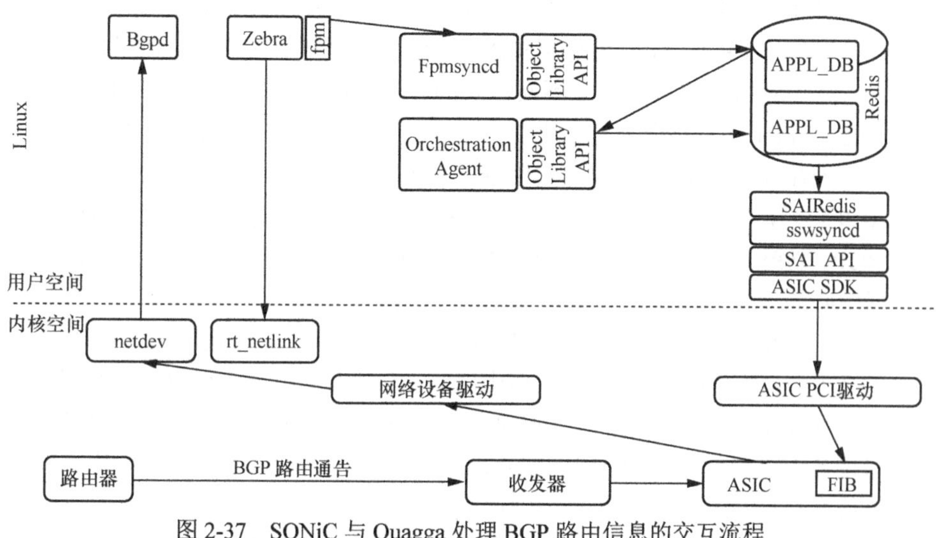

图 2-37　SONiC 与 Quagga 处理 BGP 路由信息的交互流程

FRRouting 的根源可以追溯到 Quagga（以及在此之前的 Zebra），它发展成一个软件路由套件，近 20 年来一直是开源社区的一部分。Quagga 软件套件为 Linux 服务器和 Unix 服务器提供了对 BGP、OSPF 和 RIP 的支持。这允许开发 BGP 路由服务器或基于服务器的 VPN 集中器等。Quagga 被网络工程师视为网络工程工具箱中的一个了不起的工具，他们了解基于软件的路由器相对于主要网络供应商的传统设备的价值。Quagga 在一个小而专注的开发人员社区中取得了缓慢而稳定的进展。

FRRouting 路由软件堆栈。每个协议都与被称为 Zebra 的共享路由信息库通信，Zebra 会将这些路由直接安装到 Linux 内核中。早些年 Cumulus Networks 成立时，Quagga 路由软件套件被用作其数据中心网络软件 Cumulus Linux（现在是 NVIDIA Networking 的一部分）的核心组件。Cumulus Linux 在其分解的数据中心交换机上为其客户提供 BGP 和 OSPF 路由服务。Cumulus Linux 以错误修复、质量保证和功能改进的形式向 Quagga 项目投入了大量资源。每个客户发布的修复程序都变成了一个补丁，交付回 Quagga 上游社区。

在 Cumulus Linux 的带领下，商业开发人员社区开始增长，增加了 VMware、Orange Telecom、6WIND 等。未来几年的贡献率和新功能超出了 Quagga 项目框架所能提供的。2016 年，由 Cumulus Networks 领导的开发团队，从 Quagga 项目独立出了一个新项目，命名为自由范围路由，并将其置于 Linux 基金会的治理之下，确保该项目保持强大、开放和公平。

随着 FRRouting 的发展，它不仅作为在服务器上运行的路由堆栈，还作为以太网交换机和其他基于网络的解决方案的核心组件，变得越来越流行。在服务器或交换机上运行 FRRouting 可提供 SDN、网络覆盖功能、供应商品牌的防火墙功能等。广泛的应用和用例，加上不断增长的商业支持使 FRRouting 项目能够源源不断地提交。FRRouting 的强大功能和稳定性促使微软将其作为 SONiC 的一部分，以及亚马逊在其开源 DENT 网络软件中使用的功能。

2019 年，FRRouting 成为默认的路由协议栈，这是一个开源的路由协议栈，支持 BGP、OSPF、EVPN 等协议，SONiC 使用 FRRouting，也间接说明了 FRRouting 在数据中心的使用上的稳定性是没问题的。

作为一个免费的开源应用程序，FRRouting 允许用户轻松获取和使用该软件。用户从基于 VM 的简单实验室或环境中的测试软件路由器开始。这些不同的用例显示了纯软件路由应用程序的一些价值。当路由器功能和创新不再局限于在硬件路由器设备中可用时，不同的用例就会出现，并且更多的部署变得具有成本效益，从而迫使客户部署专有的硬件——硬件堆栈。

有许多生产部署使用 FRRouting 作为软件路由器，包括基于 x86 的面向互联网的路由器、BGP 路由反射器、BGP 路由服务器，甚至是运行路由协议的普通端点主机——通常称为主机上的路由，完全消除了对 VLAN、多机箱链路聚合（MLAG）或数据中心中任意第 2 层的需求。主机上的 FRRouting 路由还可以利用 NVIDIA ConnectX 等 SmartNIC，或者在 NVIDIA BlueField 等数据处理单元（DPU）上运行。此实现将数据包处理卸载到适配器芯片上，从而提供软件定义和硬件加速的主机网络。

在主机上使用路由之类的东西时，会出现意想不到的优势，包括能够将服务器移动到数据中心的任意位置上并保留其 IP 地址。现在，无论服务器位于何处，路由协议都会将 IP 地址连接到架顶式交换机的子网，而不是将 IP 地址绑定到机架式交换机的子网上。

对于具有简单互联网需求的用户，现代 CPU 可以轻松地传递 10Gbit/s 甚至 25Gbit/s 的流量。当与 FRRouting 等路由软件结合使用时，可以以传统边缘路由器的一小部分成本创建互联网路由器。由于该服务器只是一个 Linux 服务器，因此用户可以添加其他应用程序和服务，如防火墙、负载平衡器，甚至 SD-WAN（如应用程序或脚本），而不受经典路由器的限制。需要太比特每秒的交换吞吐量的用例可以在 NVIDIA Spectrum 系列等高性能以太网交换机硬件上运行 FRRouting。这些交换机运行 FRRouting 并编程专用 ASIC，以提供无阻塞的高吞吐量和超低时延。

例如，客户可以选择在其架顶式（ToR）交换机上运行 NVIDIA Cumulus Linux，在其网络骨干交换机上运行 SONiC 或 DENT，并在单个主机上运行 FRRouting。在这种情况下，数据中心的 3 个级别都运行 FRRouting 以进行路由，并且可以以相同的方式管理其网络。

2.8　可编程芯片

交换机作为一种工作在下 3 层的网络设备，其很多功能都依赖于 ASIC 的 Pipeline。传统 ASIC 的 Pipeline 都是固定的，不能修改，将商用 NOS 换成 SONiC 的价值不大。但是可编程芯片和 SONiC 则是珠联璧合。如果新增的网络功能需要修改 ASIC 的驱动和/或 Pipeline 才能实现，有两种方式来达成目的。一种方式是直接通过 ASIC 的 SDK 修改；另一种方式是通过调用 SAI API 修改。SAI 就是一种 API。SAI 之于 SDK，等同于 Netconf/OpenConfig 之于 CLI。各家芯片的 SDK 都不一样，但是 SAI 定义了一个标准的 API，开发者不需要关心 ASIC 厂商的 SDK 是怎样定义的，通过标准的 API 便可以适配不同的 ASIC 了。

可编程芯片是一种具有灵活可配置的数据面的芯片，通过软件编程可以修改其行为和功能。与传统的固定功能芯片相比，可编程芯片具有更高的灵活性和可定制性。它们通常被应用于构建可编程网络设备，如可编程交换机和路由器，以满足不断变化的网络需求。如前文所述，SONiC 是一种开放源代码的网络操作系统，旨在推动可编程网络的发展。它通过与可编程芯片集成，为网络管理员提供了一个统一的软件平台，使他们能够根据特定的需求和环境配置和定制网络设备。

SONiC 支持多种可编程芯片，如 Barefoot Networks 的 Tofino 芯片和 Innovium

的 TERALYNX 系列芯片。这些芯片具有可编程的数据面，可以根据不同的协议和功能进行芯片配置和定制。SONiC 和可编程芯片的结合具有许多优势。首先，它们提供了更高的灵活性和可定制性。网络管理员可以通过编写应用程序和脚本来自定义和控制网络设备的行为，以满足特定的需求。而传统的网络设备往往受限于固定的功能和行为，无法灵活地适应不同的应用场景。其次，使用可编程芯片可以实现更高的性能。可编程芯片可以通过硬件优化处理特定的网络流量模式，从而提供更高的吞吐量和更低的时延。与传统的固定功能芯片相比，可编程芯片可以更好地满足高带宽、低时延的应用需求。最后，SONiC 和可编程芯片的结合还能够加速新功能的部署。传统网络设备通常需要升级硬件才能支持新功能，而可编程芯片可以通过软件更新实现新功能的部署，从而大大减少了网络设备的升级成本和时间。

关于应用方面，可编程芯片和 SONiC 的结合在云数据中心、大规模网络和边缘网络中得到了广泛的应用。在云数据中心中，可编程芯片和 SONiC 的结合可以提供高性能的数据传输和流量管理，支持多租户环境中的隔离和安全性保障。在大规模网络中，可编程芯片和 SONiC 的结合可以帮助管理和控制大量的网络设备，实现灵活的网络配置和管理。在边缘网络中，可编程芯片和 SONiC 的结合可以为物联网设备和边缘计算提供快速、高效的网络连接。

可编程芯片和 SONiC 的结合推动了可编程网络的发展，为网络管理员提供了更高的操作灵活性，使网络具有更高的可定制性和性能。它们能够满足不断变化的网络需求和应用场景需求，提供高性能的数据传输和流量管理，并加速新功能的部署。可编程芯片和 SONiC 在云数据中心、大规模网络和边缘网络中有着广泛的应用，并持续推动着网络的发展和创新。

2.9 服务和工作流

SONiC 里面的服务（常驻进程）非常多，有二三十种，它们会随着交换机的启动而启动，并一直保持运行，直到交换机关机。如果想快速掌握 SONiC，仔细了解一个个服务，会很容易陷入过度在意细节的泥潭，所以，最好对这些服务和控制流进行一个大的分类，以帮助读者建立一个宏观的概念。

注意，本节内容不会深入介绍某一个具体的服务，而是先从整体上来看 SONiC 中的服务结构，帮助读者建立一个整体的认识。关于具体的服务，会在下文中，对常用的工作流进行介绍，而详细的技术细节，大家还可以查阅与每个服务相关的设计文档。

2.9.1　服务分类

总体而言，SONiC 中的服务可以分为以下几类：*syncd 服务、*mgrd 服务、功能实现服务、Orchagent 服务和 Syncd 服务。下面展开详细介绍。

1．*syncd 服务

这类服务的名字都以 syncd 结尾。它们的功能很类似，负责将硬件状态同步到 Redis 中，一般目标都以 APPL_DB 或者 STATE_DB 为主。

比如，Portsyncd 就是通过监听 Netlink 事件，将交换机中所有 Port 的状态同步到 STATE_DB 中；而 Natsyncd 则通过监听 Netlink 事件，将交换机中所有的 NAT 状态同步到 APPL_DB 中。

2．*mgrd 服务

这类服务的名字都以 mgrd 结尾。顾名思义，这些服务是“Manager”服务，也就是说它们负责各个硬件的配置，和*syncd 服务完全相反。它们的逻辑主要有以下两个部分。

一部分是配置下发。负责读取配置文件和监听 Redis 中的配置和状态变化（主要是监听 CONFIG_DB、APPL_DB 和 STATE_DB 的状态变化），然后将这些变化推送到交换机硬件中。推送的方法有多种，取决于更新的目标是什么，可以通过更新 APPL_DB 并发布更新消息，或者是直接调用 Linux 下的命令行，对系统进行修改。比如，nbrmgr 就是监听 CONFIG_DB、APPL_DB 和 STATE_DB 中 neighbor 的变化，并调用 Netlink 和命令行来对 neighbor 和 route 进行修改；而 intfmgr 除了调用命令行还会将一些状态更新到 APPL_DB 中。

另一部分是状态同步。对于需要 Reconcile 的服务，*mgrd 服务还会监听 STATE_DB 中的状态变化，如果发现硬件状态和当前期望状态不一致，就会重新发起配置流程，将硬件状态设置为期望状态。这些 STATE_DB 中的状态变化一般都是*syncd 服务推送的。比如，intfmgr 就会监听 STATE_DB 中由 Portsyncd 推送的端口的 Up/Down 状态和 MTU 变化，一旦发现和其内存中保存的期望状态不一致，就会重新下发配置。

3．功能实现服务

有一些功能并不是依靠 OS 本身完成的，而是由一些特定的进程实现，如 BGP 或者一些外部接口。这些服务的名字经常以 d 结尾，表示 daemon，如 Bgpd、Lldpd、Snmpd、Teamd 等，或者干脆使用这个功能的名字，如 fancontrol。

4．Orchagent 服务

Orchagent 服务是 SONiC 中最重要的一个服务，不像其他服务只负责一两个特定的功能，Orchagent 服务作为交换机 ASIC 状态的编排者，会检查数据库中所有来自*syncd 服务的状态，整合起来并下发给用于保存交换机 ASIC 配置的数据库——ASIC_DB。这些状态最后会被 Syncd 接收，并通过调用 SAI API 与厂商提供的 SAI 实现进行交互，这些交互是建立在 ASIC SDK 之上的，以便与交换机的 ASIC 硬件进行通信，最终将配置下发到交换机硬件中。

5．Syncd 服务

Syncd 服务是 Orchagent 服务的下游，它虽然名字叫 Syncd，但是它却同时肩负着 ASIC 的*mgrd 服务和*syncd 服务的工作。首先，作为*mgrd 服务，它会监听 ASIC_DB 的状态变化，一旦发现，就会获取其新的状态并调用 SAI API，将配置下发到交换机硬件中。然后，作为*syncd 服务，如果 ASIC 发送了任意通知给 SONiC，它也会将这些通知以消息的形式发送到 Redis 中，以便 Orchagent 服务和*mgrd 服务获取这些变化，并进行处理。这些通知的类型可以在 SwitchNotifications.h 中找到。

2.9.2 服务间控制流分类

有了这些服务分类，就可以更加清晰地理解 SONiC 中的服务，而其中非常重要的一点是理解服务之间的控制流。有了上面的服务分类，也可以把主要的服务间控制流分为两类，即配置下发和状态同步。下面展开详细介绍。

1．配置下发

配置下发的一般流程具体如下。

（1）修改配置

用户可以通过 CLI 或者 REST API 修改配置，这些配置会被写入 CONFIG_DB 并通过 Redis 发送更新通知。或者外部程序可以通过特定的接口，如 BGP 的 API，来修改配置，这种配置会通过内部的 TCP Socket 发送给*mgrd 服务。

（2）*mgrd 下发配置

服务监听到 CONFIG_DB 中的配置变化，然后将这些配置推送到交换机硬件中。这里有两种主要情况（并且可以同时存在），具体如下。

① 直接下发

a. *mgrd 服务直接调用 Linux 下的命令行，或者通过 Netlink 修改系统配置。

b. *syncd 服务会通过 Netlink 或者其他方式监听到系统配置的变化，并将这些变化推送到 STATE_DB 或者 APPL_DB 中。

c. *mgrd 服务监听到 STATE_DB 或者 APPL_DB 中的配置变化，然后对这些配置和其内存中存储的配置进行比较，如果发现不一致，就会重新调用命令行或者 Netlink 来修改系统配置，直到它们一致为止。

② 间接下发

a. *mgrd 服务将状态推送到 APPL_DB 中并通过 Redis 发送更新通知。

b. Orchagent 服务监听到配置变化，然后根据所有相关的状态，计算出此时 ASIC 应该达到的状态，并下发到 ASIC_DB 中。

c. Syncd 服务监听到 ASIC_DB 的变化，然后将这些新的配置通过统一的 SAI API，调用 ASIC 驱动更新交换机 ASIC 中的配置。

2. 状态同步

如果这个时候，出现了一些情况，如网口坏了、ASIC 中的状态发生变化等，便需要进行状态更新和同步，具体流程如下。

① 检测状态变化：状态变化主要来源于*syncd 服务（Netlink 等）和 Syncd 服务（SAI Switch Notification），这些服务在检测到变化后，会将它们发送到 STATE_DB 或者 APPL_DB 中。

② 处理状态变化：Orchagent 服务和*mgrd 服务会监听到这些变化，然后开始处理，将新的配置重新通过命令行和 Netlink 下发给系统，或者下发到 ASIC_DB 中，让 Syncd 服务再次对 ASIC 进行更新。

2.10 核心容器

在 SONiC 的设计中，最具特色的是容器化。从 SONiC 的设计图中可以看出，在 SONiC 中，所有服务都是以容器的形式存在的。在登录进交换机之后，可以通过 docker ps 命令查看当前运行的容器，如图 2-38 所示。

```
admin@sonic:~$ sudo docker exec -it database bash
```

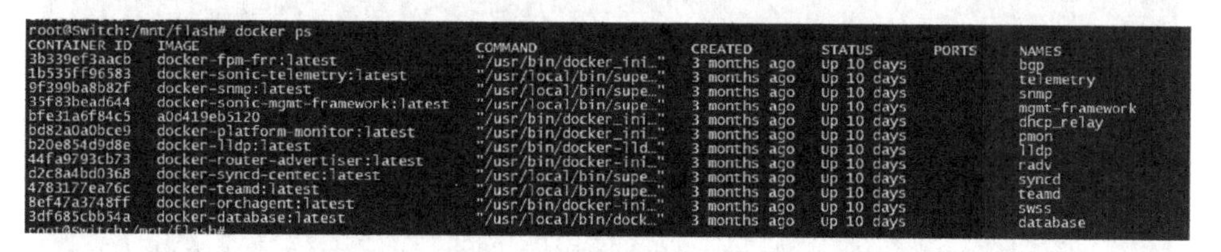

图 2-38 通过 docker ps 命令查看当前运行的容器

下面简单介绍一下这些容器。

2.10.1 数据库容器：Database 容器

这个容器中运行的是前文多次提到的 SONiC 中的中心数据库 Redis，它里面存放着所有交换机的配置和状态信息，SONiC 主要通过它为各个服务提供底层的通信机制。通过 docker 命令进入 Database 容器，就可以看到里面正在运行的 Redis 进程了，图 2-39 展示了查看 Redis 进程的操作流程。

```
admin@sonic:~$ sudo docker exec -it database bash
root@sonic:/# ps aux
root@sonic:/# cat/var/run/Redis/Redis.pid
```

```
root@switch:/mnt/flash# sudo docker exec -it database bash
root@switch:/# ps aux
USER         PID %CPU %MEM    VSZ   RSS TTY      STAT START   TIME COMMAND
root           1  0.0  0.6  30484 23824 pts/0    Ss+  Sep14   4:32 /usr/bin/python3 /usr/local/bin/supervisord
root          42  0.0  0.4  25592 18700 pts/0    S    Sep14   1:00 python3 /usr/bin/supervisor-proc-exit-listener --container-name datab
ase
root          43  0.0  0.1 221764  5636 pts/0    Sl   Sep14   0:00 /usr/sbin/rsyslogd -n -iNONE
root          44  4.6  1.4 110832 58424 pts/0    Sl   Sep14 683:31 /usr/bin/redis-server 127.0.0.1:6379
root       82227  0.0  0.0   3868  3248 pts/1    Ss   19:12   0:00 bash
root       82233  0.0  0.0   7640  2772 pts/1    R+   19:13   0:00 ps aux
root@switch:/# cat /var/run/redis/redis.pid
44
root@switch:/#
```

图 2-39 查看 Redis 进程的操作流程

那么别的容器是如何访问 Redis 数据库的呢？答案是通过 Unix Socket。可以在 Database 容器中看到 Unix Socket，它将交换机上的"/var/run/Redis"目录 map 进 Database 容器中，让 Database 容器可以创建这个 Socket。

```
root@sonic:/# ls /var/run/Redis   # In Database container
admin@sonic:~$ ls /var/run/Redis  # On host
```

然后将这个 Socket 再 map 到其他容器中，这样所有容器即可访问中心数据库，如 SwSS 容器，SwSS 容器访问 Redis 数据库的操作流程如图 2-40 所示。

```
admin@sonic:~$ docker inspect swss
```

```
root@switch:/# ls /var/run/redis
redis.pid  redis.sock  sonic-db
root@switch:/# exit
exit
root@switch:/mnt/flash# ls /var/run/redis
redis.pid  redis.sock  sonic-db
root@switch:/mnt/flash# docker inspect swss
[
    {
        "Id": "8ef47a3748ffeff3a69166f503cb65862b8fd11fcecbceab5d8efa5b6f1e6177",
        "Created": "2023-06-18T15:34:50.372065367Z",
        "Path": "/usr/bin/docker-init.sh",
        "Args": [],
        "State": {
            "Status": "running",
            "Running": true,
            "Paused": false,
            "Restarting": false,
            "OOMKilled": false,
            "Dead": false,
            "Pid": 2088,
            "ExitCode": 0,
            "Error": "",
            "StartedAt": "2023-09-14T14:19:36.586113452Z",
            "FinishedAt": "2023-09-14T22:19:13.025802071+08:00"
        },
        "Image": "sha256:934b42854ee62b508f9789f53e2103f22b401356cd565e4dcffb24b2d5445057",
        "ResolvConfPath": "/var/lib/docker/containers/8ef47a3748ffeff3a69166f503cb65862b8fd11fcecbceab5d8efa5b6f1e6177/resolv.conf",
        "HostnamePath": "/var/lib/docker/containers/8ef47a3748ffeff3a69166f503cb65862b8fd11fcecbceab5d8efa5b6f1e6177/hostname",
        "HostsPath": "/var/lib/docker/containers/8ef47a3748ffeff3a69166f503cb65862b8fd11fcecbceab5d8efa5b6f1e6177/hosts",
        "LogPath": "/var/lib/docker/containers/8ef47a3748ffeff3a69166f503cb65862b8fd11fcecbceab5d8efa5b6f1e6177/8ef47a3748ffeff3a69166f503cb65862b8fd11fc
ecbceab5d8efa5b6f1e6177-json.log",
        "Name": "/swss",
        "RestartCount": 0,
        "Driver": "overlay2",
```

图 2-40 SwSS 容器访问 Redis 数据库的操作流程

2.10.2　交换机状态管理容器：SwSS 容器

这个容器可以说是 SONiC 中最关键的容器了，它是 SONiC 的“大脑”，里面运行着大量的*syncd 服务和*mgrd 服务，用来管理交换机各方面的配置，如 Port、neighbor、ARP、VLAN、Tunnel 等。另外里面还运行着上面提到的 Orchagent 服务，用来统一处理与 ASIC 相关的配置和状态变化。这些服务大概的功能和流程在上文中已经提过了，这里不赘述。这里可以通过 ps 命令看一下这个容器中运行的服务，如图 2-41 所示。

```
admin@sonic:~$ docker exec -it swss bash
root@sonic:/# ps aux
```

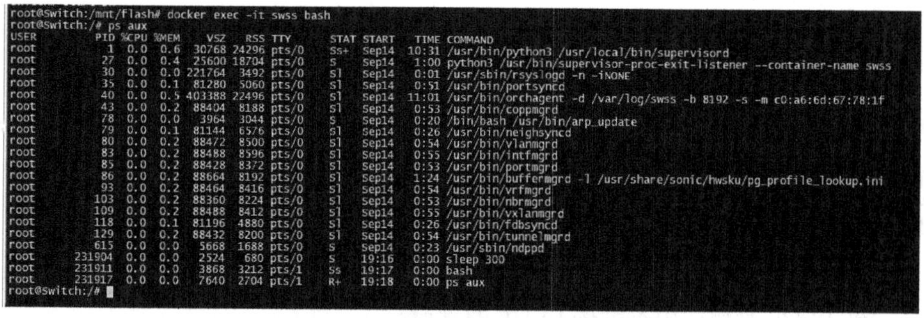

```
root@Switch:/mnt/flash# docker exec -it swss bash
root@Switch:/# ps aux
USER         PID %CPU %MEM    VSZ   RSS TTY      STAT START   TIME COMMAND
root           1  0.0  0.6  30768 24296 pts/0    Ss+  Sep14  10:31 /usr/bin/python3 /usr/local/bin/supervisord
root          27  0.0  0.4  25600 18704 pts/0    S    Sep14   1:00 python3 /usr/bin/supervisor-proc-exit-listener --container-name swss
root          30  0.0  0.0 221764  3492 pts/0    Sl   Sep14   0:01 /usr/sbin/rsyslogd -n -iNONE
root          35  0.0  0.1  81280  5060 pts/0    Sl   Sep14   0:51 /usr/bin/portsyncd
root          40  0.0  0.5 403388 22496 pts/0    Sl   Sep14  11:01 /usr/bin/orchagent -d /var/log/swss -b 8192 -s -m c0:a6:6d:67:78:1f
root          43  0.0  0.2  88404  8188 pts/0    Sl   Sep14   0:53 /usr/bin/coppmgrd
root          78  0.0  0.0   3964  3044 pts/0    S    Sep14   0:20 /bin/bash /usr/bin/arp_update
root          79  0.0  0.1  81144  6576 pts/0    Sl   Sep14   0:26 /usr/bin/neighsyncd
root          80  0.0  0.2  88472  8500 pts/0    Sl   Sep14   0:54 /usr/bin/vlanmgrd
root          83  0.0  0.2  88488  8596 pts/0    Sl   Sep14   0:55 /usr/bin/intfmgrd
root          85  0.0  0.2  88428  8372 pts/0    Sl   Sep14   0:53 /usr/bin/portmgrd
root          86  0.0  0.2  88664  8192 pts/0    Sl   Sep14   1:24 /usr/bin/buffermgrd -l /usr/share/sonic/hwsku/pg_profile_lookup.ini
root          93  0.0  0.2  88464  8416 pts/0    Sl   Sep14   0:54 /usr/bin/vrfmgrd
root         103  0.0  0.2  88360  8224 pts/0    Sl   Sep14   0:53 /usr/bin/nbrmgrd
root         109  0.0  0.2  88488  8412 pts/0    Sl   Sep14   0:55 /usr/bin/vxlanmgrd
root         118  0.0  0.1  81196  4880 pts/0    Sl   Sep14   0:26 /usr/bin/fdbsyncd
root         129  0.0  0.2  88432  8200 pts/0    Sl   Sep14   0:54 /usr/bin/tunnelmgrd
root         615  0.0  0.0   5668  1688 pts/0    S    Sep14   0:23 /usr/sbin/ndppd
root      231904  0.0  0.0   2524   680 pts/0    S    19:16   0:00 sleep 300
root      231911  0.0  0.0   3868  3212 pts/1    Ss   19:17   0:00 bash
root      231917  0.0  0.0   7640  2704 pts/1    R+   19:18   0:00 ps aux
root@Switch:/#
```

图 2-41　查看 SwSS 容器中运行的服务

2.10.3　ASIC 管理容器：Syncd 容器

这个容器主要用于管理交换机上的 ASIC，里面运行着 Syncd 服务。前文提到的各个厂商提供的 SAI 和 ASIC 驱动都是放在 Syncd 容器中的。正是因为 Syncd 容器的存在，SONiC 可以支持多种不同的 ASIC，而不需要修改上层的服务。

在 Syncd 容器中运行的服务并不多，可以通过 ps 命令查看 Syncd 容器中运行的服务，如图 2-42 所示，而在/usr/lib 目录下，也可以找到这个为了支持 ASIC 而编译出来的巨大无比的 SAI 文件。

```
admin@sonic:~$ docker exec -it syncd bash
root@sonic:/# ps aux
root@sonic:/# ls -lh /usr/lib
```

```
root@switch:/mnt/flash# docker exec -it syncd bash
root@switch:/# ps aux
USER       PID %CPU %MEM    VSZ   RSS TTY      STAT START   TIME COMMAND
root         1  0.0  0.6  30492 23980 pts/0    Ss+  Sep14   4:38 /usr/bin/python3 /usr/local/bin/supervisord
root        10  0.0  0.4  25592 18696 pts/0    S    Sep14   1:00 python3 /usr/bin/supervisor-proc-exit-listener --container-name syncd
root        13  0.0  0.1 221764  5532 pts/0    Sl   Sep14   0:00 /usr/sbin/rsyslogd -n -iNONE
root        17 23.2  2.2 1277732 89344 pts/0   Sl   Sep14 3420:15 /usr/bin/syncd -u -s -p /usr/share/sonic/hwsku/sai.profile
root     82368  0.1  0.0   3868  3216 pts/1    Ss   19:18   0:00 bash
root     82374  0.0  0.0   7640  2780 pts/1    R+   19:18   0:00 ps aux
root@switch:/#
root@switch:/#
root@switch:/# ls -lh /usr/lib
total 53M
drwxr-xr-x 1 root root 4.0K Jun 18 15:33 apt
drwxr-xr-x 3 root root 4.0K Jun 18 15:33 dpkg
drwxr-xr-x 3 root root 4.0K Jun 18 15:33 gcc
-rw-r--r-- 1 root root 330K Mar 24  2023 libapp.a
-rw-r--r-- 1 root root 415K Mar 24  2023 libblackhawk.so
-rw-r--r-- 1 root root 227K Mar 24  2023 libcredo.so
-rw-r--r-- 1 root root 3.2M Mar 24  2023 libcrlua.so
-rw-r--r-- 1 root root  45M Mar 24  2023 libctcsdk.so
lrwxrwxrwx 1 root root   15 Jun 18 15:33 libsai.so -> libsai.so.1.9.1
lrwxrwxrwx 1 root root   11 Jun 18 15:33 libsai.so.1.9.1 -> libsai.so.3
-rw-r--r-- 1 root root 3.8M Mar 24  2023 libsai.so.3
drwxr-xr-x 4 root root 4.0K Jun 18 15:33 libyang
drwxr-xr-x 3 root root 4.0K Jun 18 15:33 locale
drwxr-xr-x 1 root root 4.0K Jun 18 15:33 mime
-rw-r--r-- 1 root root  261 Sep  3  2022 os-release
drwxr-xr-x 1 root root 4.0K Jun 18 15:33 python3
drwxr-xr-x 1 root root 4.0K Jun 18 15:33 python3.7
drwxr-xr-x 2 root root 4.0K Jun 18 15:33 rsyslog
drwxr-xr-x 2 root root 4.0K Feb 25  2022 sasl2
drwxr-xr-x 3 root root 4.0K Jun 18 15:33 ssl
drwxr-xr-x 2 root root 4.0K Jun 18 15:33 tc
drwxr-xr-x 2 root root 4.0K Jun 18 15:33 tmpfiles.d
drwxr-xr-x 2 root root 4.0K Jun 18 15:33 valgrind
drwxr-xr-x 1 root root 4.0K Jun 18 15:33 x86_64-linux-gnu
root@switch:/#
```

图 2-42　查看 syncd 容器中运行的服务

2.10.4　各种实现特定功能的容器

SONiC 中还有很多的容器是为了实现一些特定功能而存在的。这些容器一般都有特殊的外部接口（非 SONiC CLI 和 REST API）和实现（非 OS 或 ASIC），具体如下。

① BGP 容器：用来实现 BGP 的容器。

② LLDP 容器：用来实现 LLDP 的容器。

③ TEAMD 容器：用来实现链路聚合的容器。

④ SNMP 容器：用来实现 SNMP 的容器。

和 SwSS 容器类似，为了适应 SONiC 的架构，它们中间也都会运行下面提到的几种服务。

① 配置管理和配置下发（类似*mgrd 服务）：Lldpmgrd、Zebra（BGP）。

② 状态同步（类似*syncd 服务）：Lldpsyncd、Fpmsyncd（BGP）、Teamsyncd。

③ 服务实现或者外部接口（*d）：Lldpd、Bgpd、Teamd、SnmPd。

2.10.5　管理服务容器：mgmt-framework 容器

前文已经介绍过如何使用 SONiC CLI 进行一些交换机的配置，但是在实际生产环境中，手动登录交换机使用 CLI 配置所有的交换机是不现实的，所以 SONiC 提供了 REST API 来解决这个问题。REST API 的实现就是在 mgmt-framework 容器中。查看 mgmt-framework 容器中的 REST API，如图 2-43 所示。

```
admin@sonic:~$ docker exec -it mgmt-framework bash
root@sonic:/# ps aux
```

```
root@Switch:/mnt/flash# docker exec -it mgmt-framework bash
root@Switch:/# ps aux
USER         PID %CPU %MEM     VSZ    RSS TTY      STAT START   TIME COMMAND
root           1  0.0  0.5   29216  22572 pts/0    Ss+  Sep14   4:22 /usr/bin/python3 /usr/local/bin/supervisord
root          13  0.0  0.1  221764   5584 pts/0    Sl   Sep14   0:00 /usr/sbin/rsyslogd -n -iNONE
root          17  0.2  2.8 1393812 112672 pts/0    Sl   Sep14  32:49 /usr/sbin/rest_server -ui /rest_ui -logtostderr -cert /tmp/cert.pem -key /tmp/key.pem
root       82505  0.2  0.0    3868   3300 pts/1    Ss   19:19   0:00 bash
root       82511  0.0  0.0    7640   2716 pts/1    R+   19:19   0:00 ps aux
root@Switch:/#
```

图 2-43　查看 mgmt-framework 容器中的 REST API

其实除了 REST API，SONiC 还可以通过其他方式进行管理，如 gNMI，gNMI 也是运行在这个容器中的。

可以发现，其实常用的 CLI 的底层也是通过调用 REST API 实现的。

2.10.6　平台监控容器：PMON 容器

这个容器里面的服务基本用来监控交换机的一些基础硬件的运行状态，如温度、电源、风扇、SFP 事件等。同样，查看 PMON 容器中运行的服务，如图 2-44 所示。

```
admin@sonic:~$ docker exec -it pmon bash
root@sonic:/# ps aux
```

```
root@Switch:/mnt/flash# docker exec -it pmon bash
root@Switch:/# ps aux
USER         PID %CPU %MEM    VSZ   RSS TTY      STAT START   TIME COMMAND
root           1  0.0  0.6  30684 23964 pts/0    Ss+  Sep14   6:09 /usr/bin/python3 /usr/local/bin/supervisord
root          18  0.0  0.4  25616 18732 pts/0    S    Sep14   1:00 python3 /usr/bin/supervisor-proc-exit-listener --container-name pmon
root          21  0.0  0.0 221764  3588 pts/0    Sl   Sep14   0:00 /usr/sbin/rsyslogd -n -iNONE
root          26  0.0  0.5  35524 23044 pts/0    S    Sep14   1:03 python3 /usr/local/bin/ledd
root          27  0.0  0.7 113536 27996 pts/0    Sl   Sep14  12:29 python3 /usr/local/bin/xcvrd
root          28  0.4  0.6  38152 26028 pts/0    S    Sep14  69:11 python3 /usr/local/bin/psud
root          29  0.0  0.6  38052 25680 pts/0    S    Sep14   0:04 python3 /usr/local/bin/syseepromd
root          30  0.0  0.6  39188 27024 pts/0    S    Sep14   1:41 python3 /usr/local/bin/thermalctld
root          36  0.0  0.5  39188 20336 pts/0    S    Sep14   7:30 python3 /usr/local/bin/thermalctld
root          38  1.6  0.7 121204 29076 pts/0    S    Sep14 239:35 python3 /usr/local/bin/xcvrd
root       82410  0.2  0.0   3868  3244 pts/1    Ss   19:20   0:00 bash
root       82416  0.0  0.0   7640  2712 pts/1    R+   19:20   0:00 ps aux
root@Switch:/#
```

图 2-44　查看 PMON 容器中运行的服务

其中大部分的服务从名字就能猜出其作用，supervisord 是一个用于监控和管理多个进程的工具，通常用于确保这些进程一直运行，它通常与 Docker 等容器化技术一起使用，以协调容器中的多个服务。supervisord 的配置文件定义了要运行的进程及监控和管理它们的方式。rsyslogd 是一个系统日志进程，用于管理和处理系统日志消息，它负责收集、处理和路由系统日志，可以将日志消息发送到指定的目的地，如文件、远程服务器等。rsyslogd 在大多数 Linux 系统上都是默认的日志进程。Ledd 则是负责 LED 控制或指示灯管理的服务，在网络设备上，LED 通常用于指示设备状态、端口状态等信息。xcvrd 不是那么明显，xcvr 是 transceiver 的缩写，它是用来监控交换机的光模块的，如 SFP、QSFP 等。psud

用于涉及电源管理或供电相关的功能，在网络设备中用于监控和管理电源状态。syseepromd 负责系统可擦除可编程只读存储器 EEPROM 的管理，包括读取设备信息、进行配置等。thermalctld 与温度监测、风扇控制或其他与散热相关的功能有关。pcied 涉及 PCIe 总线或与 PCIe 设备通信的功能。sensord 是传感器数据采集进程，用于监测设备的各种传感器数据，包括监测温度、风扇速度等。

2.11 本章小结

本章详细介绍了 SONiC 中的一些核心组件和关键概念，旨在帮助读者深入理解其架构和工作原理。首先，概述了 SONiC 的整体架构，包括硬件组件、驱动程序、Linux 内核接口、源文件和开源组件等。这些组件共同构建了一个功能全面的网络层设备，支持 BGP、LLDP、链路聚合/LACP 和 VLAN 等多种网络功能。

接着，深入探讨了几个关键的核心组件。首先是 SAI，作为交换机抽象接口，它向上为 SONiC 提供了标准化的 API，向下则对接不同的 ASIC，从而屏蔽了不同 ASIC 之间的底层差异。这使 SONiC 能够兼容多种硬件平台，极大地提升了其灵活性和可扩展性。其次是数据库架构，通过 Redis 数据库，SONiC 实现了以数据库为中心的通信模型。这种模型使各个服务能够通过 Redis 数据库进行高效的数据交换和状态管理，从而提高了系统的整体稳定性和可管理性。最后是容器化组件，Docker 技术为 SONiC 服务提供了独立的运行环境，实现了不同服务间的松耦合。这种容器化设计不仅提高了系统的可扩展性和可维护性，还减少了服务之间的依赖关系。

然后，介绍了 SwSS 模块和 Syncd 模块，它们分别负责管理交换机的配置和状态，并与 ASIC 进行有效交互。这些模块的协同工作确保了 SONiC 能够稳定地运行。还讨论了 FRRouting 路由软件套件和可编程芯片在 SONiC 中的应用。FRRouting 作为 SONiC 的路由协议栈，与 Zebra 进程的交互方式为 SONiC 提供了强大的路由功能。而可编程芯片则为网络提供了灵活性和可定制性，使 SONiC 能够根据不同的应用场景进行调整和优化。

最后，分类介绍了 SONiC 中的服务和工作流，并介绍了数据库容器、交换机状态管理容器和 ASIC 管理容器等关键容器的作用。这些服务和工作流共同构成了 SONiC 的核心，确保了 SONiC 的稳定和高效运行。

总体来说，本章通过详细介绍 SONiC 中的核心组件和关键概念，为读者提供了一个全面的视角来理解 SONiC 的架构和工作原理。

参考文献

[1] 付磊, 张益军. Redis 开发与运维[M]. 北京: 机械工业出版社, 2017.
[2] 孟浩, 方小文, 张永龙. 基于 ZMQ 通信架构的巡检机器人离网控制系统[J]. 机床与液压, 2023, 51(23): 59-64.
[3] 汪军. 软件定义网络关键技术及其实现[J]. 中兴通讯技术, 2013, 19(5): 38-41.
[4] 熊昌隆. 没什么难的 Docker 入门与开发实战[M]. 北京: 电子工业出版社, 2017.
[5] 余孝银. 基于 Docker 的容器技术的研究与应用[D]. 北京: 华北电力大学, 2023.
[6] 邹彦良, 殷树. Linux 虚拟文件系统层的路径检索加速[J]. 国防科技大学学报, 2024, 46(2): 215-223.
[7] EDDELBUETTEL D. A brief introduction to redis[J]. arXiv preprint, 2022, arXiv: 2203.06559.
[8] 王嫣如. Redis 消息推送机制应用技术研究[J]. 科技广场, 2016(8): 41-44.
[9] 姜磊. 基于 Quagga 的 RIP 动态路由协议的设计与实现 [J]. 扬州职业大学学报, 2017, 21(4): 55-57.

第3章

SONiC 系统实践

3.1 代码仓库

SONiC 的代码都托管在 GitHub 的 SONiC-net 账号上，仓库数量有 30 余个，所以刚开始看 SONiC 的代码时，肯定是不好理解，不过不用担心，让我们一起来看一看。

3.1.1 核心仓库

1. Landing 仓库：SONiC

该仓库里面存储着 SONiC 的 Landing Page 和大量的文档、Wiki、教程、以往的 Talk Slides 等。这个仓库可以说是每个新人学习 SONiC 最常用的仓库了，但是注意，这个仓库里面没有任何代码，只有文档。

2. 镜像构建仓库：sonic-buildimage

该构建仓库为什么对于我们来说十分重要？SONiC buildimage 是基于 GNU 的自动构建化环境。它由两个主要部分组成，后端为 Makefiles 的集合及定义通用目标组，前端为方法的集合，为每个构建目标定义元数据。和其他项目不同，SONiC 的构建仓库其实才是它的主仓库，这个仓库里面包含所有的功能实现仓库，它们都以子模块的形式加入这个仓库（src 目录），且包含所有设备厂商的支持文件（device 目录），如每个型号设备的交换机的配置文件、用来访问硬件的支持脚本等，如笔者的交换机是 Arista 7050 QX-32S，那么笔者就可以在 device/arista/x86_64-arista_7050_qx32s 目录中找到它的支持文件。如所有 ASIC 芯片厂商提供的支持文件（platform 目录），如每个平台的驱动程序、BSP、底层支持的脚本等。这里可以看到几乎所有的主流芯片厂商的支持文件，如 Broadcom、Mellanox 等厂商的支持文件，同时，还有用来制作模拟软件交换机的支持文件，如虚拟交换机和 SONiC-P4 软件交换机的支持文件。SONiC 用来构建所有容器镜像的 Dockerfile（dockers 目录）及各种各样的通用配置文件和脚本（files 目录），以及用于构建编译容器的 Dockerfile（sonic-slave-*目录）。

正因为在这个仓库里将所有相关资源全都放在一起，所以读者学习 SONiC 的代码时，基本只需要下载这一个源码仓库就可以了，不管是搜索还是跳转都非常方便。sonic-buildimage 仓库文件架构如下。

```
sonic-buildimage/
  Makefile
  slave.mk
  sonic-slave/
    Dockerfile
  rules/
    config
    functions
    recipe1.mk
    ..
  dockers/
    docker1/
      Dockerfile.template
    ..
  src/
    submodule1/
    ..
    package1/
      Makefile
    ..
  platform/
    vendor1/
    ..
  target/
    debs/
    python-wheels/
```

3.1.2 功能实现仓库

除了核心仓库，SONiC 下还有很多功能实现仓库，里面都是各个容器和子服务的实现，这些仓库都以子模块的形式放在 sonic-buildimage 仓库的 src 目录下，如果读者想对 SONiC 进行修改和贡献，也需要了解一下这些功能实现仓库。

1．SwSS 相关仓库

前文已述，SwSS 容器是 SONiC 的“大脑”，在 SONiC 下，它由两个 repo 组成，即 sonic-swss-common 和 sonic-swss。

（1）SwSS 公共仓库：sonic-swss-common

sonic-swss-common 仓库里面包含了所有*mgrd 服务和*syncd 服务所需要的公共功能，如 logger、json、Netlink 的封装，Redis 操作和基于 Redis 的各种服务间通信机制的封装等。虽然能看出来这个仓库一开始是专门给 SwSS 使用的，但是因为功能多，很多其他的仓库都有它的应用，如 swss-saiRedis 和 swss-restapi。

（2）SwSS 主仓库：sonic-swss

可以在 SwSS 的主仓库 sonic-swss 中找到如下内容。

① 绝大部分的*mgrd 服务和*syncd 服务：Orchagent、Portsyncd/Portmgrd/Intfmgrd、Neighsyncd/Nbrmgrd、Natsyncd/Natmgrd、Buffermgrd、Coppmgrd、Macsecmgrd、Sflowmgrd、Tunnelmgrd、Vlanmgrd、Vrfmgrd、Vxlanmgrd 等。

② swssconfig：在 swssconfig 目录下，用于在快速重启（fast reboot）时恢复 FDB 和 ARP 表。

③ swssplayer：也在 swssconfig 目录下，用来记录所有通过 SwSS 进行的配置下发操作，这样可以利用它来进行 replay，从而对问题进行重现和调试。

④ 甚至一些不在 SwSS 容器中的服务，如 Fpmsyncd（BGP 容器）和 Teamsyncd/Teammgrd（Teamd 容器）。

2．SAI/平台相关仓库

SAI 是微软提出的并在 2015 年 3 月发布了 1.0 版本，在 2015 年 9 月，即 SONiC 还没有发布第一个版本的时候，SAI 就已经被 OCP 接收并作为一个公共标准了，这也是 SONiC 能够在这么短的时间内得到这么多厂商支持的原因之一。而也因为如此，SAI 的代码仓库被分成以下两部分，具体介绍如下。

① OCP 下的 OpenComputeProject/SAI 包含了有关 SAI 标准的所有代码，包括 SAI 的头文件、行为模型、测试用例、文档等。

② SONiC 下的 sonic-saiRedis 包含了 SONiC 中用来和 SAI 交互的所有代码，如 Syncd 服务和各种调试统计，用来进行 replay 的 saiplayer 和用来导出 ASIC 状态的 saidump。

除了这两个仓库，还有平台相关的仓库，如 sonic-platform-vpp，它的作用是通过 SAI 利用 vpp 实现数据面的功能，相当于一个高性能的软交换机，未来可能会被合并到 sonic-buildimage 仓库中，作为 platform 目录下的一部分。

3. 管理服务（mgmt）相关仓库

SONiC 中所有和管理服务相关的仓库如表 3-1 所示。

表 3-1　SONiC 中所有和管理服务相关的仓库

仓库	说明
sonic-mgmt-common	管理服务的基础仓库，里面包含翻译库（TransLib）YANG Model 相关的代码
sonic-mgmt-framework	使用 Go 语言来实现的 REST Server，是图 3-1 所示架构中的 REST Gateway（进程名为 rest_server）
sonic-gnmi	和 sonic-mgmt-framework 类似，是图 3-1 所示架构中基于 gRPC 的 gNMI Server
sonic-restapi	这是 SONiC 使用 Go 语言实现的另一个配置管理的 REST Server，和 sonic-mgmt-framework 不同，这个 REST Server 在收到消息后会直接对 CONFIG_DB 进行操作，而不是通过 TransLib（图 3-1 中没有，进程名为 go-server-server）
sonic-mgmt	各种自动化脚本（ansible 目录）、测试（tests 目录），用来搭建 test bed 和测试上报（test_reporting 目录）等

SONiC 管理服务架构如图 3-1 所示。

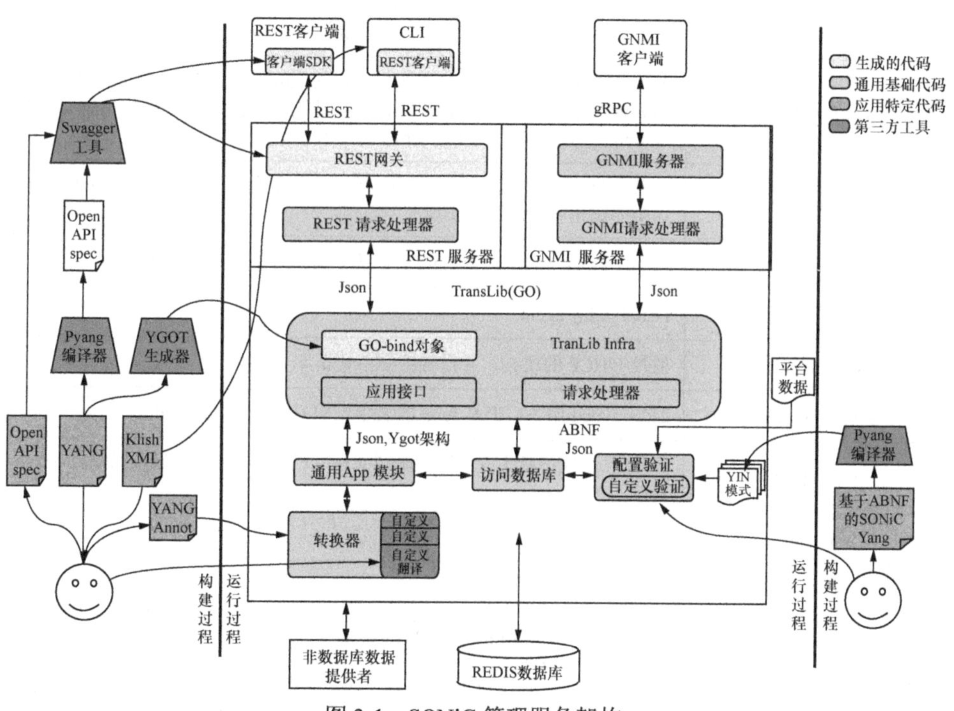

图 3-1　SONiC 管理服务架构

4. 平台监控相关仓库：sonic-platform-common 和 sonic-platform-daemons

平台监控相关仓库说明如表 3-2 所示，其中的两个仓库都和平台监控和控制相关，如 LED、风扇、电源管理、温控等。

表 3-2　平台监控相关仓库说明

仓库	说明
sonic-platform-common	这是为厂商提供的基础包，用来定义访问风扇、LED、电源管理、温控等模块的接口定义，这些接口都是用 Python 实现的
sonic-platform-daemons	包含了 SONiC 的 PMON 容器中运行的各种监控服务，如 chassisd、ledd、pcied、psud、syseepromd、thermalctld、xcvrd、ycabled，它们都使用 Python 实现，通过和中心数据库 Redis 进行连接，加载并调用各个厂商提供的接口实现对各个模块的监控和控制

5. 实现其他功能的仓库

除了上述仓库，SONiC 还有很多实现其他方面功能的仓库，有些是一个或多个进程，有些是库，实现其他功能的仓库如表 3-3 所示。

表 3-3　实现其他功能的仓库

仓库	说明
sonic-snmpagent	AgentX SNMP subagent 的实现（sonic_ax_impl），用于连接 Redis 数据库，为 Snmpd 提供所需要的各种信息，可以把它理解成 Snmpd 的控制面，而 Snmpd 是数据面，用于响应外部 SNMP 的请求
sonic-frr	FRRouting，各种路由协议的实现，所以在这个仓库中可以找到 Bgpd、Zebra 这类的路由相关的进程实现
sonic-linkmgrd	Dual ToR support，检查 Link 的状态，并且控制 ToR 的连接
sonic-dhcp-relay	DHCP relay agent
sonic-dhcpmon	监控 DHCP 的状态，并报告给中心数据库 Redis
sonic-dbsyncd	Lldp_syncd 服务，但是 repo 的名字没取好，叫作 dbsyncd
sonic-pins	Google 开发的基于 P4 的网络栈支持（PINS），更多信息可以参看 PINS 官网
sonic-stp	对 STP 的支持
sonic-ztp	零接触配置（ZTP）
DASH	Disaggregated API for SONiC Hosts
sonic-host-services	运行在 host 上通过 dbus 为容器中的服务提供支持，如保存和重新加载配置，保存 dump 之类的非常有限的功能，类似 host broker

续表

仓库	说明
sonic-fips	联邦信息处理标准（FIPS）的支持，里面有很多为了支持 FIPS 而加入的各种补丁文件
sonic-wpa-supplicant	对各种无线网络协议的支持

3.1.3　工具仓库：sonic-utilities

SONiC 中存在的一个工具仓库为 sonic-utilities，该仓库存放着 SONiC 中所有的命令行下的工具，具体包含如下工具。

① config、show、clear 目录：这是 3 个 SONiC CLI 的主命令的实现。需要注意的是，具体的命令实现并不一定在这几个目录里面，大量的命令是通过调用其他命令实现的，这几个命令只提供了一个入口。

② scripts、sfputil、psuutil、pcieutil、fwutil、ssdutil、acl_loader 目录：这些目录下提供了大量的工具命令，但是它们大多并不是直接给用户使用的，而是被 config、show 和 clear 目录下的命令调用，如 show platform fan 命令，就是通过调用 scripts 目录下的 fanshow 命令实现的。

③ utilities_common、flow_counter_util、syslog_util 目录：这些目录和上面的目录类似，但是提供的是基础类，可以直接由 Python 中的 import 调用。

④ 另外还有很多其他的命令：fdbutil、pddf_fanutil、pddf_ledutil、pddf_psuutil、pddf_thermalutil 等，用于查看和控制各个模块的状态。

⑤ connect 和 consutil 目录：这两个目录下的命令是用来连接其他 SONiC 设备并对其进行管理的。

⑥ crm 目录：用来配置和查看 SONiC 中的关键资源监控（CRM）。这个命令并没有被包含在 config 和 show 命令中，所以用户可以直接使用。

⑦ pfc 目录：用来配置和查看 SONiC 中的[基于队列的流量控制（PFC）][SONiCPFC]。

⑧ pfcwd 目录：用来配置和查看 SONiC 中的[PFC Watch Dog] [SONiCPFCWD]，如启动、停止、修改 polling interval 之类的操作。

3.1.4　内核补丁：sonic-linux-kernel

虽然 SONiC 是基于 Debian 的，但是默认的 Debian 内核却不一定能运行 SONiC，如某个模块默认没有启动，或者某些老版本的驱动有问题，所以 SONiC

需要或多或少有一些修改的 Linux 内核。而这个仓库就是用来存放所有内核补丁的。

3.2 编译 SONiC 镜像

3.2.1 编译环境搭建

由于 SONiC 是基于 Debian 开发的，为了保证无论在任意平台上都可以成功地编译 SONiC，并且编译出来的程序能在对应的平台上运行，SONiC 使用了容器化的编译环境——它将所有的工具和依赖都安装在对应 Debian 版本的 Docker 容器中，然后将代码挂载进容器中，最后在容器内部进行编译工作，这样就可以很轻松地在任意平台上编译 SONiC 了，而不用再担心依赖不匹配的问题，如有一些包在 Debian 里的版本比 Ubuntu 版本更高，这样可能会导致最后的程序在 Debian 上运行的时候出现一些意外的错误。

为了构建 SONiC 交换机映像，可以按照以下步骤操作，以构建与网络交换机（ONIE）兼容的网络操作系统（NOS）安装映像，以及在 NOS 内部运行的 Docker 映像。需要注意的是，SONiC 映像是根据 ASIC 平台构建的，使用相同 ASIC 平台的网络交换机共享一个映像。具体受支持的交换机和 ASIC 的列表，请参考相关文档。

对于搭建编译环境的硬件要求，任意服务器都可以作为构建映像的服务器，只要符合以下要求，即有多个核心以提高构建速度；有充足的内存（少于 8 GiB 可能会导致问题）；有 300GB 的可用磁盘空间；支持 KVM 虚拟机。

注意，如果在虚拟机中进行构建，请确保支持嵌套虚拟化。在某些情况下（如构建 OVS 镜像），还需要额外的配置选项来向虚拟机公开完整的 KVM 接口（如在 VirtualBox 上支持 KVM 半虚拟化）。

1. 初始化编译环境

目前，适合构建 SONiC 操作系统的选择是 Ubuntu 20.04。以下是构建 SONiC 映像的详细步骤。

（1）安装 pip 和 jinja 依赖

安装 pip 和 jinja 依赖，如果 j2/j2cli 不可用，请执行以下命令。

```
sudo apt install -y python3-pip
pip3 install --user j2cli
```

（2）安装 Docker

为了支持容器化的编译环境，第一步，用户需要保证用户机器上安装了 Docker。Docker 的安装方法可以参考官方文档，这里以 Ubuntu 为例，简单介绍一下安装方法，并将系统配置为允许在没有 sudo 的情况下运行 Docker 命令。

如果用户使用 ufw 或 firewalld 管理防火墙设置，请注意，当使用 Docker 公开容器端口时，这些端口会绕过防火墙规则。要安装 Docker 引擎，需要以下 Ubuntu 版本之一的 64 位版本。Ubuntu 的 Docker 引擎与 x86_64（或 amd64）、armhf、arm64、s390x 和 ppc64le（ppc64el）架构兼容。

① Ubuntu Lunar 23.04。

② Ubuntu Kinetic 22.10。

③ Ubuntu Jammy 22.04 (LTS)。

④ Ubuntu Focal 20.04 (LTS)。

随后，卸载旧版本（非必选）：在安装 Docker 引擎之前，必须首先确保卸载任何冲突的软件包。Distro 维护人员在 APT 中提供了 Docker 软件包的非官方分发版。用户必须先卸载这些软件包，然后才能安装 Docker Engine 的官方版本。要卸载的非官方软件包具体如下。

① docker.io。

② docker-compose。

③ docker-doc。

④ podman-docker。

此外，Docker 引擎依赖于 containerd 和 runc。Docker Engine 将这些依赖捆绑为一个捆绑包——containerd.io。如果用户以前安装过 containerd 或 runc，请卸载它们，以避免与 Docker Engine 的捆绑版本发生冲突。运行以下命令卸载所有冲突的程序包。若用户是首次安装 Docker，apt-get 可能会向用户报告用户没有安装这些软件包，具体如下。

```
for pkg in docker.io docker-doc docker-compose podman-docker containerd runc; do sudo
apt-get remove $pkg; done
```

可以根据需要以如下几种不同的方式安装 Docker Engine。

① Docker Engine 与 Docker Desktop for Linux 捆绑在一起。这是最简单快捷的入门方法。

② 从 Docker 的 APT 存储库中设置并安装 Docker 引擎。

③ 手动安装并手动管理升级。

④ 使用方便的脚本。仅推荐用于测试和开发环境。

本节介绍使用第二种方法，即从 Docker 的 APT 存储库中设置并安装 Docker 引擎。在新主机上首次安装 Docker Engine 之前，用户需要设置 Docker 存储库。

之后，用户可以从存储库中安装和更新 Docker。

① 设置存储库

a. Docker 的源和证书加入 APT 的源列表，更新 APT 包索引并安装包，以允许 APT 通过 HTTPS 使用存储库。

```
sudo apt-get update
sudo apt-get install ca-certificates curl gnupg
```

b. 添加 Docker 的官方 GPG 密钥。

```
sudo install -m 0755 -d /etc/apt/keyrings
curl -fsSL https://            .com/linux/ubuntu/gpg | sudo gpg --dearmor -o
/etc/apt/keyrings/docker.gpg
sudo chmod a+r /etc/apt/keyrings/docker.gpg
```

c. 使用以下命令设置存储库。

```
echo \
  "deb [arch="$(dpkg --print-architecture)" signed-by=/etc/apt/keyrings/docker.gpg]
https://            .com/linux/ubuntu \
  "$(. /etc/os-release && echo "$VERSION_CODENAME")" stable" | \
  sudo tee /etc/apt/sources.list.d/docker.list > /dev/null
```

d. 更新 APT 包索引

```
sudo apt-get update
```

②安装 Docker

a. 安装 Docker Engine、containerd 和 Docker Compose。要安装最新版本，请运行以下命令。

```
$ sudo apt-get install docker-ce docker-ce-cli containerd.io docker-buildx-plugin
docker-compose-plugin
```

b. 运行 helloworld 镜像验证 Docker 引擎安装是否成功。此命令下载测试映像并在容器中运行。当容器运行时，它会打印一条确认消息并退出，表示已经成功安装并启动了 Docker 引擎，如图 3-2 所示。

```
sudo docker run hello-world
```

```
gpf@gpf-virtual-machine: $ docker run hello-world

Hello from Docker!
This message shows that your installation appears to be working correctly.

To generate this message, Docker took the following steps:
 1. The Docker client contacted the Docker daemon.
 2. The Docker daemon pulled the "hello-world" image from the Docker Hub.
    (amd64)
 3. The Docker daemon created a new container from that image which runs the
    executable that produces the output you are currently reading.
 4. The Docker daemon streamed that output to the Docker client, which sent it
    to your terminal.
```

图 3-2　验证 Docker 引擎安装是否成功

c. 安装完 Docker 的程序之后，还需要把当前的账户添加到 Docker 的用户组中，然后退出并重新登录当前用户，这样用户就可以不用 sudo 来运行 Docker 命令了！这一点非常重要，因为后续 SONiC 的 build 是不允许使用 sudo 的，命令如下。

```
sudo gpasswd -a ${USER} docker
```

d. 注销并重新登录，以便重新评估用户的组成员资格。输入用户的密码后，用户将以"${USER}"用户的身份登录。这样，用户的组成员身份将得到更新，并且用户可以在新的终端中尝试运行 Docker 命令。如图 3-3 所示，使用 groups 命令查看，确认用户已成功将用户"${USER}"添加到 Docker 组中。现在可以在不使用 sudo 的情况下运行 Docker 命令了。

```
gpf@gpf-virtual-machine: $ groups
gpf adm cdrom sudo dip plugdev kvm lpadmin lxd sambashare wireshark libvirt ubridge docker libvirt-qemu
```

图 3-3　查看用户组

注意：如果系统上存在以前使用 snap 安装的 Docker，请在重新安装 Docker 之前将其删除，并从 snap 中删除 Docker。这将避免在构建过程中错误报告只读文件系统问题的已知错误。

（3）复制包含所有 git 子模块的存储库

要递归地复制代码存储库，请执行以下操作。

```
git clone --recurse-submodules https://███.com/sonic-net/sonic-buildimage.git
```

如果在拉取代码的时候忘记拉取 submodule，可以通过执行以下命令补上。

```
git submodule update --init --recursive
```

（4）初始化

在代码下载完毕之后，或者对于已有的 repo，用户就可以通过执行以下命令初始化编译环境。这个命令更新当前所有的 submodule 到需要的版本中，以帮助用户成功编译。要构建 SONiC 安装程序映像和 Docker 映像，请运行以下命令。

```
# Ensure the 'overlay' module is loaded on your development system
sudo modprobe overlay

# Enter the source directory
cd sonic-buildimage

# (Optional) Checkout a specific branch. By default, it uses master branch.
# For example, to checkout the branch 201911, use "git checkout 201911"
git checkout [branch_name]

# Execute make init once after cloning the repo,
```

```
# or after fetching remote repo with submodule updates
make init
```

2. ASIC 平台

SONiC 虽然支持非常多种不同的交换机，但是由于不同型号的交换机使用的 ASIC 不同，所使用的驱动和 SDK 也会不同。SONiC 通过 SAI 封装这些变化，为上层提供统一的配置接口，但是在编译的时候，需要设置正确，这样才能保证编译出来的 SONiC 可以在目标平台上运行。现在，SONiC 主要支持如下几个平台。

① PLATFORM=barefoot

② PLATFORM=broadcom

③ PLATFORM=marvell

④ PLATFORM=mellanox

⑤ PLATFORM=cavium

⑥ PLATFORM=centec

⑦ PLATFORM=nephos

⑧ PLATFORM=innovium

⑨ PLATFORM=vs

在确认好支持的平台之后，就可以运行如下命令配置编译环境。

```
# Execute make configure once to configure ASIC
make configure PLATFORM=[ASIC_VENDOR]

# example:
make configure PLATFORM=centec
```

注意，所有的 make 命令（除了 make init）一开始都会检查并创建所有 Debian 版本的 docker builder（bullseye、stretch、jessie、buster）。每个 docker builder 都需要几十分钟的时间才能创建完成，这对于平时开发而言完全没有必要，一般来说，只需要创建最新的版本即可（当前为 bullseye，bookwarm 暂时还不支持），具体命令如下。

```
NOJESSIE=1 NOSTRETCH=1 NOBUSTER=1 make PLATFORM=<platform> configure
```

当然，为了以后开发更加方便，避免重复输入，可以将这个命令写入~/.bashrc 中，这样每次打开终端的时候，就会设置好这些环境变量了。

```
export NOJESSIE=1
export NOSTRETCH=1
export NOBUSTER=1
```

3. 编译代码

（1）编译全部代码

设置好平台之后，用户就可以开始编译代码了，代码如下。

```
make SONiC_BUILD_JOBS=4 all
```

当然，对于开发而言，可以把 SONiC_BUILD_JOBS 和上面其他变量一起也加入~/.bashrc 中，减少输入。

```
export SONiC_BUILD_JOBS=<number of cores>
```

（2）编译子项目代码

从 SONiC 的 Build Pipeline 中可以发现，编译整个项目是非常耗时的，而绝大部分时候，代码改动只会影响很小部分的代码，所以有没有办法减少编译的工作量呢？答案是肯定的，可以通过指定 make target 仅编译需要的子项目。

SONiC 中每个子项目生成的文件都可以在 target 目录中找到，示例如下。

```
Docker containers: target/.gz  -->  target/docker-Orchagent.gz
Deb  packages:  target/debs//.deb    -->    target/debs/bullseye/  libswsscom-
mon_1.0.0_amd64.deb
Python  wheels:  target/python-wheels//.whl   -->   target/python-wheels/  bull-
seye/sonic_utilities-1.2-py3-none-any.whl
```

在找到需要的子项目后，用户便可以将其生成的文件删除，然后重新调用 make 命令，这里用 libswsscommon 来举例，如下所示。

```
# Remove the deb package for bullseye
rm target/debs/bullseye/libswsscommon_1.0.0_amd64.deb
# Build the deb package for bullseye
NOJESSIE=1  NOSTRETCH=1  NOBUSTER=1  make  target/debs/bullseye/  libswsscom-
mon_1.0.0_amd64.deb
```

（3）检查和处理编译错误

如果不巧在编译的时候发生了错误，用户可以通过检查失败项目的日志文件查看具体的原因。在 SONiC 中，每一个子编译项目都会生成其相关的日志文件，可以很容易地在 target 目录中找到，如下所示。

```
$ ls -l
...
-rw-r--r--  1 r12f r12f 103M Jun  8 22:35 docker-database.gz
-rw-r--r--  1 r12f r12f  26K Jun  8 22:35 docker-database.gz.log      // Log file for
docker-database.gz
-rw-r--r--  1 r12f r12f 106M Jun  8 22:44 docker-dhcp-relay.gz
-rw-r--r--  1 r12f r12f 106K Jun  8 22:44 docker-dhcp-relay.gz.log    // Log file for
docker-dhcp-relay.gz
```

如果不想每次在更新代码之后都去代码的根目录下重新编译，然后查看日志文件，SONiC 还提供了一个更加方便的方法，能让用户在编译完成之后停在 docker builder 中，这样用户就可以直接去对应的目录下运行 make 命令以重新编译。

```
# KEEP_SLAVE_ON=yes make <target>
```

```
KEEP_SLAVE_ON=yes make target/debs/bullseye/libswsscommon_1.0.0_amd64.deb
KEEP_SLAVE_ON=yes make all
```

有些仓库中的部分代码在全量编译的时候是不会编译的，如sonic-swss-common中的gtest，所以使用这种方法重新编译的时候，请一定注意查看原仓库的编译指南，以免出错。

（4）获取正确的镜像文件

编译完成之后，用户就可以在target目录中找到需要的镜像文件了，但是这里有一个问题——到底要用哪一种镜像来把SONiC安装到交换机上，这里主要取决于交换机使用什么样的BootLoader或者安装程序，target目录下的镜像文件映射关系如表3-4所示。

表3-4　target目录下的镜像文件映射关系

BootLoader	后缀
Aboot	.swi
ONIE	.bin
Grub	.img.gz

（5）部分升级

显然，在进行开发的时候，每次都编译安装镜像然后进行全量安装的效率相当低下，所以用户可以选择不安装镜像而使用直接升级deb包的方式进行部分升级，从而提高开发效率。

用户可以将deb包上传到交换机的/etc/sonic目录下，这个目录下的文件会被map到所有容器的/etc/sonic目录下，接着用户可以进入容器，然后使用dpkg命令安装deb包，代码如下。

```
# Enter the docker container
docker exec -it <container> bash

# Install deb package
dpkg -i <deb-package>
```

3.2.2　编译过程

1. SONiC编译架构

SONiC编译架构如图3-4所示。其中，Makefile是顶层的Makefile编译的入口，Makefile.work则是编译sonic-slave镜像，该镜像集成了SONiC的编译环境。

之后的编译过程会在sonic-slave容器内部进行，运行sonic-slave容器后的slave.mk是主 Makefile 文件，对多种类型的 target 进行处理。sonic-slave/Dockerfile 用于创建 sonic-slave 镜像，rules/config 配置编译的配置，如用户名密码，是否编译 telemetry 模块等，rules/mk 对应部分 src 目录下的子 Makefile 文件，docker/对应 Docker 组件对应的 Dockerfile 及脚本文件，platform/为各厂商定义的。

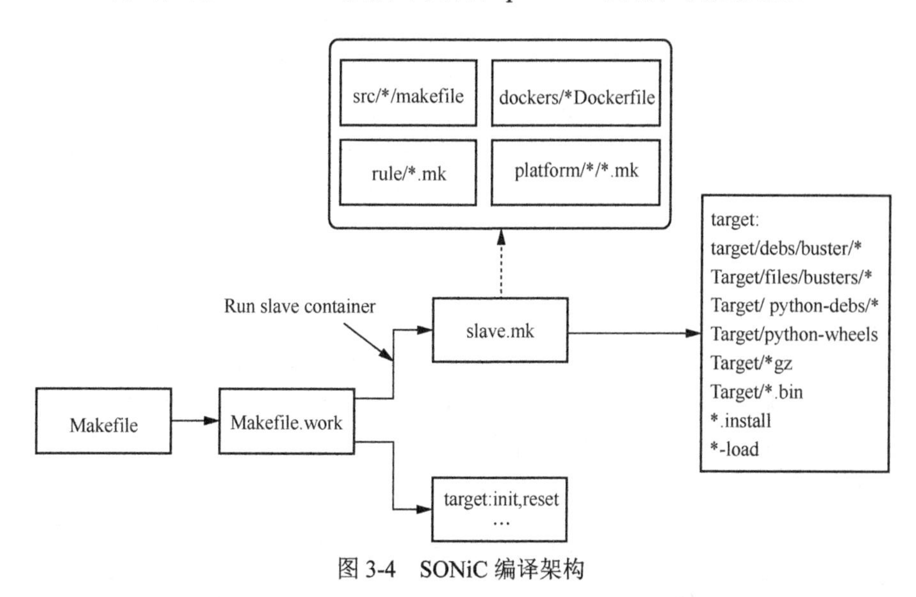

图 3-4　SONiC 编译架构

SONiC 将 build 过程定义为前端和后端两个部分。后端是一系列 Makefile 的动作集合，定义 target groups。Makefile、slave.mk 和 sonic-slave/Dockerfile 是 buildimage 的后端。Makefile 基于 sonic-slave 的 docker image 打包，生成最终 Docker 文件。salve.mk 是实际执行的 Makefile，为 target groups 定义一系列规则。在 recipe 里定义的每个 target 都有一个 make 规则。每部分的 build 都是在 sonic-slave 这个容器里进行的。当第一次进行 build 时，一个基于 sonice-slave/Dockerfile 的新 sonic-slave image 会被 build 出来。随后在此容器里，make 命令会被执行。

前端则是一系列 mk 的集合，为 target 定义 metadata。rules/包含平台无关 target 的一系列 mk，每个 mk 都是一个描述具体 target 的 metadata 的文件。Target groups 是根据相同规则来 build 的一组 target 的集合。每个 recipe 设置自己所属的 target group。SONiC_DPKG_DEBS 使用 dpkg-buiLDPackage 构建目标 deb，如 rules/swss.mk。SONiC_MAKE_DEBS 使用 Makefile 构建的目标 deb，可以在 Makefile 内部嵌入 dpkg-buiLDPackage，如 rules/Redis.mk。SONiC_COPY_DEBS

从本地某个路径复制 deb，如 platform/mellanox/sdk.mk。SONCI_COPY_FILES 从本地某个路径复制文件，如 rules/scripts.mk。SONiC_ONLINE_DEBS 从网上下载 deb，如 platform/centec/sdk.mk。SONiC_ONLINE_FILES 从网上下载文件，如 platform/broadcom/rules.mk。SONiC_SIMPLE_DOCKER_IMAGES 编译简单的 Docker 镜像，该镜像依赖于固定的 Dockerfile。SONiC_DOCKER_IMAGES 是比较复杂的镜像编译，Dockerfile 根据 mk 文件的配置，用 j2 模板动态生成，如 rules/docker-Orchagent.mk。定义 (DOCKER_ORCHAGENT)_DBG_DEPENDS、(DOCKER_ORCHAGENT)_DEPENDS 等依赖 deb 库，slave.mk 读取这些变量，然后动态生成 Dockerfile 文件——j2 $($*.gz_PATH)/Dockerfile.j2 > $($*.gz_PATH)/Dockerfile。所有的组件都在以上集合中，针对每种类型，slave.mk 会调用不同的方法来编译。

build 动作完成后，生成 Docker 镜像文件，即 docker-base-stretch.gz、docker-database.gz、docker-Orchagent.gz 等。生成系统依赖的 deb 文件，即 platform-modules-e530-24x2c_1.3_arm64.deb、sonic-device-data_1.0-1_all.deb 等。slave.mk 会调用 build_debian.sh 脚本，生成文件系统。slave.mk 会调用 build_image.sh 脚本，生成 SONiC 镜像。

target 文件类型介绍如表 3-5 所示。

表 3-5　target 文件类型介绍

文件	描述
deb	deb 安装包
file	文件类
python-deb	python deb 安装包
python-wheel	python wheel 安装包
docker	Docker 镜像压缩包
bin	交换机安装包
install	编译依赖的安装包
load	制作 Docker 镜像依赖的安装包

2. target 生成原理

target 生成原理包括 MK 文件、target 组、target 依赖。

（1）MK 文件

SONiC 编译相关的 MK 文件位于 rules/*.mk 和 platform/*/*.mk。使用 ls -l | grep “mk” 命令查看，SONiC 编译相关的 MK 文件如图 3-5 所示。

```
gupengfei-s@SONiC55:~$ cd sonic_buildimage/rules
gupengfei-s@SONiC55:~/sonic_buildimage/rules$ ls -l | grep "mk"
-rw-r--r-- 1 gupengfei-s 研发部软件二处  425 Jul 19 17:03 asyncsnmp-py3.mk
-rw-r--r-- 1 gupengfei-s 研发部软件二处  500 Jul 19 17:03 bash.mk
-rw-r--r-- 1 gupengfei-s 研发部软件二处  311 Jul 19 17:03 dbsyncd-py3.mk
-rw-r--r-- 1 gupengfei-s 研发部软件二处  618 Jul 19 17:03 dhcp6relay.mk
-rw-r--r-- 1 gupengfei-s 研发部软件二处  476 Jul 19 17:03 dhcpmon.mk
-rw-r--r-- 1 gupengfei-s 研发部软件二处  493 Jul 19 17:03 docker-base-buster.mk
-rw-r--r-- 1 gupengfei-s 研发部软件二处  438 Jul 19 17:03 docker-base.mk
-rw-r--r-- 1 gupengfei-s 研发部软件二处  502 Jul 19 17:03 docker-base-stretch.mk
-rw-r--r-- 1 gupengfei-s 研发部软件二处 1529 Jul 19 17:03 docker-config-engine-buster.mk
-rw-r--r-- 1 gupengfei-s 研发部软件二处  605 Jul 19 17:03 docker-config-engine.mk
-rw-r--r-- 1 gupengfei-s 研发部软件二处 1016 Jul 19 17:03 docker-config-engine-stretch.mk
-rw-r--r-- 1 gupengfei-s 研发部软件二处 1330 Jul 19 17:03 docker-database.mk
-rw-r--r-- 1 gupengfei-s 研发部软件二处 2373 Jul 19 17:03 docker-dhcp-relay.mk
-rw-r--r-- 1 gupengfei-s 研发部软件二处 1759 Jul 19 17:03 docker-fpm-frr.mk
-rw-r--r-- 1 gupengfei-s 研发部软件二处  289 Jul 19 17:03 docker-fpm.mk
-rw-r--r-- 1 gupengfei-s 研发部软件二处 1153 Jul 19 17:03 docker-iccpd.mk
-rw-r--r-- 1 gupengfei-s 研发部软件二处 1451 Jul 19 17:03 docker-lldp.mk
-rw-r--r-- 1 gupengfei-s 研发部软件二处 1391 Jul 19 17:03 docker-macsec.mk
-rw-r--r-- 1 gupengfei-s 研发部软件二处 1323 Jul 19 17:03 docker-mux.mk
-rw-r--r-- 1 gupengfei-s 研发部软件二处 1385 Jul 19 17:03 docker-nat.mk
-rw-r--r-- 1 gupengfei-s 研发部软件二处 1880 Jul 19 17:03 docker-orchagent.mk
-rw-r--r-- 1 gupengfei-s 研发部软件二处 1324 Jul 19 17:03 docker-p4rt.mk
-rw-r--r-- 1 gupengfei-s 研发部软件二处 4364 Jul 19 17:03 docker-platform-monitor.mk
-rw-r--r-- 1 gupengfei-s 研发部软件二处 1067 Jul 19 17:03 docker-restapi.mk
-rw-r--r-- 1 gupengfei-s 研发部软件二处 1552 Jul 19 17:03 docker-router-advertiser.mk
-rw-r--r-- 1 gupengfei-s 研发部软件二处 1483 Jul 19 17:03 docker-sflow.mk
-rw-r--r-- 1 gupengfei-s 研发部软件二处 1343 Jul 19 17:03 docker-snmp.mk
-rw-r--r-- 1 gupengfei-s 研发部软件二处 1743 Jul 19 17:03 docker-sonic-mgmt-framework.mk
-rw-r--r-- 1 gupengfei-s 研发部软件二处  283 Jul 19 17:03 docker-sonic-mgmt.mk
-rw-r--r-- 1 gupengfei-s 研发部软件二处 1492 Jul 19 17:03 docker-sonic-sdk-buildenv.mk
-rw-r--r-- 1 gupengfei-s 研发部软件二处 1137 Jul 19 17:03 docker-sonic-sdk.mk
-rw-r--r-- 1 gupengfei-s 研发部软件二处 1467 Jul 19 17:03 docker-teamd.mk
```

图 3-5 SONiC 编译相关的 MK 文件

deb 包 MK 文件内容（swss.mk 代码）示例如图 3-6 所示，关键变量说明如下。SWSS 为 deb 包名称；(SWSS)_SRC_PATH 为源代码路径，编译时根据该变量找到源代码进行编译；(SWSS)_DEPENDS 为编译时依赖包；(SWSS)_UNINSTALLS 为编译完成，需要卸载的包；(SWSS)_RDEPENDS 为运行时依赖包；SONiC_DPKG_DEBS 为所属的 target 组。

```
swss.mk
1 # swss package
2
3 SWSS = swss_1.0.0_$(CONFIGURED_ARCH).deb
4 $(SWSS)_SRC_PATH = $(SRC_PATH)/sonic-swss
5 $(SWSS)_DEPENDS += $(LIBSAIREDIS_DEV) $(LIBSAIMETADATA_DEV) $(LIBTEAM_DEV) \
6     $(LIBTEAMDCTL) $(LIBTEAM_UTILS) $(LIBSWSSCOMMON_DEV) \
7     $(LIBSAIVS) $(LIBSAIVS_DEV)
8 $(SWSS)_UNINSTALLS = $(LIBSAIVS_DEV)
9
10 $(SWSS)_RDEPENDS += $(LIBSAIREDIS) $(LIBSAIMETADATA) $(LIBTEAM) \
11     $(LIBTEAMDCTL) $(LIBSWSSCOMMON) $(PYTHON3_SWSSCOMMON)
12 SONIC_DPKG_DEBS += $(SWSS)
13
14 SWSS_DBG = swss-dbg_1.0.0_$(CONFIGURED_ARCH).deb
15 $(SWSS_DBG)_DEPENDS += $(SWSS)
16 $(SWSS_DBG)_RDEPENDS += $(SWSS)
17 $(eval $(call add_derived_package,$(SWSS),$(SWSS_DBG)))
18
19 # The .c, .cpp, .h & .hpp files under src/{$DBG_SRC_ARCHIVE list}
20 # are archived into debug one image to facilitate debugging.
21 #
22 DBG_SRC_ARCHIVE += sonic-swss
```

图 3-6 swss.mk 代码示例

Docker MK 文件内容（docker-Orchagent.mk 代码）示例如图 3-7 所示，其中，DOCKER_ORCHAGENT_STEM 为 Docker 镜像的名字定义，DOCKER_ORCHAGENT 为 Docker 镜像的文件名，$(DOCKER_ORCHAGENT)_DEPENDS 为

Docker 镜像的依赖，$(DOCKER_ORCHAGENT)_PATH 为 Docker 的文件夹路径，$(DOCKER_ORCHAGENT)_LOAD_DOCKERS 为制作 Docker 镜像时需要加载的 Docker 镜像，$(DOCKER_ORCHAGENT)_CONTAINER_NAME 为 Docker 容器的名字，$(DOCKER_ORCHAGENT)_RUN_OPT 为 Docker 运行时选项，$(DOCKER_ORCHAGENT)_BASE_IMAGE_FILES 为把基础镜像文件复制到定义的目的路径上，$(DOCKER_ORCHAGENT)_FILES 为 Docker 需要的文件，SONIC_DOCKER_IMAGES 为加入 target 组。

```
docker-orchagent.mk
1 # docker image for orchagent
2
3 DOCKER_ORCHAGENT_STEM = docker-orchagent
4 DOCKER_ORCHAGENT = $(DOCKER_ORCHAGENT_STEM).gz
5 DOCKER_ORCHAGENT_DBG = $(DOCKER_ORCHAGENT_STEM)-$(DBG_IMAGE_MARK).gz
6
7 $(DOCKER_ORCHAGENT)_DEPENDS += $(SWSS)
8
9 $(DOCKER_ORCHAGENT)_DBG_DEPENDS = $($(DOCKER_CONFIG_ENGINE_BUSTER)_DBG_DEPENDS)
10 $(DOCKER_ORCHAGENT)_DBG_DEPENDS +=   $(SWSS_DBG) \
11                                 $(LIBSWSSCOMMON_DBG) \
12                                 $(LIBSAIREDIS_DBG)
13 $(DOCKER_ORCHAGENT)_PYTHON_WHEELS += $(SCAPY)
14
15 $(DOCKER_ORCHAGENT)_DBG_IMAGE_PACKAGES = $($(DOCKER_CONFIG_ENGINE_BUSTER)_DBG_IMAGE_PACKAGES)
16
17 $(DOCKER_ORCHAGENT)_PATH = $(DOCKERS_PATH)/$(DOCKER_ORCHAGENT_STEM)
18
19 $(DOCKER_ORCHAGENT)_LOAD_DOCKERS += $(DOCKER_CONFIG_ENGINE_BUSTER)
20
21 $(DOCKER_ORCHAGENT)_VERSION = 1.0.0
22 $(DOCKER_ORCHAGENT)_PACKAGE_NAME = swss
23 $(DOCKER_ORCHAGENT)_WARM_SHUTDOWN_BEFORE = syncd
24 $(DOCKER_ORCHAGENT)_FAST_SHUTDOWN_BEFORE = syncd
25
26 SONIC_DOCKER_IMAGES += $(DOCKER_ORCHAGENT)
27 SONIC_INSTALL_DOCKER_IMAGES += $(DOCKER_ORCHAGENT)
28
29 SONIC_DOCKER_DBG_IMAGES += $(DOCKER_ORCHAGENT_DBG)
30 SONIC_INSTALL_DOCKER_DBG_IMAGES += $(DOCKER_ORCHAGENT_DBG)
31
32 $(DOCKER_ORCHAGENT)_CONTAINER_NAME = swss
33 $(DOCKER_ORCHAGENT)_RUN_OPT += --privileged -t
34 $(DOCKER_ORCHAGENT)_RUN_OPT += -v /etc/network/interfaces:/etc/network/interfaces:ro
35 $(DOCKER_ORCHAGENT)_RUN_OPT += -v /etc/network/interfaces.d/:/etc/network/interfaces.d/:ro
36 $(DOCKER_ORCHAGENT)_RUN_OPT += -v /host/machine.conf:/host/machine.conf:ro
37 $(DOCKER_ORCHAGENT)_RUN_OPT += -v /etc/sonic:/etc/sonic:ro
38 $(DOCKER_ORCHAGENT)_RUN_OPT += -v /var/log/swss:/var/log/swss:rw
39
40 $(DOCKER_ORCHAGENT)_BASE_IMAGE_FILES += swssloglevel:/usr/bin/swssloglevel
41 $(DOCKER_ORCHAGENT)_FILES += $(ARP_UPDATE_SCRIPT) $(ARP_UPDATE_VARS_TEMPLATE) $(SUPERVISOR_PROC_EXIT_LISTENER_SCRIPT)
42
43 SONIC_BUSTER_DOCKERS += $(DOCKER_ORCHAGENT)
44 SONIC_BUSTER_DBG_DOCKERS += $(DOCKER_ORCHAGENT_DBG)
```

图 3-7　docker-Orchagent.mk 代码示例

（2）target 组

在 MK 文件中，每个 MK 文件定义的 taget 必须属于相应 target 组，否则不能产生相应的 target。也就是说，target 组规定了每种 target 的类型、生成的方式、安装的方式及最后生产的 target 所在的位置。target 组定义的 target 信息如表 3-6 所示。

其中，SONIC_COPY_DEBS 类型的 target 表示通过复制的，即需要的文件肯定在拉取代码的时候就已经拉取到本地了，所以要用时只需要复制，然后在 slave.mk 文件中定义了上述 target 组的编译规则，在规则中执行了命令生成相应的 target。生成的 target 根据所属的 target 组的不同而不同，存放的位置也不同。

表 3-6　target 组定义的 target 信息

名称	target 类型	生成方式	安装方式	路径
SONIC_COPY_DEBS	deb	从别的位置复制	dpkg	target/debs/buster
SONIC_COPY_FILES	file	从别的位置复制	不需要安装	target/files/buster
SONIC_ONLINE_DEBS	deb	从网络下载	dpkg	target/debs/buster
SONIC_ONLINE_FILES	file	从网络下载	不需要安装	target/files/buster
SONIC_MAKE_FILES	file	make	不需要安装	target/files/buster
SONIC_MAKE_DEBS	deb	make	dpkg	target/debs/buster
SONIC_DPKG_DEBS	deb	dpkg-buildpackage	dpkg	target/debs/buster
SONIC_PYTHON_STDEB_DEBS	Python deb	python setup py bdist deb	dpkg	targetpython-debs
SONIC_PYTHON_WHEELS	Python wheel	python setup.py bdist wheel	pip	target/python-wheels
SONIC_SIMPLE_DOCKER_IMAGES	Docker（不依赖 deb 包）	docker build	docker load	target/
DOCKER_IMAGES	Docker	docker build	docker load	target/
SONIC_INSTALLERS	安装包（bin 等）	build_ image. sh	ONIE or sonic. isaller	target/

（3）target 依赖

make target 时如果相应的依赖不存在或者较旧，先生成依赖的 target。这里以 make installer（mellanox.bin）为例说明依赖的设置。slave.mk 中定义的 SONIC_INSTALLERS 规则如图 3-8 所示。

```
SONIC_TARGET_LIST += $(addprefix $(TARGET_PATH)/, $(SONIC_SIMPLE_DOCKER_IMAGES))

DOCKER_IMAGES_FOR_INSTALLERS := $(sort $(foreach installer,$(SONIC_INSTALLERS),$($(installer)_DOCKERS)))

$(foreach DOCKER_IMAGE,$(SONIC_JESSIE_DOCKERS), $(eval $(DOCKER_IMAGE)_DEBS_PATH := $(JESSIE_DEBS_PATH)))
$(foreach DOCKER_IMAGE,$(SONIC_JESSIE_DOCKERS), $(eval $(DOCKER_IMAGE)_FILES_PATH := $(JESSIE_FILES_PATH)))
$(foreach DOCKER_IMAGE,$(SONIC_JESSIE_DBG_DOCKERS), $(eval $(DOCKER_IMAGE)_DEBS_PATH := $(JESSIE_DEBS_PATH)))
$(foreach DOCKER_IMAGE,$(SONIC_JESSIE_DBG_DOCKERS), $(eval $(DOCKER_IMAGE)_FILES_PATH := $(JESSIE_FILES_PATH)))
$(foreach DOCKER_IMAGE,$(SONIC_STRETCH_DOCKERS), $(eval $(DOCKER_IMAGE)_DEBS_PATH := $(STRETCH_DEBS_PATH)))
$(foreach DOCKER_IMAGE,$(SONIC_STRETCH_DOCKERS), $(eval $(DOCKER_IMAGE)_FILES_PATH := $(STRETCH_FILES_PATH)))
$(foreach DOCKER_IMAGE,$(SONIC_STRETCH_DBG_DOCKERS), $(eval $(DOCKER_IMAGE)_DEBS_PATH := $(STRETCH_DEBS_PATH)))
$(foreach DOCKER_IMAGE,$(SONIC_STRETCH_DBG_DOCKERS), $(eval $(DOCKER_IMAGE)_FILES_PATH := $(STRETCH_FILES_PATH)))
$(foreach DOCKER_IMAGE,$(SONIC_BUSTER_DOCKERS), $(eval $(DOCKER_IMAGE)_DEBS_PATH := $(BUSTER_DEBS_PATH)))
$(foreach DOCKER_IMAGE,$(SONIC_BUSTER_DOCKERS), $(eval $(DOCKER_IMAGE)_FILES_PATH := $(BUSTER_FILES_PATH)))
$(foreach DOCKER_IMAGE,$(SONIC_BUSTER_DBG_DOCKERS), $(eval $(DOCKER_IMAGE)_DEBS_PATH := $(BUSTER_DEBS_PATH)))
$(foreach DOCKER_IMAGE,$(SONIC_BUSTER_DBG_DOCKERS), $(eval $(DOCKER_IMAGE)_FILES_PATH := $(BUSTER_FILES_PATH)))

ifeq ($(BLDENV),jessie)
  DOCKER_IMAGES := $(SONIC_JESSIE_DOCKERS)
  DOCKER_DBG_IMAGES := $(SONIC_JESSIE_DBG_DOCKERS)
  JESSIE_DOCKER_IMAGES = $(filter $(SONIC_JESSIE_DOCKERS),$(DOCKER_IMAGES_FOR_INSTALLERS) $(EXTRA_DOCKER_TARGETS))
  JESSIE_DBG_DOCKER_IMAGES = $(filter $(SONIC_JESSIE_DBG_DOCKERS),$(DOCKER_IMAGES_FOR_INSTALLERS) $(EXTRA_DOCKER_TARGETS))
else
ifeq ($(BLDENV),stretch)
  DOCKER_IMAGES := $(SONIC_STRETCH_DOCKERS)
  DOCKER_DBG_IMAGES := $(SONIC_STRETCH_DBG_DOCKERS)
  STRETCH_DOCKER_IMAGES = $(filter $(SONIC_STRETCH_DOCKERS),$(DOCKER_IMAGES_FOR_INSTALLERS) $(EXTRA_DOCKER_TARGETS))
  STRETCH_DBG_DOCKER_IMAGES = $(filter $(SONIC_STRETCH_DBG_DOCKERS),$(DOCKER_IMAGES_FOR_INSTALLERS) $(EXTRA_DOCKER_TARGETS))
else
ifeq ($(BLDENV),buster)
  DOCKER_IMAGES := $(SONIC_BUSTER_DOCKERS)
  DOCKER_DBG_IMAGES := $(SONIC_BUSTER_DBG_DOCKERS)
  BUSTER_DOCKER_IMAGES = $(filter $(SONIC_BUSTER_DOCKERS),$(DOCKER_IMAGES_FOR_INSTALLERS) $(EXTRA_DOCKER_TARGETS) $(SONIC_PACKAGES_LOCAL))
  BUSTER_DBG_DOCKER_IMAGES = $(filter $(SONIC_BUSTER_DBG_DOCKERS),$(DOCKER_IMAGES_FOR_INSTALLERS) $(EXTRA_DOCKER_TARGETS) $(SONIC_PACKAGES_LOCAL))
else
  DOCKER_IMAGES = $(filter-out $(SONIC_JESSIE_DOCKERS) $(SONIC_STRETCH_DOCKERS) $(SONIC_BUSTER_DOCKERS),$(SONIC_DOCKER_IMAGES))
  DOCKER_DBG_IMAGES = $(filter-out $(SONIC_JESSIE_DBG_DOCKERS) $(SONIC_STRETCH_DBG_DOCKERS) $(SONIC_BUSTER_DBG_DOCKERS), $(SONIC_DOCKER_DBG_IMAGES))
endif
endif
endif

$(foreach IMAGE,$(DOCKER_IMAGES), $(eval $(IMAGE)_DEBS_PATH := $(DEBS_PATH)))
$(foreach IMAGE,$(DOCKER_IMAGES), $(eval $(IMAGE)_FILES_PATH := $(FILES_PATH)))
$(foreach IMAGE,$(DOCKER_DBG_IMAGES), $(eval $(IMAGE)_DEBS_PATH := $(DEBS_PATH)))
$(foreach IMAGE,$(DOCKER_DBG_IMAGES), $(eval $(IMAGE)_FILES_PATH := $(FILES_PATH)))
```

图 3-8　slave.mk 中定义的 SONIC_INSTALLERS 规则

platform/mellanox/one-image.mk 代码示例如图 3-9 所示。

```
SONIC_ONE_IMAGE = sonic-mellanox.bin
$(SONIC_ONE_IMAGE)_MACHINE = mellanox
$(SONIC_ONE_IMAGE)_IMAGE_TYPE = onie
$(SONIC_ONE_IMAGE)_INSTALLS += $(SX_KERNEL) $(KERNEL_MFT) $(MFT_OEM) $(MFT) $(MLNX_HW_MANAGEMENT)
$(SONIC_ONE_IMAGE)_INSTALLS += $(SYSTEMD_SONIC_GENERATOR)
ifeq ($(INSTALL_DEBUG_TOOLS),y)
$(SONIC_ONE_IMAGE)_DOCKERS += $(SONIC_INSTALL_DOCKER_DBG_IMAGES)
$(SONIC_ONE_IMAGE)_DOCKERS += $(filter-out $(patsubst %-$(DBG_IMAGE_MARK).gz,%.gz, $(SONIC_INSTALL_DOCKER_DBG_IMAGES)), $(SONIC_INSTALL_DOCKER_IMAGES))
else
$(SONIC_ONE_IMAGE)_DOCKERS = $(SONIC_INSTALL_DOCKER_IMAGES)
endif
$(SONIC_ONE_IMAGE)_FILES += $(MLNX_FILES)
SONIC_INSTALLERS += $(SONIC_ONE_IMAGE)
```

图 3-9　platform/mellanox/one-image.mk 代码示例

将 sonic-mellanox.bin 添加到 SONIC_INSTALLERS 中，当 make target/ mellanox.bin 时，使用了 slave.mk 中定义的$(addprefix$(TARGET_PATH)/, $(SONIC_INSTALLERS))的规则。规则的依赖如下。

```
$$(addprefix $(TARGET_PATH)/,$$($$*_DOCKERS)) \
```

对于 sonic-mellanox.bin，依赖于$(SONIC_ONE_IMAGE)_DOCKERS，在编译 sonic-mellanox.bin 之前先编译$(SONIC_ONE_IMAGE)_DOCKERS 包含的 target。

$(SONIC_ONE_IMAGE)_DOCKERS 定义如下。

```
$(SONIC_ONE_IMAGE)_DOCKERS = $(SONIC_INSTALL_DOCKER_IMAGES)
```

添加到 installer 内的 Docker 镜像都需要添加到 SONIC_INSTALL_ DOCKER_IMAGES 中，如 docker-Orchagent。rules/docker-Orchagent.mk 代码示例如图 3-10 所示。

```
# docker image for orchagent

DOCKER_ORCHAGENT_STEM = docker-orchagent
DOCKER_ORCHAGENT = $(DOCKER_ORCHAGENT_STEM).gz
DOCKER_ORCHAGENT_DBG = $(DOCKER_ORCHAGENT_STEM)-$(DBG_IMAGE_MARK).gz

$(DOCKER_ORCHAGENT)_DEPENDS += $(SWSS)

$(DOCKER_ORCHAGENT)_DBG_DEPENDS = $($(DOCKER_CONFIG_ENGINE_BUSTER)_DBG_DEPENDS)
$(DOCKER_ORCHAGENT)_DBG_DEPENDS +=   $(SWSS_DBG) \
                                    $(LIBSWSSCOMMON_DBG) \
                                    $(LIBSAIREDIS_DBG)
$(DOCKER_ORCHAGENT)_PYTHON_WHEELS += $(SCAPY)

$(DOCKER_ORCHAGENT)_DBG_IMAGE_PACKAGES = $($(DOCKER_CONFIG_ENGINE_BUSTER)_DBG_IMAGE_PACKAGES)

$(DOCKER_ORCHAGENT)_PATH = $(DOCKERS_PATH)/$(DOCKER_ORCHAGENT_STEM)

$(DOCKER_ORCHAGENT)_LOAD_DOCKERS += $(DOCKER_CONFIG_ENGINE_BUSTER)

$(DOCKER_ORCHAGENT)_VERSION = 1.0.0
$(DOCKER_ORCHAGENT)_PACKAGE_NAME = swss
$(DOCKER_ORCHAGENT)_WARM_SHUTDOWN_BEFORE = syncd
$(DOCKER_ORCHAGENT)_FAST_SHUTDOWN_BEFORE = syncd

SONIC_DOCKER_IMAGES += $(DOCKER_ORCHAGENT)
SONIC_INSTALL_DOCKER_IMAGES += $(DOCKER_ORCHAGENT)

SONIC_DOCKER_DBG_IMAGES += $(DOCKER_ORCHAGENT_DBG)
SONIC_INSTALL_DOCKER_DBG_IMAGES += $(DOCKER_ORCHAGENT_DBG)

$(DOCKER_ORCHAGENT)_CONTAINER_NAME = swss
$(DOCKER_ORCHAGENT)_RUN_OPT += --privileged -t
$(DOCKER_ORCHAGENT)_RUN_OPT += -v /etc/network/interfaces:/etc/network/interfaces:ro
$(DOCKER_ORCHAGENT)_RUN_OPT += -v /etc/network/interfaces.d/:/etc/network/interfaces.d/:ro
$(DOCKER_ORCHAGENT)_RUN_OPT += -v /host/machine.conf:/host/machine.conf:ro
$(DOCKER_ORCHAGENT)_RUN_OPT += -v /etc/sonic:/etc/sonic:ro
$(DOCKER_ORCHAGENT)_RUN_OPT += -v /var/log/swss:/var/log/swss:rw

$(DOCKER_ORCHAGENT)_BASE_IMAGE_FILES += swssloglevel:/usr/bin/swssloglevel
$(DOCKER_ORCHAGENT)_FILES += $(ARP_UPDATE_SCRIPT) $(ARP_UPDATE_VARS_TEMPLATE) $(SUPERVISOR_PROC_EXIT_LISTENER_SCRIPT)

SONIC_BUSTER_DOCKERS += $(DOCKER_ORCHAGENT)
SONIC_BUSTER_DBG_DOCKERS += $(DOCKER_ORCHAGENT_DBG)
```

图 3-10　rules/docker-Orchagent.mk 代码示例

将 DOCKER_ORCHAGENT 添加到 SONIC_INSTALL_DOCKER_IMAGES 中，这样 target/mellanox.bin 依赖于 docker-Orchagent。

rules/docker-Orchagent.mk 中有如下语句。

```
SONIC_DOCKER_IMAGES += $(DOCKER_ORCHAGENT)
```

slave.mk 中定义的 SONIC_DOCKER_IMAGES 规则如图 3-11 所示。

```
# targets for building simple docker images that do not depend on any debian packages
$(addprefix $(TARGET_PATH)/, $(SONIC_SIMPLE_DOCKER_IMAGES)) : $(TARGET_PATH)/%.gz : .platform docker-start $$(addsuffix -load,$$(addprefix $(TARGET_PATH)/,$$($$*.gz_LOAD_DOCKERS)))
	$(HEADER)
	# Apply series of patches if exist
	if [ -f $($*.gz_PATH).patch/series ]; then pushd $($*.gz_PATH) && QUILT_PATCHES=../$(notdir $($*.gz_PATH)).patch quilt push -a; popd; fi
	# Prepare docker build info
	scripts/prepare_docker_buildinfo.sh $* $($*.gz_PATH)/Dockerfile $(CONFIGURED_ARCH) $(TARGET_DOCKERFILE)/Dockerfile.buildinfo
	docker info $(LOG)
	docker build --squash --no-cache \
		--build-arg http_proxy=$(HTTP_PROXY) \
		--build-arg https_proxy=$(HTTPS_PROXY) \
		--build-arg no_proxy=$(NO_PROXY) \
		--build-arg user=$(USER) \
		--build-arg uid=$(UID) \
		--build-arg guid=$(GUID) \
		--build-arg docker_container_name=$($*.gz_CONTAINER_NAME) \
		--label Tag=$(SONIC_IMAGE_VERSION) \
		-f $(TARGET_DOCKERFILE)/Dockerfile.buildinfo \
		-t $* $($*.gz_PATH) $(LOG)
	scripts/collect_docker_version_files.sh $* $(TARGET_PATH)
	docker save $* | gzip -c > $@
	# Clean up
	if [ -f $($*.gz_PATH).patch/series ]; then pushd $($*.gz_PATH) && quilt pop -a -f; [ -d .pc ] && rm -rf .pc; popd; fi
	$(FOOTER)
```

图 3-11　slave.mk 中定义的 SONiC_DOCKER_IMAGES 规则

make target/docker-Orchagent 使用$(addprefix $(TARGET_PATH)/, $(DOCKER_IMAGES))的规则。其中的一个依赖为$$(addprefix$$($$*.gz_DEBS_PATH)/, $$($$*.gz_DEPENDS))，对于 docker-orchangent，则为$(DOCKER_ORCHAGENT)_DEPENDS。在文件 rules/docker-Orchagent.mk 中，$(DOCKER_OR-CHAGENT)_DEPENDS 的定义如下。

```
$(DOCKER_ORCHAGENT)_DEPENDS += $(SwSS)
```

说明 docker-Orchagent 依赖 SwSS，生成 docker-Orchagent.gz 之前需要生成 SWSS。rules/swss.mk 的代码示例如图 3-12 所示。

```
# swss package

SWSS = swss_1.0.0_$(CONFIGURED_ARCH).deb
$(SWSS)_SRC_PATH = $(SRC_PATH)/sonic-swss
$(SWSS)_DEPENDS += $(LIBSAIREDIS_DEV) $(LIBSAIMETADATA_DEV) $(LIBTEAM_DEV) \
    $(LIBTEAMDCTL) $(LIBTEAM_UTILS) $(LIBSWSSCOMMON_DEV) \
    $(LIBSAIVS) $(LIBSAIVS_DEV)
$(SWSS)_UNINSTALLS = $(LIBSAIVS_DEV)

$(SWSS)_RDEPENDS += $(LIBSAIREDIS) $(LIBSAIMETADATA) $(LIBTEAM) \
    $(LIBTEAMDCTL) $(LIBSWSSCOMMON) $(PYTHON3_SWSSCOMMON)
SONIC_DPKG_DEBS += $(SWSS)

SWSS_DBG = swss-dbg_1.0.0_$(CONFIGURED_ARCH).deb
$(SWSS_DBG)_DEPENDS += $(SWSS)
$(SWSS_DBG)_RDEPENDS += $(SWSS)
$(eval $(call add_derived_package,$(SWSS),$(SWSS_DBG)))

# The .c, .cpp, .h & .hpp files under src/{$DBG_SRC_ARCHIVE list}
# are archived into debug one image to facilitate debugging.
#
DBG_SRC_ARCHIVE += sonic-swss
```

图 3-12　rules/swss.mk 代码示例

将 SONiC 项目中的相关文件添加到 SONIC_DPKG_DEBS 中，然后使用

SONIC_DPKG_DEBS 的规则来构建目标 DEB 包 swss_1.0.0_amd 64.deb。slave.mk 中定义的 SONIC_DPKG_DEBS 规则如图 3-13 所示。

图 3-13　slave.mk 中定义的 SONIC_DPKG_DEBS 规则

该规则的其中一个依赖为 $$(addprefix $(DEBS_PATH)/, $$($$*_ DEPENDS))，对于 SwSS，$(SWSS)_DEPENDS 定义如图 3-14 所示。

```
$(SWSS)_DEPENDS += $(LIBSAIREDIS_DEV) $(LIBSAIMETADATA_DEV) $(LIBTEAM_DEV) \
    $(LIBTEAMDCTL) $(LIBTEAM_UTILS) $(LIBSWSSCOMMON_DEV) \
    $(LIBSAIVS) $(LIBSAIVS_DEV)
```

图 3-14　swss.mk 中的$(SWSS)_DEPENDS 定义

从图 3-14 中可以看出，SwSS 的编译依赖于 LIBSAIREDIS_DEV、LIBSAIMETADATA_DEV、LIBSWSSCOMMON_DEV、LIBSAIVS、LIBTEAMDCTL、LIBTEAM_UTILS、LIBSAIVS_DEV、LIBTEAM_DEV。上述示例的依赖关系示意图如图 3-15 所示。

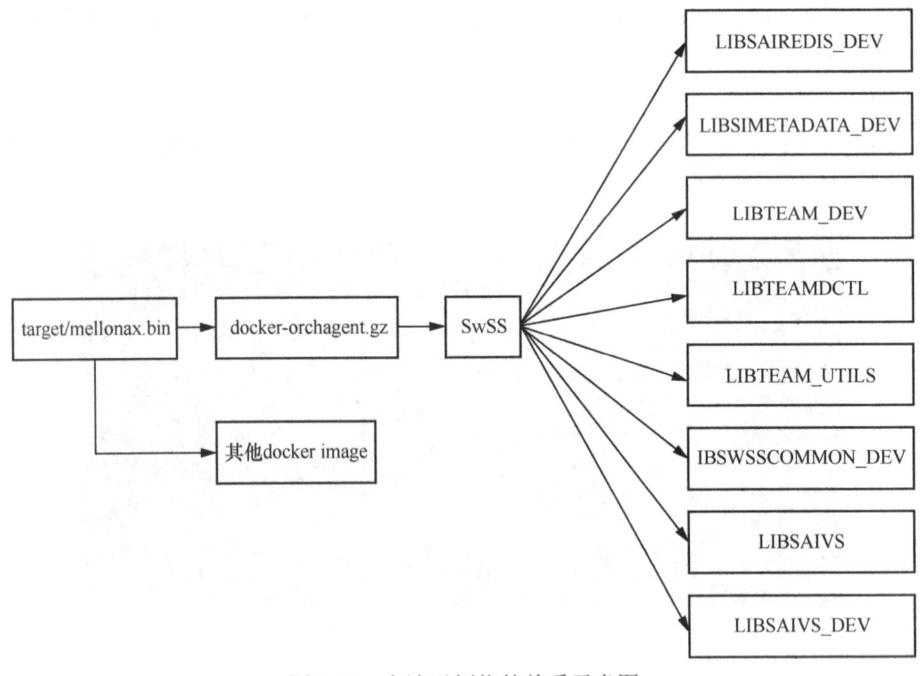

图 3-15　上述示例依赖关系示意图

3.3　通过 ONIE 安装 SONiC

开放网络安装环境（ONIE）是一个网络操作系统安装程序。使用 ONIE 将网络操作系统（NOS）加载到白盒交换机上。ONIE 由 Cumulus 在 2013 年孵化并开源。2013 年 5 月，Cumulus 的工程师在麻省理工学院举行的开放计算项目（OCP）研讨会上介绍并演示了 ONIE，引发了极大的反响。

在研讨会结束后，OCP 孵化委员会将 ONIE 正式引入了开放计算网络项目。从此，能够安装不同操作系统的开放网络交换机如雨后春笋般大量出现。

本质上，ONIE 是一个基于 Linux 的小型操作系统，可以在交换机上启动并发现本地网络上可用的安装程序映像，同时能够将合适的映像传输到交换机上，然后提供一个安装环境，以便安装程序可以将网络操作系统加载到交换机上。推出支持 ONIE 的网络设备厂商（硬件厂商），包括 Accton/Edge-Core、Agema、Alpha Networks、QCT、Inventec、Dell 和 Mellanox 等。一些传统网络设备大厂，如 Juniper 也推出了支持 ONIE 的交换机 OCX1100。推出支持 ONIE 的网络操作系统的厂商（软件厂商）则更多，包括 Big Switch、Cumulus、Pica8、IP Infusion、Pluribus、EstiNet、Facebook 和微软等。ONIE 的意义在于它允许交换机和网络操作系统供应商专注于交换机和操作系统，而不需要在将网络操作系统加载到特定交换机平台上的工作中投入过多的研发资源。满足了部分客户的需求——不更换交换机硬件，就能使用与其他厂商兼容的网络操作系统。一个支持 ONIE 的交换机由以下部分组成。

① 支持 ONIE 的硬件平台。

② 支持 ONIE 的 Linux kernel。

③ 可被 ONIE 发现并安装的操作系统，即 NOS。

由于 ONIE 是基于 Linux 的，而 Linux 支持各种 CPU 架构，所以 ONIE 基本上能够很好地支持主流的 CPU 架构。当前版本的 ONIE 支持主流 x86、PowerPC 32bit/64bit 及 ARM 32bit/64bit CPU 架构。PowerPC、ARM CPU 架构的白盒交换机是用 U-boot 作为 Bootloader。x86 架构的白盒交换机使用 GRUB 作为 Bootloader。NOS 对硬件的要求多一些，即必须支持各种 OCP 硬件规范。也就是说，只有那些满足条件的 NOS 才能被 ONIE 安装到交换机上。此外，支持 ONIE 的交换机一般有 1 个 NOR Flash（闪存）芯片。

① 这块 NOR 闪存芯片容量不会很大，一般是 16MB 或 32MB。

② 用于存储启动交换机所需的基本软件，如 Bootloader（U-Boot 或 GRUB）和 ONIE、环境变量等。

③ 通常情况下，NOR 闪存上的数据由交换机厂商写死。因为 NOR 闪存上的数据对交换机的正常启动非常重要，所以一般情况下不建议用户对其进行写入或更新操作。

④ 这块 NOR 闪存一般有 4 个分区，各个分区存储的数据如下（不同厂商、不同型号的交换机可能存在一定差异）。分区 1 为 U-Boot（PowerPC 或 ARM 平台）或 GRUB（x86 平台），分区 2 为环境变量，分区 3 为 ONIE，分区 4 为未使用的空间。

ONIE 是一个开源项目，为现代网络硬件定义了一个开放的安装环境。ONIE 造就了一个开放的网络硬件生态系统，使得最终用户可以在不同的网络操作系统中进行选择。

在 ONIE 出现之前，以太网交换机使用预装的专有操作系统，这种网络设备将最终用户锁定到设备的垂直供应链上。本质上，ONIE 是一个基于 Linux 的小型操作系统，可以在交换机上启动并发现本地网络上可用的安装程序映像，同时能够将合适的映像传输到交换机上，然后提供一个安装环境，以便安装程序可以将网络操作系统加载到交换机上。

最初，ONIE 通过向多个操作系统供应商开放硬件开启了“白盒”“裸机”网络交换机生态系统。随着时间的推移，ONIE 的知名度不断提高，现在 ONIE 已经成为网络硬件行业的主流安装环境，ONIE 定义了一个开源的安装环境，该安装环境运行在这个管理子系统的 Linux 内核和 BusyBox 环境上。这个环境允许最终用户和渠道合作伙伴安装目标 NOS。ONIE 类似于 PC 的 BIOS，在上边承载操作系统。

在开发解耦的白盒交换机设备中，在硬件开源的基础上，控制软件除了选择 SONiC 也可选择其他 NOS，如 Cumulus Linux、Open Network Linux、PicOS 等。这种模式类似 PC 启动过程，PC 在上电以后通过固化的 BIOS 进行初始引导，在对设备进行上电自检、核心硬件初始化以后，按照 BIOS 保存的系统配置信息从指定位置（U 盘、硬盘、CD-ROM 等）上搜寻系统主引导程序。在系统主引导程序的引导和控制下，安装在 PC 上的用户操作系统逐步启动。系统主引导程序支持安装多种操作系统，用户可以选择启动运行不同操作系统。与此类似，白盒系统中通常也采用 x86 架构芯片作为控制面 CPU，x86 架构芯片启动以后通过 BIOS 执行和 PC 相同的上电自检过程，此时的主引导程序是 ONIE，ONIE 搜寻安装在交换机上的 NOS 进行启动。SONiC 通过零接触（ZTP）启动过程更是进一步将系统启动过程自动化了，便于数据中心网络大规模部署的自动操作。接下来本节将介绍如何安装 ONIE 及如何通过 ONIE 安装 SONiC。

3.3.1　安装 ONIE

1．制作启动 U 盘

① ONIE 安装前提：交换机、与交换机对应的 ONIE 镜像、没有 PE 的 U 盘、烧录的软件（Windows 操作系统）。

② 获取 ONIE 镜像文件 onie-recovery-x86_64-icn_sc9606h-r0.iso。

③ 插入 U 盘，查找 U 盘对应的设备。在插入 U 盘前，可将 U 盘内文件备份后格式化。

④ 通过容量、分区等信息找到 U 盘对应的设备（/dev/sda 或者/dev/sdb 等磁盘），将 ONIE 镜像文件写入 U 盘，使用 dd 命令制作启动盘，命令如下。

```
sudo dd if=/home/gpf/work/onie-recovery-x86_64-icn_sc9606h-r0.iso of=/dev/sdb1
```

其中，/home/gpf/work 为存放 ONIE 镜像文件的路径，前文已述 onie-recovery-x86_64-icn_sc9606h-r0.iso 为 ONIE 镜像文件，“of=”后面为 U 盘所对应的设备，一般为 dev/sdb 磁盘。

⑤ 图 3-16 显示了写入完成之后的打印信息输出。

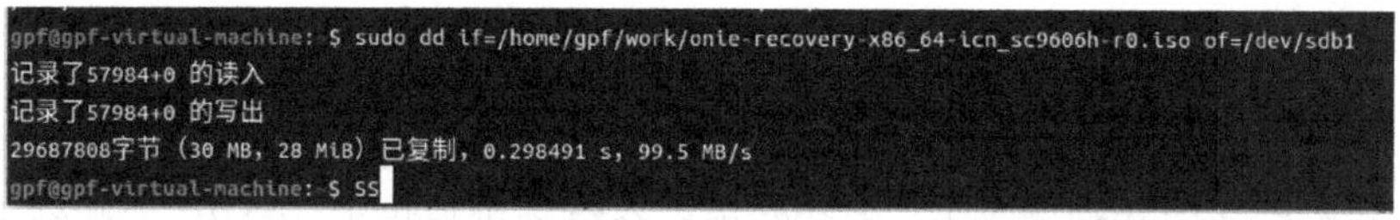

```
gpf@gpf-virtual-machine:~$ sudo dd if=/home/gpf/work/onie-recovery-x86_64-icn_sc9606h-r0.iso of=/dev/sdb1
记录了57984+0 的读入
记录了57984+0 的写出
29687808字节 (30 MB, 28 MiB) 已复制, 0.298491 s, 99.5 MB/s
gpf@gpf-virtual-machine:~$ SS
```

图 3-16　写入完成之后的打印信息输出

2．安装

① 将制作好的 U 盘插入交换机的 USB 接口。

② 使用各类终端控制软件，如 SecureCRT，登录交换机。使用终端控制软件登录交换机的操作步骤如图 3-17 所示。通过交换机的 Console 接口，连接 PC。

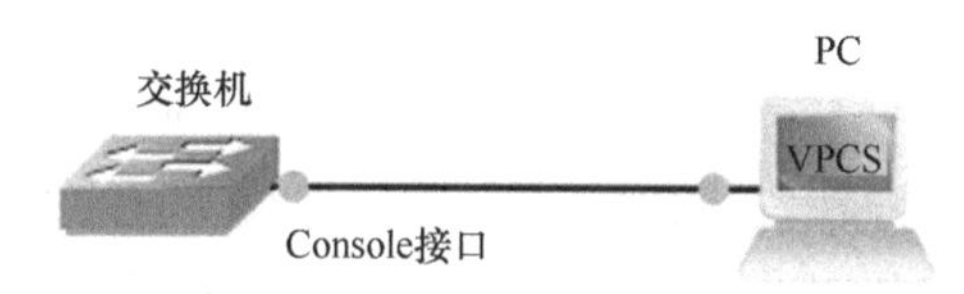

图 3-17　使用终端控制软件登录交换机

③ 在 PC 上启动终端控制软件，并根据连接的接口及波特率进行连接。

④ 连接后，设备上电，同时按下 ESC 键或者 F11 键，使交换机进入 BIOS 界面。

⑤ 交换机进入 BIOS 界面，如图 3-18 所示，在 BIOS 中，选择“Boot Manager”选项。

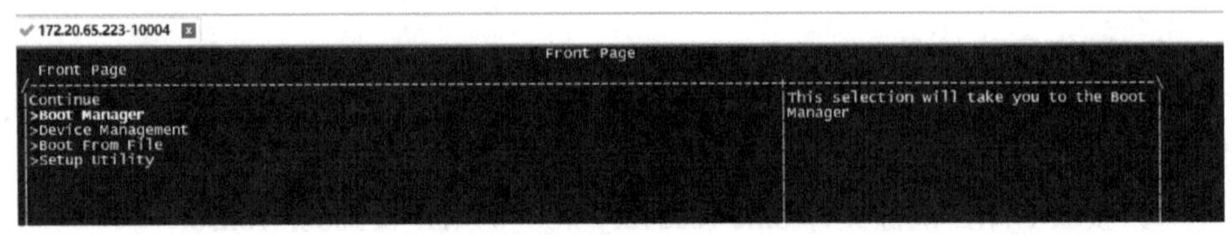

图 3-18 交换机进入 BIOS 界面

⑥ 在 Boot Manager 界面中选择“EFI USB Device（HIKSEMI ProductCode）”选项以 EFI 模式启动 GRUB2，如图 3-19 所示。

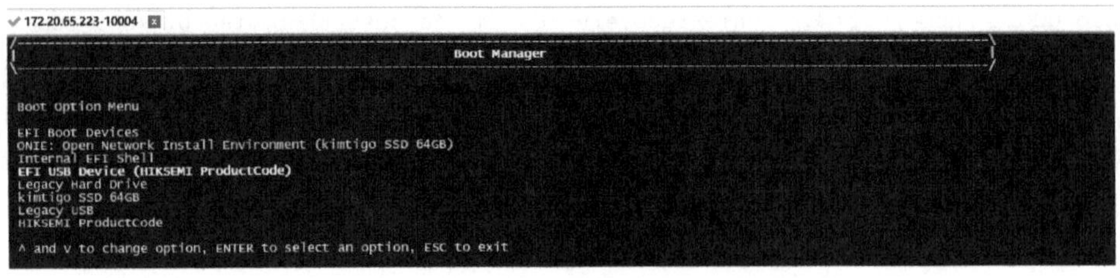

图 3-19 以 EFI 模式启动 GRUB2

⑦ 图 3-20 显示进入 GNV GRUB 界面，选择“ONIE: Embed ONIE”选项，ONIE 开始自动安装到硬盘上，安装结束后会自动重启板卡，ONIE 安装结束后可以拔掉镜像 USB。

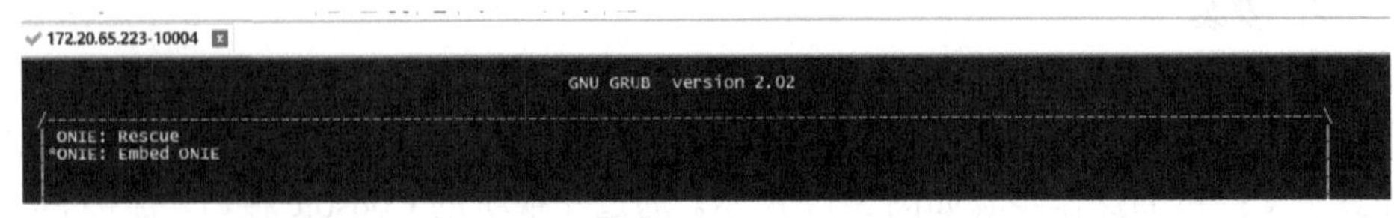

图 3-20 GNV GRUB 界面上选择“ONIE: Embed ONIE”选项

⑧ 如前文所述，此时 ONIE 安装完毕，重启后进入如下界面。某些交换机可能附带 NOS，要求用户在安装 SONiC 之前先卸载现有的 NOS。只须启动 ONIE 并选择“ONIE: Uninstall OS”选项，便可卸载现有 NOS，如图 3-21 所示。

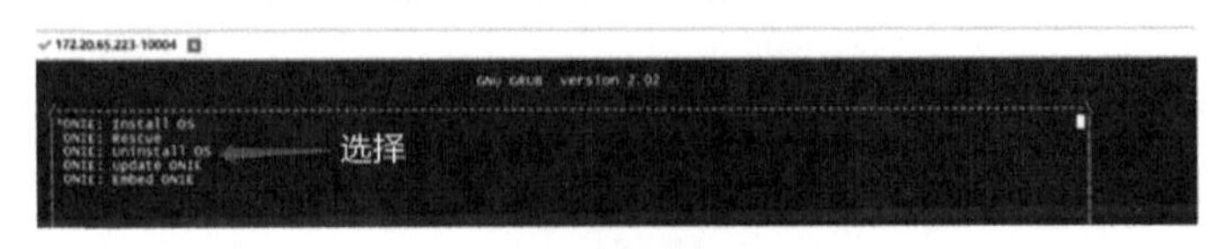

图 3-21 卸载现有的 NOS

⑨ 如果当前设备无 NOS，可以直接执行“ONIE: Install OS”，自动安装 NOS。自动安装 NOS 如图 3-22 所示。

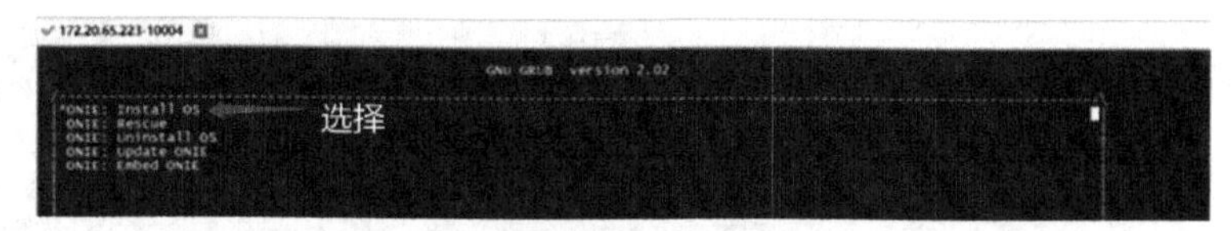

图 3-22　直接执行“ONIE：Install OS”自动安装 NOS

⑩ 也可通过执行“ONIE:Rescue”进入 ONIE 急救模式，手动安装 NOS。

3.3.2　安装 SONiC

本部分实验使用 inspur CN9300H 交换机，安装基于 SONiC 的浪潮自研系统 INOP 平台。

1. 通过 HTTP 服务器安装 SONiC

首先，从 NOS 供应商处获取 SONiC 安装程序镜像文件，如第 3.2 节中编译出的 SONiC 安装程序镜像文件，如 sonic-centec.bin 文件。其次，需要将 SONiC 安装程序镜像文件上传至 HTTP 服务器。随后，进入 ONIE 安装界面，为交换机配置管理 IP 地址和默认网关，使设备与 HTTP 服务器互通，如图 3-23 所示。

```
ONIE:/ # ifconfig eth0 192.168.0.2 netmask 255.255.255.0
ONIE:/ # ip route add default via 192.168.0.1
```

```
172.20.65.223-10004
ONIE: Rescue Mode ...
ixgbe 0000:07:00.1: Hw Init failed: -17
Info: Mounting kernel filesystems... done.
Info: Mounting ONIE-BOOT on /mnt/onie-boot ...
Info: Mounting EFI System on /boot/efi ...
sd 4:0:0:0: [sdb] No Caching mode page found
sd 4:0:0:0: [sdb] Assuming drive cache: write through
temp0: SMBus I801 adapter at 3000
temp1: CP2112 SMBus Bridge on hiddev0
res0:
res1: CP2112 SMBupca954x 1-0071: probe failed
s Bridge on hiddev0
info: CP2112 is on i2c-1
major: 89
check if the eeprom device found
Error: EEPROM device not found!!!
chpasswd: password for 'root' changed
Info: Using eth0 MAC address: 00:25:a9:08:22:ef
Info: Using eth1 MAC address: 00:25:a9:08:22:f0
Info: Using eth2 MAC address: 00:25:a9:08:22:f1
Info: eth0:  Checking link... down.
ONIE: eth0: link down.  Skipping configuration.
Info: eth1:  Checking link... down.
ONIE: eth1: link down.  Skipping configuration.
Info: eth2:  Checking link... up.
Info: Trying DHCPv4 on interface: eth2
ONIE: Using DHCPv4 addr: eth2: 172.20.222.15 / 255.255.0.0
ONIE: Failed to configure eth0 interface
ONIE: Failed to configure eth1 interface
Starting: klogd... done.
Starting: dropbear ssh daemon... done.
Starting: telnetd... done.
discover: Rescue mode detected.  Installer disabled.

To check the install status inspect /var/log/onie.log.
Try this:  tail -f /var/log/onie.log

** Rescue Mode Enabled **
onie login: root
Password:
ONIE:~ # ifconfig eth0 192.168.0.2 netmask 255.255.255.0
ONIE:~ # ip route add default via 192.168.0.1
ip: RTNETLINK answers: File exists
ONIE:~ #
```

图 3-23　为交换机配置管理 IP 地址和默认网关

最后，从 HTTP 服务器上安装 SONiC 镜像，命令为：ONIE:/ # onie-nos- install http://××.××.××.××/sonic-centec.bin。该安装过程如图 3-24 所示。

```
ONIE:~ # onie-nos-install http://           /sonic-centec.bin
Notice:  Invalid TLV header found.  Using default contents.
Notice:  Invalid TLV checksum found.  Using default contents.
tee: /dev/console: I/O error
Info: Attempting http://           /sonic-centec.bin ...
Connecting to            (           )
installer          100% |*******************************|   950M  0:00:00 ETA
tee: /dev/console: I/O error
Verifying image checksum ... OK.
Preparing image archive ... OK.
Installing SONiC in ONIE
ONIE Installer: platform: x86_64-centec-r0
onie_platform: x86_64-icn_cn9300h-r1
deleting partition 3 ...
Filesystem           1K-blocks      Used Available Use% Mounted on
Warning: The kernel is still using the old partition table.
The new table will be used at the next reboot.
The operation has completed successfully.
Partition #1 is in use.
Partition #2 is in use.
Partition #3 is available
Creating new INOP-OS partition /dev/sda3 ...
Warning: The kernel is still using the old partition table.
The new table will be used at the next reboot.
The operation has completed successfully.
mke2fs 1.42.13 (17-May-2015)
Discarding device blocks: done
Creating filesystem with 8388608 4k blocks and 2097152 inodes
Filesystem UUID: 7ce0dd52-7cd1-4724-b54d-246f4a843e53
Superblock backups stored on blocks:
        32768, 98304, 163840, 229376, 294912, 819200, 884736, 1605632, 2654208,
        4096000, 7962624

Allocating group tables: done
Writing inode tables: done
Creating journal (32768 blocks): done
Writing superblocks and filesystem accounting information: done

Installing INOP to /tmp/tmp.pxsy95/image-master.0-dirty-20230724.200109
Archive:  fs.zip
   creating: boot/
  inflating: boot/initrd.img-5.10.0-8-2-amd64
  inflating: boot/System.map-5.10.0-8-2-amd64
  inflating: boot/config-5.10.0-8-2-amd64
  inflating: boot/vmlinuz-5.10.0-8-2-amd64
   creating: platform/
   creating: platform/x86_64-grub/
  inflating: platform/x86_64-grub/grub-pc-bin_2.06-3-deb11u5_amd64.deb
   creating: platform/x86_64-icn_cn9300h-r2/
  inflating: platform/x86_64-icn_cn9300h-r2/sonic-platform-icn-cn9300h-32c_1.0_amd64.deb
   creating: platform/x86_64-icn_cn9300h-r1/
  inflating: platform/x86_64-icn_cn9300h-r1/sonic-platform-icn-cn9300h-48y8c_1.0_amd64.deb
  inflating: platform/firsttime
  inflating: fs.squashfs
Notice:  Invalid TLV header found.  Using default contents.
Notice:  Invalid TLV checksum found.  Using default contents.
Notice:  Invalid TLV header found.  Using default contents.
Notice:  Invalid TLV checksum found.  Using default contents.
tee: /dev/console: I/O error
Notice:  Invalid TLV header found.  Using default contents.
Notice:  Invalid TLV checksum found.  Using default contents.
tee: /dev/console: I/O error
Success: Support tarball created: /tmp/onie-support-icn_cn9300h.tar.bz2
Switch CPU vendor is: GenuineIntel
Switch CPU cstates are: disabled
Installed SONiC base image INOP-OS successfully
tee: /dev/console: I/O error
```

图 3-24　从 HTTP 服务器上安装 SONiC 镜像

安装完成后，启动 SONiC，如图 3-25 所示。

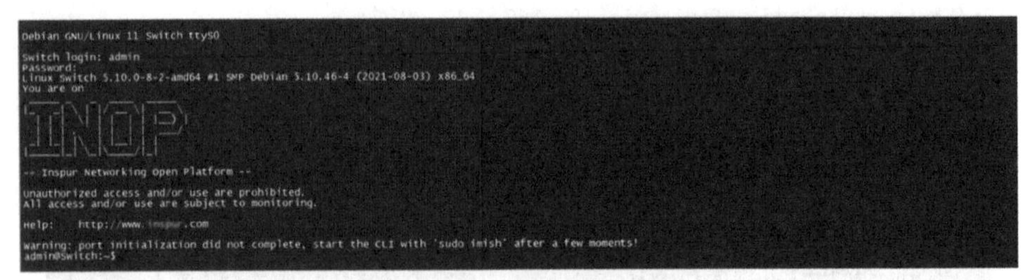

图 3-25　启动 SONiC

2．通过简易文件传送协议（FTP/TFTP）服务器安装 SONiC

也可通过 FTP/TFTP 服务器安装 SONiC，以 sonic-centec.bin 为例，将该镜像文件上传至 FTP 服务器上，打开设备电源，并在 GRUB 界面上选择“ONIE:Rescue”选项，进入 ONIE 安装界面，首先执行以下两条命令为交换机配置管理 IP 地址（192.168.0.2）和默认网关（192.168.0.1），然后通过 TFTP 服务器安装 SONiC 镜像，使设备与 TFTP 服务器互通，同样地，首先为交换机配置管理 IP 地址和默认网关，如图 3-26 所示。

```
ONIE:/ # ifconfig eth0 192.168.0.2 netmask 255.255.255.0
ONIE:/ # ip route add default via 192.168.0.1
```

```
** Rescue Mode Enabled **
onie login: root
Password:
ONIE:~ # ifconfig eth0 192.168.0.2 netmask 255.255.255.0
ONIE:~ # ip route add default via 192.168.0.1
ip: RTNETLINK answers: File exists
ONIE:~ #
```

图 3-26 为交换机配置管理 IP 地址和默认网关

从 FTP 服务器上安装 SONiC 镜像，如图 3-27 所示，命令如下。

```
ONIE:/ # onie-nos-install ftp://10.69.65.31/sonic-centec.bin
```

```
ONIE:~ # onie-nos-install ftp://10.69.65.31/sonic-centec.bin
Notice:  Invalid TLV header found.  Using default contents.
Notice:  Invalid TLV checksum found.  Using default contents.
tee: /dev/console: I/O error
Info: Attempting ftp://10.69.65.31/sonic-centec.bin ...
Connecting to 10.69.65.31 (10.69.65.31:21)
installer            100% |*******************************|   950M  0:00:00 ETA
tee: /dev/console: I/O error
Verifying image checksum ... OK.
Preparing image archive ... OK.
Installing SONiC in ONIE
ONIE Installer: platform: x86_64-centec-r0
onie_platform: x86_64-icn_cn9300h-r1
deleting partition 3 ...
Filesystem           1K-blocks      Used Available Use% Mounted on
Warning: The kernel is still using the old partition table.
The new table will be used at the next reboot.
The operation has completed successfully.
Partition #1 is in use.
Partition #2 is in use.
Partition #3 is available
Creating new INOP-OS partition /dev/sda3 ...
Warning: The kernel is still using the old partition table.
The new table will be used at the next reboot.
The operation has completed successfully.
mke2fs 1.42.13 (17-May-2015)
Discarding device blocks: done
Creating filesystem with 8388608 4k blocks and 2097152 inodes
Filesystem UUID: aecb0ada-1d84-4e54-b2f1-8ee13b27f9a7
Superblock backups stored on blocks:
        32768, 98304, 163840, 229376, 294912, 819200, 884736, 1605632, 2654208,
        4096000, 7962624
```

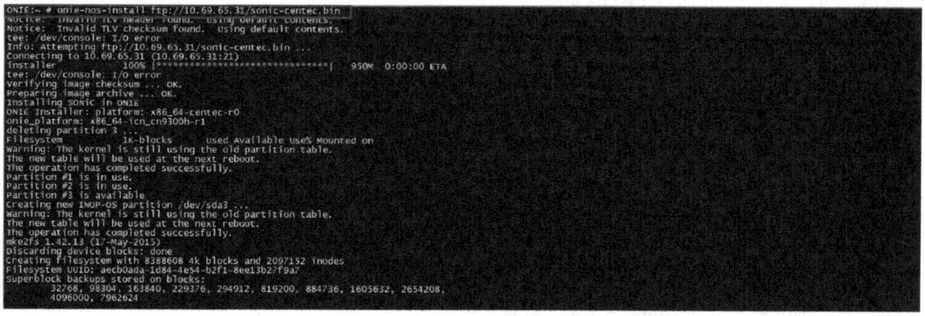

图 3-27 从 FTP 服务器上安装 SONiC 镜像

NOS 安装完成后，默认情况下，将重新启动 SONiC。

3．通过 USB 驱动安装 SONiC

通过 USB 驱动安装 SONiC 的步骤如下，获取 SONiC-image，将 SONiC 安装程序镜像文件复制到 USB 驱动器的根目录上，并根据 ONIE 的要求，将 SONiC 镜像修改成对应的名字。例如，将 sonic-broadcom.bin 改为 onie-install 并复制到 USB 驱动器中。本书假设 NOS 安装程序镜像文件名为 sonic-broadcom.bin。假设 USB 驱动器基于 Linux 操作系统显示在/dev/sdb1（在不同系统和操作系统上可能有所不同）上。将安装程序文件复制到 USB 驱动器的根目录上，命令如下。

```
linux:~$ sudo mkdir /mnt/usb
linux:~$ sudo mount /dev/sdb1 /mnt/usb
linux:~$ sudo cp sonic-broadcom.bin /mnt/usb/onie-installer
linux:~$ sudo umount /mnt/usb
```

从计算机中取出 USB 驱动器，并将其插入启用 ONIE 的设备前（或后）面板上的 USB 端口。打开设备电源，并在 CLI 界面上选择“ONIE:Install OS”。ONIE 将发现 USB 驱动器根目录上的 onie-installer 并执行。等待 ONIE 发现 U

盘中的 SONiC 软件，自动安装。等待安装完成，选择 SONiC 启动即可。安装完成后进入系统，使用默认用户名 admin 和默认密码 YourPaSsWoRd 登录，进入操作页面。

3.3.3 SONiC 镜像升级

对于 SONiC，可以使用 ONIE Installer 或 Sonic-Installer Tool 方式进行安装。ONIE Installer 方法可参照第 3.3 节。Sonic-Installer Tool 的使用方法如下。Sonic-Intaller Tool 是一个作为 SONiC 一部分的命令行工具，如果设备已经在运行 SONiC 软件，则可以使用此工具在分区中安装替代镜像。这个工具还可以列出可用镜像并设置下一个重启镜像。

① sonic-installer install：此命令用于在备用镜像分区上安装一个新镜像。此命令获取可安装的 SONiC 镜像的路径或 URL，并安装该镜像。

```
admin@sonic:~$ sonic-installer install <sonic-xxxx.bin>
admin@sonic: ~ $  sonic-installer  install  https://×××.westus.cloudapp.azure.
com/job/xxxx/job/buildimage-xxxx-all/xxx/artifact/target/sonic-xxxx.bin
New image will be installed, continue? [y/N]: y
Downloading image...
...100%, 480 MB, 3357 KB/s, 146 seconds passed
Command: /tmp/sonic_image
Verifying image checksum ... OK.
Preparing image archive ... OK.
ONIE Installer: platform: XXXX
onie_platform:
Installing SONiC in SONiC
Installing SONiC to /host/image-xxxx
Directory /host/image-xxxx/ already exists. Cleaning up...
Archive:  fs.zip
   creating: /host/image-xxxx/boot/
  inflating: /host/image-xxxx/boot/vmlinuz-3.16.0-4-amd64
  inflating: /host/image-xxxx/boot/config-3.16.0-4-amd64
  inflating: /host/image-xxxx/boot/System.map-3.16.0-4-amd64
  inflating: /host/image-xxxx/boot/initrd.img-3.16.0-4-amd64
   creating: /host/image-xxxx/platform/
 extracting: /host/image-xxxx/platform/firsttime
  inflating: /host/image-xxxx/fs.squashfs
  inflating: /host/image-xxxx/dockerfs.tar.gz
Log file system already exists. Size: 4096MB
Installed SONiC base image SONiC-OS successfully
Command: cp /etc/sonic/minigraph.xml /host/
```

```
Command: grub-set-default --boot-directory=/host 0

Done
```

② sonic-installer list：此命令显示当前安装的镜像的信息。它显示一个已安装镜像的列表、当前正在运行的镜像和将在下次重启时加载的镜像。

```
admin@sonic:~$ sonic-installer list
Current: SONiC-OS-HEAD.XXXX
Next: SONiC-OS-HEAD.XXXX
Available:
SONiC-OS-HEAD.XXXX
SONiC-OS-HEAD.YYYY
```

③ sonic-installer set_default：此命令用于更改在所有后续重启中默认加载的镜像。

```
sonic-installer set_default <image_name>
admin@sonic:~$ sonic-installer set_default SONiC-OS-HEAD.XXXX
```

④ sonic-installer set_next_boot：此命令用于更改只能在下次重启时加载的镜像。请注意，在下一次重启之后的所有后续重启中，它将回退到当前镜像。

```
sonic-installer set_next_boot <image_name>
admin@sonic:~$ sonic-installer set_next_boot SONiC-OS-HEAD.XXXX
```

⑤ sonic-installer remove：此命令用于从磁盘中删除未使用的 SONiC 镜像。注意，它不允许删除当前运行的镜像。

```
sonic-installer remove <image_name>
admin@sonic:~$ sonic-installer remove SONiC-OS-HEAD.YYYY
Image will be removed, continue? [y/N]: y
Updating GRUB...
Done
Removing image root filesystem...
Done
Command: grub-set-default --boot-directory=/host 0

Image removed
```

如果在使用过程中修改了某一模块的代码，对于用户而言，再去完整地编译某个项目以重新配置是非常耗时的，为此，用户只需要编译已修改代码的相应模块即可。例如，用户修改了 bgp 模块的 docker-fpm-frr 下的部分代码，若要进行镜像升级操作，那么只需要将之前生成的 docker-fpm-frr.gz 文件删除，然后重新生成即可。以下是 SONiC 镜像升级的基本步骤。

① 连接到设备：使用 SSH 或控制台连接到要进行镜像升级的 SONiC 设备。

② 备份当前配置：执行必要的命令或操作，将当前配置文件备份到安全位

置上。

③ 上传升级文件：将下载的新镜像文件上传到设备上。确保文件完整且与设备兼容。

④ 执行升级命令：使用适当的命令执行升级操作。根据镜像文件大小和网络环境，升级过程可能需要一定时间，请耐心等待。

⑤ 验证升级结果：在升级完成后，验证系统的配置和功能是否正常。执行一些常用操作和测试，以确保网络的性能和可靠性。

对于上述例子而言，首先对之前生成的 docker-fpm-frr.gz 文件进行删除操作，随后对该部分进行编译操作，命令如下。

```
rm target/docker-fpm-frr.gz
make target/docker-fpm-frr.gz
```

编译完成后需要升级交换机内的相应模块。升级交换机内的相应模块操作如图 3-28 所示。首先通过构建 FTP 服务或 HTTP 服务将修改的包从服务器下载到本机上，随后上传到交换机上。在 PC 上创建 FTP 服务或 HTTP 服务（此处创建 FTP 服务），然后在 SrcureCRT 工具中连接 SFTP 会话，进入服务相应的 sonic_buildimage 项目的 target 目录下，使用如下命令将包下载到 PC 上。

```
get docker-fpm-frr.gz
```

```
sftp> cd sonic
sonic_buildimage/     sonic_buildimage_test/
sftp> cd sonic_buildimage_test/
sftp> cd target
The system cannot find the file specified.
sftp> cd sonic_buildimage/
sftp> cd tsrget
The system cannot find the file specified.
sftp> cd target
sftp> ls
cache                       debs                        docker-base-buster.gz
docker-base-buster.gz-load.log                          docker-base-buster.gz.log
docker-config-engine-buster.gz                          docker-config-engine-buster.gz-load.log
docker-config-engine-buster.gz.log                      docker-database.gz
docker-database.gz.log                                  docker-dhcp-relay.gz
docker-dhcp-relay.gz.log                                docker-fpm-frr.gz
docker-fpm-frr.gz.log docker-iccpd.gz                   docker-iccpd.gz.log
docker-lldp.gz              docker-lldp.gz.log          docker-nat.gz
docker-nat.gz.log           docker-orchagent.gz         docker-orchagent.gz.log
docker-platform-monitor.gz                              docker-platform-monitor.gz.log
docker-router-advertiser.gz                             docker-router-advertiser.gz.log
docker-sflow.gz             docker-sflow.gz.log         docker-snmp.gz
docker-snmp.gz.log          docker-sonic-mgmt-framework.gz
docker-sonic-mgmt-framework.gz.log                      docker-sonic-telemetry.gz
docker-sonic-telemetry.gz.log                           docker-syncd-centec.gz
docker-syncd-centec.gz.log                              docker-teamd.gz
docker-teamd.gz.log         files                       python-debs
python-wheels               sonic-centec.bin            sonic-centec.bin.log
versions
sftp> get docker-fpm-frr.gz
Downloading docker-fpm-frr.gz from /home/zhangyiwei-s/sonic_buildimage_test/sonic_buildimage/target/docker-fpm-frr.gz
  100% 202313KB   9633KB/s 00:00:21
/home/zhangyiwei-s/sonic_buildimage_test/sonic_buildimage/target/docker-fpm-frr.gz: 207169091 bytes transferred in 21 seconds (9633 KB/s)
```

图 3-28　升级交换机内的相应模块操作

在交换机中输入 ftp 进入 FTP 操作界面，连接 FTP 服务会话，使用 get 命令将要升级的包从 PC 下载到交换机，使用 get 命令获取要升级的包的操作过程如图 3-29 所示，get 命令如下。

```
get docker-fpm-frr.gz
```

此外，还可利用 SFTP 服务将编译服务器上的内容直接下载到交换机上，使用 SFTP 服务下载编译服务器上的内容如图 3-30 所示。

```
root@Switch:/mnt/flash# ftp
ftp> open 10.69.66.66
Connected to 10.69.66.66.
220 FTP Server ready.
Name (10.69.66.66:admin):
Login failed.
ftp> user test
331 Password required for test.
Password:
230 User test logged in.
Remote system type is UNIX.
Using binary mode to transfer files.
ftp> get docker-fpm-frr.gz
local: docker-fpm-frr.gz remote: docker-fpm-frr.gz
200 Port command successful.
150 Opening data connection for docker-fpm-frr.gz.
226 File sent ok
207169091 bytes received in 10.55 secs (18.7202 MB/s)
ftp> bye
221 Goodbye.
```

图 3-29　使用 get 命令获取要升级的包

```
root@Switch:/mnt/flash# sftp -N zhangyiwei-s@10.69.67.54
The authenticity of host '10.69.67.54 (10.69.67.54)' can't be established.
ECDSA key fingerprint is SHA256:+2zGS35UzbS9lyXG3pTMxiEZ5nj8DvdzhYso77wIQrw.
Are you sure you want to continue connecting (yes/no/[fingerprint])? y
Please type 'yes', 'no' or the fingerprint: yes
^@Warning: Permanently added '10.69.67.54' (ECDSA) to the list of known hosts.
zhangyiwei-s@10.69.67.54's password:
Permission denied, please try again.
zhangyiwei-s@10.69.67.54's password:
Connected to 10.69.67.54.
sftp> pwd
Remote working directory: /home/zhangyiwei-s
sftp> cd son
sonic_buildimage/        sonic_buildimage_test/
sftp> cd sonic_buildimage_test/
sftp> cd sonic_buildimage/
sftp> cdtarget
Invalid command.
sftp> cd target
sftp> ls
cache                           debs                               docker-base-buster.gz                      docker-base-buster.gz-load.log
docker-base-buster.gz.log       docker-config-engine-buster.gz     docker-config-engine-buster.gz-load.log    docker-config-engine-buster.gz.log
docker-database.gz              docker-database.gz.log             docker-dhcp-relay.gz                       docker-dhcp-relay.gz.log
docker-fpm-frr.gz               docker-fpm-frr.gz.log              docker-iccpd.gz                            docker-iccpd.gz.log
docker-lldp.gz                  docker-lldp.gz.log                 docker-nat.gz                              docker-nat.gz.log
docker-orchagent.gz             docker-orchagent.gz.log            docker-platform-monitor.gz                 docker-platform-monitor.gz.log
docker-router-advertiser.gz     docker-router-advertiser.gz.log    docker-sflow.gz                            docker-sflow.gz.log
docker-snmp.gz                  docker-snmp.gz.log                 docker-sonic-mgmt-framework.gz             docker-sonic-mgmt-framework.gz.log
docker-sonic-telemetry.gz       docker-sonic-telemetry.gz.log      docker-syncd-centec.gz                     docker-syncd-centec.gz.log
docker-teamd.gz                 docker-teamd.gz.log                files                                      python-debs
python-wheels                   sonic-centec.bin                   sonic-centec.bin.log                       versions
sftp> get sonic-centec.bin.log
Fetching /home/zhangyiwei-s/sonic_buildimage_test/sonic_buildimage/target/sonic-centec.bin.log to sonic-centec.bin.log
/home/zhangyiwei-s/sonic_buildimage_test/sonic_buildimage/target/sonic-centec.bin.log          100%  561KB   7.6MB/s
sftp> bye
root@Switch:/mnt/flash# ls
docker-fpm-frr.gz  sonic-centec.bin  sonic-centec.bin.log
```

图 3-30　使用 SFTP 服务下载编译服务器上的内容

下载完成后利用 sonic-installer 命令升级目前的旧模块，使用 sonic-installer 命令升级旧模块的过程如图 3-31 所示。

```
sonic-installer upgrade-docker <module> <package>
sonic-installer upgrade-docker bgp docker-fpm-frr.gz
```

```
root@Switch:/mnt/flash# ls
docker-fpm-frr.gz
root@Switch:/mnt/flash# sonic-installer upgrade-docker bgp docker-fpm-frr.gz
New docker image will be installed, continue? [y/N]: y
Command: docker load < ./docker-fpm-frr.gz
The image docker-fpm-frr:latest already exists, renaming the old one with ID sha256:1541418537601a35abd35e4acfb6da96d22a9ff961d4707019c3ebd205ea6822 to empty string
Loaded image: docker-fpm-frr:latest

Command: docker kill bgp > /dev/null

Command: docker rm bgp
bgp

Command: docker tag docker-fpm-frr:latest docker-fpm-frr:inop_update_FRR8.2.2.0-dirty-20230907.094712

Command: systemctl restart bgp

Done
```

图 3-31　使用 sonic-installer 命令升级旧模块

使用 docker ps 命令查看模块，可以看到 bgp 模块已经成功完成升级，查看已升级成功模块如图 3-32 所示。

```
root@Switch:/mnt/flash# docker ps
CONTAINER ID   IMAGE                                 COMMAND                   CREATED          STATUS          PORTS   NAMES
38f700ebb8fb   docker-fpm-frr:latest                 "/usr/bin/docker_ini…"    7 seconds ago    Up 5 seconds            bgp
e713c334f34f   docker-sonic-telemetry:latest         "/usr/local/bin/supe…"    41 hours ago     Up 3 hours              telemetry
03e353d850d0   docker-sonic-mgmt-framework:latest    "/usr/local/bin/supe…"    41 hours ago     Up 3 hours              mgmt-framework
dc04a0d11571   docker-snmp:latest                    "/usr/local/bin/supe…"    41 hours ago     Up 3 hours              snmp
b2b133127882   a0d419eb5120                          "/usr/bin/docker_ini…"    41 hours ago     Up 3 hours              dhcp_relay
b101df35494b   docker-platform-monitor:latest        "/usr/bin/docker_ini…"    41 hours ago     Up 3 hours              pmon
b45c46369bec   docker-lldp:latest                    "/usr/bin/docker-lld…"    41 hours ago     Up 3 hours              lldp
be832a56fcaa   docker-router-advertiser:latest       "/usr/bin/docker-ini…"    41 hours ago     Up 3 hours              radv
a8bad4df1c43   docker-syncd-centec:latest            "/usr/local/bin/supe…"    41 hours ago     Up 3 hours              syncd
9f73188a4f97   docker-teamd:latest                   "/usr/local/bin/supe…"    41 hours ago     Up 3 hours              teamd
3b185680321a   docker-orchagent:latest               "/usr/bin/docker-ini…"    41 hours ago     Up 3 hours              swss
c1fb4c6b7fa9   docker-database:latest                "/usr/local/bin/dock…"    41 hours ago     Up 3 hours              database
```

图 3-32　查看已升级成功模块

3.4 通过 GNS3 部署 SONiC

综合前文所述，SONiC 是微软 Azure 推出的一个开源网络操作系统，它通过微服务的思想，将网络操作系统中各个服务容器化，并利用中心 Redis 数据库进行协作，使每个服务都可以独立地开发、测试、部署、升级，大大地提高了网络操作系统的可靠性、可扩展性、可维护性。现在 SONiC 支持的交换机厂商也非常多，包括 Arista、Broadcom、Cisco、Dell、Edge-Core、Mellanox 等。然而，一台 DCN 交换机的价格是非常昂贵的。接下来介绍如何通过 GNS3 在本地搭建一个虚拟 SONiC 的 Lab，让用户可以很快地在本地体验 SONiC 的基本功能。

有多种在本地运行 SONiC 的方法，如 docker + vswitch、p4 软交换机等，对于初次使用而言，倘若用户没有实际的交换机平台，使用 GNS3 模拟器可能是最方便快捷的方法了，所以本节以 GNS3 为例，介绍如何在本地搭建一个 SONiC 的 Lab。

3.4.1 安装 GNS3

首先，为了让用户方便而且直观地建立测试用的虚拟网络，要先安装 GNS3。GNS3，全称为 Graphical Network Simulator 3，是一个图形化的网络仿真软件。它支持多种不同的虚拟化技术，如 QEMU、VMware、VirtualBox 等。这样，用户在搭建虚拟网络时，不再需要手动运行很多命令或者写脚本，大部分工作都可以通过图形化界面完成。

首先需要安装依赖，即在安装 GNS3 之前，用户需要先安装几个其他软件，即 Docker、Wireshark、PuTTY、QEMU、uBridge、Libvirt 和 bridge-utils。首先是 Docker，安装过程如下。

① 删除所有旧版本。

```
sudo apt remove docker docker-engine docker.io
```

② 运行以下命令更新软件包列表。

```
sudo apt update
```

③ 安装以下软件包。

```
sudo apt-get install apt-transport-https ca-certificates curl software-properties-common
```

④ 导入官方 Docker GPG 密钥。

```
curl -fsSL https://×××.×××.com/linux/ubuntu/gpg | sudo apt-key add -
```

⑤ 添加适当的 repo。

```
sudo add-apt-repository \
"deb [arch=amd64] https://×××.×××.com/linux/ubuntu \
$(lsb_release -cs) stable"
```

⑥ 安装 Docker CE。

```
sudo apt update
sudo apt install docker-ce
```

⑦ 将其他软件安装在 Ubuntu 上都非常简单，只需要执行下面的命令。安装时要注意，在 uBridge 和 Wireshark 的安装过程中会询问是不是要通过创建 Wireshark 用户组来 bypass sudo，这里一定要选择“Yes”。

```
sudo apt-get install qemu-kvm libvirt-daemon-system libvirt-clients bridge-utils
wireshark putty ubridge
```

安装完毕后，用户就可以安装 GNS3 了。

以下命令适用于在 Ubuntu 和所有基于它的发行版（如 Linux Mint）上安装 GNS3。

```
sudo add-apt-repository ppa:gns3/ppa
sudo apt update
sudo apt install gns3-gui gns3-server
```

⑧ 将用户添加到以下用户组——uBridge 用户组、Libvirt 用户组、KVM 用户组、Wireshark 用户组和 Docker 用户组。这样 GNS3 就可以访问 Docker、Wireshark 等的功能，而不用 sudo 了。对于命令中的 <user-name> 占位符，请替换为用户要添加到这些用户组中的实际用户名。

```
for g in ubridge libvirt kvm wireshark docker; do
    sudo usermod -aG $g <user-name>
done
```

下一步，将对 SONiC 进行测试。在测试之前，还需要一个 SONiC 的镜像。由于需要支持大量不同厂商，而每个厂商的底层实现都不一样，所以最后每个厂商都会编译一个自己的镜像。因为在创建虚拟环境，所以需要使用基于 VSwitch 的镜像来创建虚拟交换机——sonic-vs.img.gz。首先获取 SONiC 镜像，虽然用户可以自己编译，但是速度太慢，所以为了节省时间，用户可以直接下载最新的镜像。从镜像构建仓库 sonic-buildimage 中获取最新成功构建的镜像，在 Artifacts 中找到 sonic-vs.img.gz 下载即可。

然后，准备一下项目，首先复制项目到本地，并进入 sonic-buildimage/platform/vs 目录，命令如下。

```
git clone --recurse-submodules https://×××.com/sonic-net/sonic-buildimage.git
cd sonic-buildimage/platform/vs
```

将下载的镜像放在这个目录下，然后运行下面这个命令进行解压缩。

```
gzip -d sonic-vs.img.gz
```

下面这个命令会生成 GNS3 的镜像配置文件。

```
sudo sh ./sonic-gns3a.sh
```

命令执行完成之后，执行 ls 命令就可以看到用户需要的镜像文件了，图 3-33 显示了使用 ls 命令查看镜像文件的过程。

```
gpf@gpf-virtual-machine:~/sonic-buildimage/platform/vs$ ls -l
```

图 3-33　执行 ls 命令查看镜像文件

现在，在命令行里输入 gns3，就可以启动 GNS3。GNS3 运行之后，安装向导会询问选择如何运行 GNS3 网络仿真器，用户选择在本地服务器上运行 GNS3，随后配置本地服务器相关信息，默认直接进入下一步即可，连接成功之后单击“Finish”。导入 SONiC 镜像的具体操作步骤如图 3-34～图 3-42 所示。

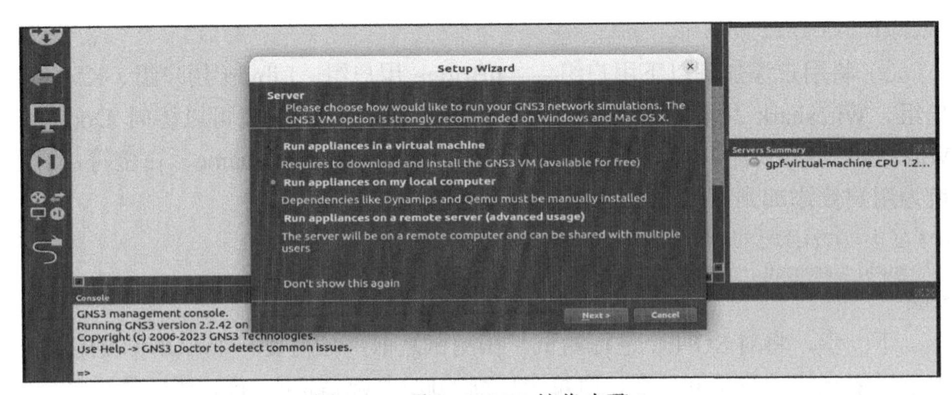

图 3-34　导入 SONiC 镜像步骤 1

图 3-35　导入 SONiC 镜像步骤 2

运行之后，GNS3 会让用户创建一个项目，很简单，填一个目录地址即可。

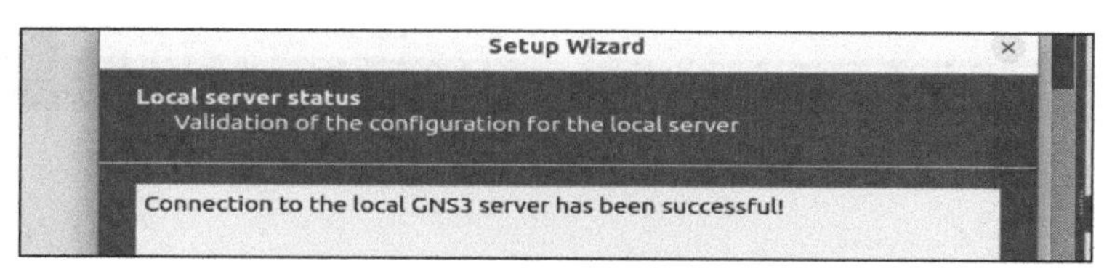

图 3-36　导入 SONiC 镜像步骤 3

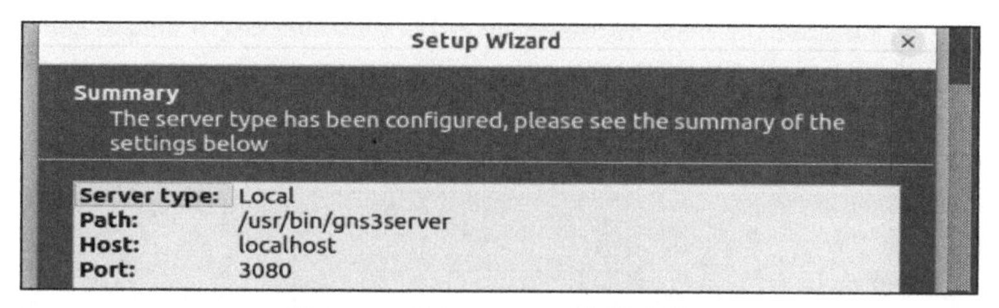

图 3-37　导入 SONiC 镜像步骤 4

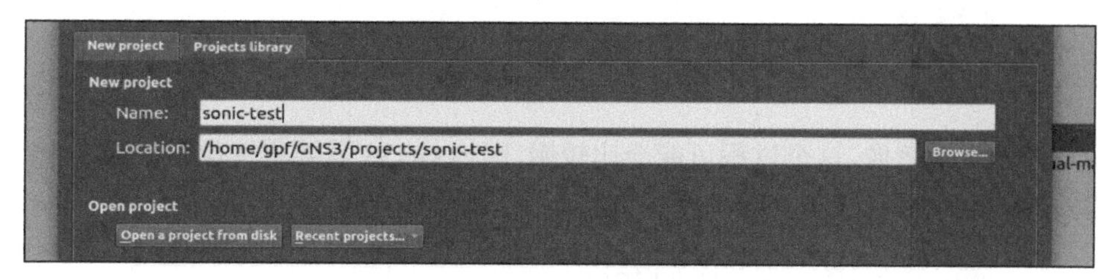

图 3-38　导入 SONiC 镜像步骤 5

然后，用户就可以通过“File”→“Import appliance”导入用户刚刚生成的镜像了。

图 3-39　导入 SONiC 镜像步骤 6

选择已有的 SONiC-latest.gns3a 镜像配置文件，然后单击“Open”按钮。

这个时候就可以看到用户的镜像了，单击“Next”按钮。

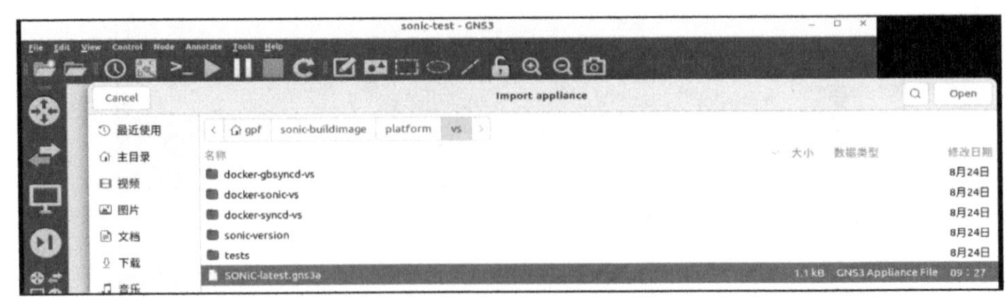

图 3-40　导入 SONiC 镜像步骤 7

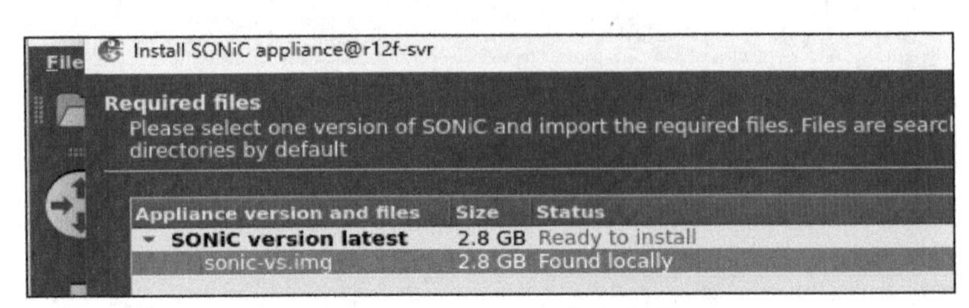

图 3-41　导入 SONiC 镜像步骤 8

开始导入镜像，这个过程可能会比较慢，因为 GNS3 需要将镜像转换成 qcow2 格式并放入项目目录中。导入完成之后，用户就可以看到镜像了。

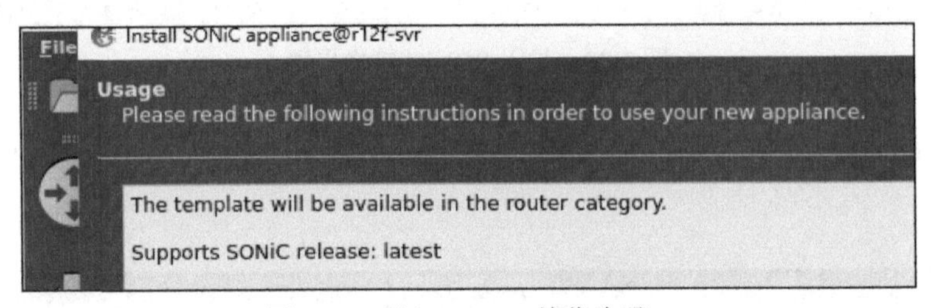

图 3-42　导入 SONiC 镜像步骤 9

接下来，介绍如何在 Windows 操作系统上使用 GNS3 及在 GNS3 上运行 SONiC。首先，进入 GNS3 官网获取最新版本软件安装包及所需的 GNS VM 文件并安装，解压缩获取 GNS3.VM.VMware.Workstation.2.2.42.zip 压缩包，得到 GNS3 VM.ova 文件。打开计算机上的虚拟化软件，如 VMware Workstation Pro（推荐使用，不推荐使用 VMware Workstation Player）或 VirtualBox（需要下载对应的 GNS3 VM 文件），单击“打开虚拟机”按钮，选择解压得到的 GNS3 VM.ova 文件，单击“打开”按钮，随后自定义名称，选择合适的路径，单击“导入”按钮。导入成功后，关闭虚拟化软件。

图 3-43 显示了将 GNS3 和 GNS3 VM 集成的界面，首先打开 GNS3，单击“Edit”

按钮，单击“Preferences”按钮，出现“Preferences”界面，在左侧选项栏中选择“GNS3 VM”，勾选“Enable the GNS3 VM”，若 VM name 处不显示 GNS3 VM，可单击“Refresh”按钮刷新，随后根据个人计算机型号修改 vCPUs 和 RAM，最后单击“OK”按钮。

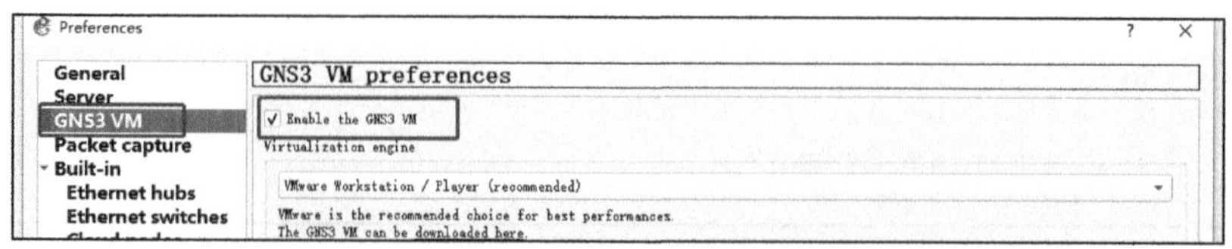

图 3-43　将 GNS3 和 GNS3 VM 集成的界面

图 3-44 展示了 GNS3 自动启动 GNS3 VM 的界面，进入虚拟机键入回车键，GNS3 VM 启动成功，返回 GNS3。

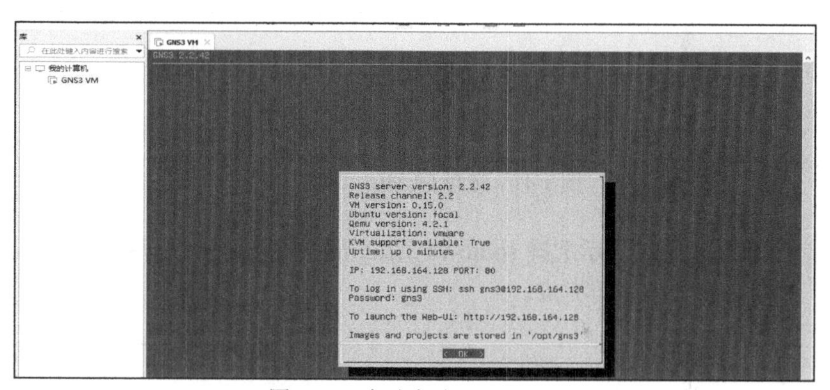

图 3-44　自动启动 GNS3 VM

在 GNS3 上部署 SONiC，首先获取并安装 SONiC GNS3 设备文件及镜像，打开 GNS3，单击“File”选择“Import appliance”，选择获取的 sonic-vs-3.1.2.gn3a 设备文件进行导入。镜像文件导入界面如图 3-45 所示。

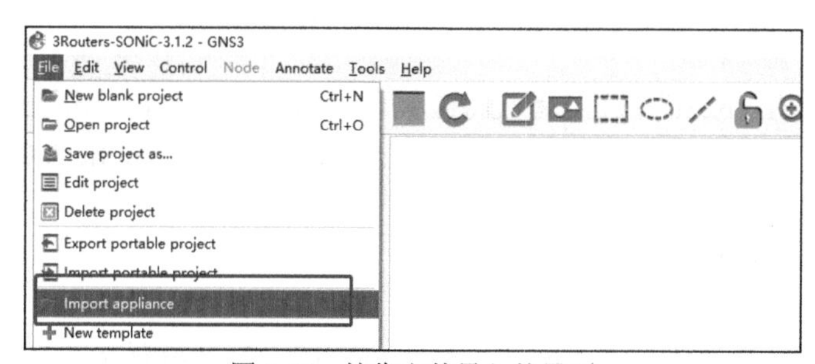

图 3-45　镜像文件导入的界面

系统将提示用户选择要在其上运行设备的服务器。选择相应的服务器，图 3-46 显示了在本安装指南中将选择 GNS VM 服务器。

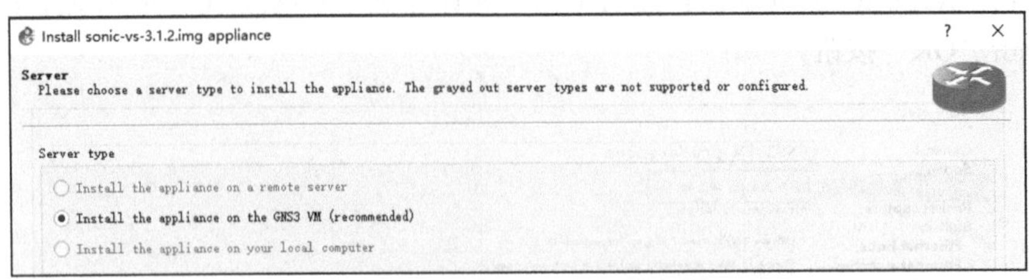

图 3-46　选择 GNS VM 服务器

图 3-47 显示了选择用于运行此设备的 QEMU 二进制文件。建议的选项是“/bin/qemu-system-x86_64（v4.2.1）”。

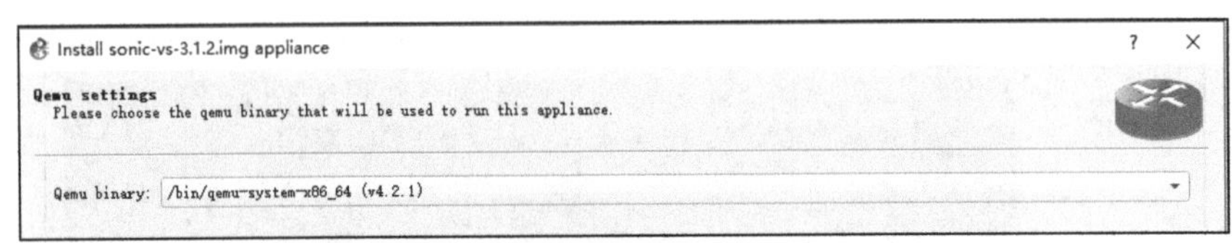

图 3-47　选择 QEMU 二进制文件

接下来，图 3-48 显示选择 sonic-vs-3.1.2.img 来导入 SONiC 镜像文件。选择文件，然后等待文件上传完成。

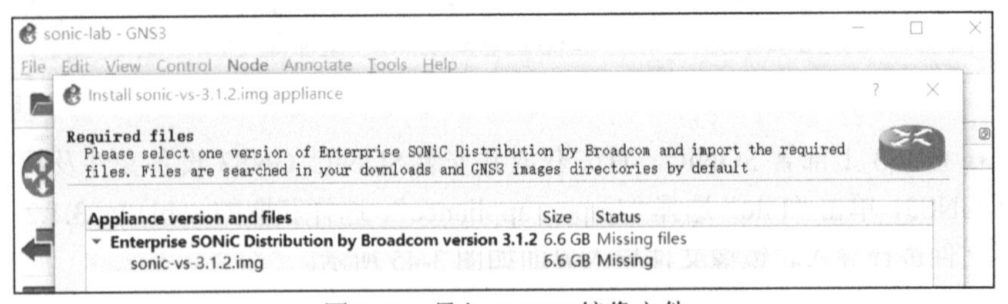

图 3-48　导入 SONiC 镜像文件

最后，单击“Next”按钮，系统将提示用户进行安装确认，单击“是”按钮。此时，SONiC 已成功部署至 GNS3 模拟器，用户可以创建网络测试 SONiC 相关功能。

3.4.2　创建网络

安装完毕之后，即可在 GNS3 上运行 SONiC。图 3-49 显示了基于 SONiC 创建的一个测试拓扑，GNS3 的图形化界面非常好用，首先创建一个项目，打开侧边栏，把交换机拖拽进来，再把 VPC 拖拽进来，然后连线即可，此时测试拓扑已经构建完成，随后单击上方绿色“运行”按钮开始网络模拟运行。

接着，在交换机上单击鼠标右键，选择“Custom Console”，再选择默认的 Putty，就可以打开上面看到的交换机的 Console 了。SONiC 的默认用户名和密码分别是 admin 和 YourPaSsWoRd。登录之后，用户就可以执行熟悉的命令了，执行 show interfaces status 命令或者 show ip interface 命令查看网络的状态。

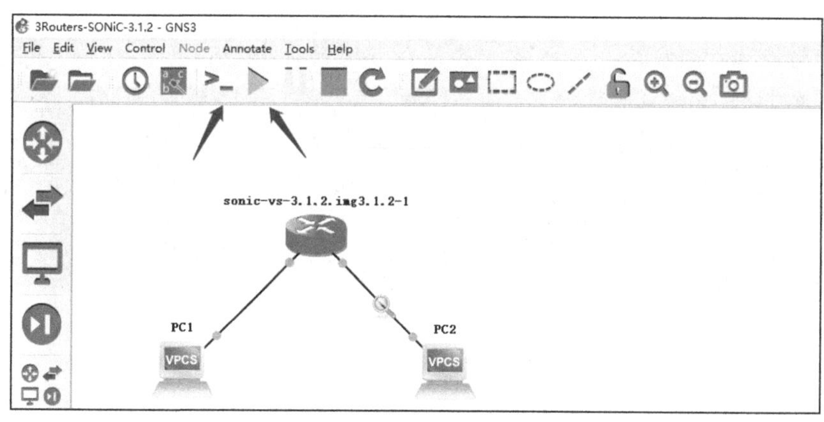

图 3-49 创建一个测试拓扑

打开控制台登录 SONiC 如图 3-50 所示，默认登录用户名为 admin，默认密码为 YourPaSsWoRd。

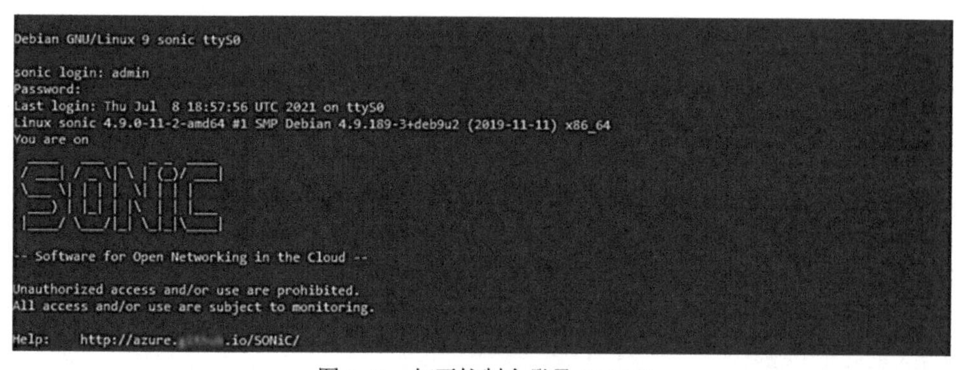

图 3-50 打开控制台登录 SONiC

注意，自从路由器启动 ZTP 进程以来，用户会看到很多日志。要禁用 ZTP 进程，请使用命令 sudo ztp disable -y。执行此命令后，SONiC 将重新启动其服务，这可能需要 30～120s。禁用 ZTP 进程的操作流程如图 3-51 所示。

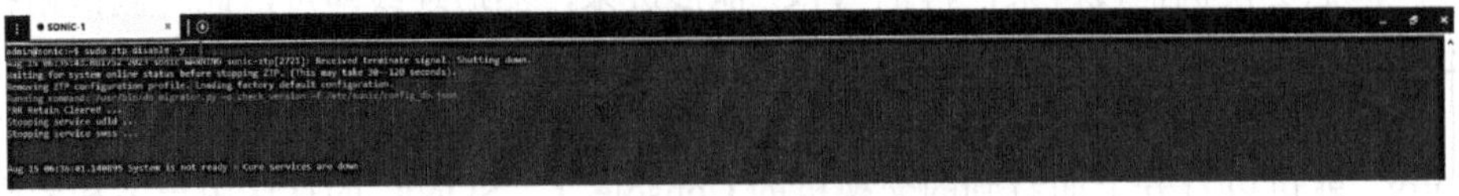
SONiC-1
admin@sonic:~$ sudo ztp disable -y
Waiting for system online status before stopping ZTP. (This may take 30--120 seconds).
Removing ZTP configuration profile. Loading factory default configuration.
Stopping service udld ...
Stopping service swss ...

图 3-51　禁用 ZTP 进程的操作流程

图 3-52 展示了使用 show running-configuration 命令查看运行状态。

admin@sonic:~$ sonic-cli
sonic# show running-configuration
!
ip load-share hash ipv4 ipv4-dst-ip
ip load-share hash ipv4 ipv4-src-ip
ip load-share hash ipv4 ipv4-ip-proto
ip load-share hash ipv4 ipv4-l4-dst-port
ip load-share hash ipv4 ipv4-l4-src-port
ip load-share hash ipv6 ipv6-dst-ip
ip load-share hash ipv6 ipv6-src-ip
ip load-share hash ipv6 ipv6-next-hdr
ip load-share hash ipv6 ipv6-l4-src-port
ip load-share hash ipv6 ipv6-l4-dst-port
mac address-table aging-time 600
kdump enable
kdump memory 0M-2G:256M,2G-4G:320M,4G-8G:384M,8G-:448M

图 3-52　查看运行状态

3.4.3　配置网络

进入 SONiC　CLI 交互式命令行界面，如图 3-53 所示，使用 sonic-cli 命令访问 SONiC cli，启动 SONiC CLI 并进入其交互式命令行界面。

Reload complete!
admin@sonic:~$
admin@sonic:~$ sonic-cli
sonic#

图 3-53　进入 SONiC CLI 交互式命令行界面

接下来使用如下命令配置 IP 地址并打开相应端口，相关操作如图 3-54 所示。

```
# 进入 SONiC CLI
admin@sonic:~$ sonic-cli
# 进入全局配置模式
sonic# configure terminal
# 进入 eth1 接口配置模式
sonic(config)# interface eth1
# 为 eth1 接口配置的 IP 地址为 192.168.231.254，子网掩码为/24
sonic(conf-if-Ethernet1)# ip address 192.168.231.254/24
# 开启 eth1 接口
sonic(conf-if-Ethernet1)# no shutdown
```

```
# 退出 eth1 接口配置模式
sonic(conf-if-Ethernet1)# exit
# 进入 eth2 接口配置模式
sonic(config)# interface eth2
# 为 eth2 接口配置的 IP 地址为 192.168.232.254，子网掩码为/24
sonic(conf-if-Ethernet2)# ip address 192.168.232.254/24
# 开启 eth2 接口
sonic(conf-if-Ethernet2)# no shutdown
# 退出 eth2 接口配置模式
sonic(conf-if-Ethernet2)# exit
# 退出全局配置模式
sonic(config)# exit
# 退出 SONiC CLI
sonic# exit
# 查看接口的 IP 地址信息
admin@sonic:~$ show ip interfaces
```

```
sonic(conf-if-Ethernet1)#
sonic(conf-if-Ethernet1)#
sonic(conf-if-Ethernet1)# ip address 192.168.231.254/24
sonic(conf-if-Ethernet1)# exit
sonic(config)# interface eth2
sonic(conf-if-Ethernet2)# ip address 192.168.232.254/24
sonic(conf-if-Ethernet2)# no shutdown
sonic(conf-if-Ethernet2)# exit
sonic(config)# show interfaces
                 ^
% Error: Invalid input detected at "^" marker.
sonic(config)# show interface
% Error: The command is not completed.
sonic(config)# exit
sonic# exit
admin@sonic:~$ show ip interfaces
Interface    IPv4 address/mask    Master    Admin/Oper    BGP Neighbor    Neighbor IP    Flags
-----------  -------------------  --------  ------------  --------------  -------------  -------
Ethernet1    192.168.231.254/24             up/up         N/A             N/A
Ethernet2    192.168.232.254/24             up/up         N/A             N/A
```

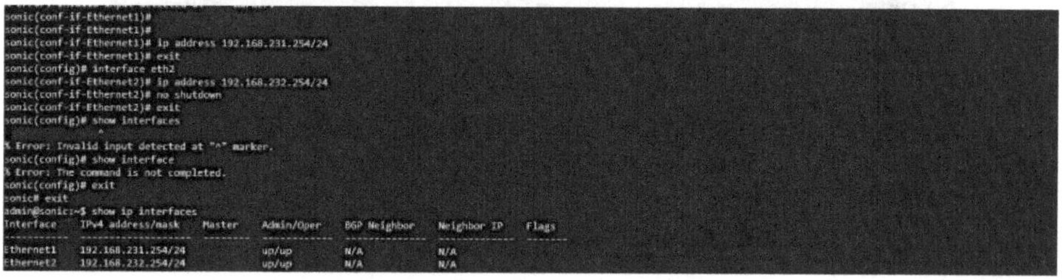

图 3-54　配置 IP 地址并打开相应端口

这里，比较方便的做法是创建一个小的 VLAN，把端口都包在里面（这里用的是 Ethernet1 和 Ethernet2）。

```
# 删除 Ethernet1 接口的 IP 地址配置 192.168.231.254/24
admin@sonic:~$ sudo config interface ip remove Ethernet1 192.168.231.254/24
# 删除 Ethernet2 接口的 IP 地址配置 192.168.232.254/24
admin@sonic:~$ sudo config interface ip remove Ethernet2 192.168.232.254/24
# 添加 VLAN 2
admin@sonic:~$ sudo config vlan add 2
# 将 Ethernet1 接口添加为 VLAN 2 的成员，并使用 Untagged 方式
admin@sonic:~$ sudo config vlan member add -u 2 Ethernet1
# 将 Ethernet2 接口添加为 VLAN 2 的成员，并使用 Untagged 方式
admin@sonic:~$ sudo config vlan member add -u 2 Ethernet2
# 为 VLAN 2 添加的 IP 地址配置为 10.0.0.1/24
admin@sonic:~$ sudo config interface ip add Vlan2 10.0.0.1/24
# 显示 VLAN 的摘要信息
admin@sonic:~$ show vlan brief
```

这样，VLAN 就创建好了，可以通过 show vlan brief 命令查看 VLAN 表，如图 3-55 所示。

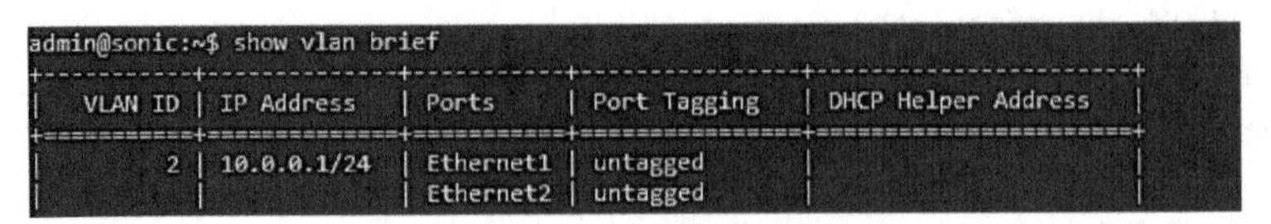

admin@sonic:~$ show vlan brief

VLAN ID	IP Address	Ports	Port Tagging	DHCP Helper Address
2	10.0.0.1/24	Ethernet1	untagged	
		Ethernet2	untagged	

图 3-55　查看 VLAN 表

然后，就可以给所有主机配置一个 10.0.0.x 的 IP 地址了。

```
ip 10.0.0.2 255.0.0.0 10.0.0.1# VPC1
ip 10.0.0.3 255.0.0.0 10.0.0.1# VPC2
```

PC1 和 PC2 的联通性测试如图 3-56 所示，现在 PC1 和 PC2 相互 Ping 一下，可以 Ping 通。

```
PC1> ping 10.0.0.3
84 bytes from 10.0.0.3 icmp_seq=1 ttl=64 time=2.709 ms
84 bytes from 10.0.0.3 icmp_seq=2 ttl=64 time=2.482 ms
84 bytes from 10.0.0.3 icmp_seq=3 ttl=64 time=2.921 ms
84 bytes from 10.0.0.3 icmp_seq=4 ttl=64 time=2.055 ms
84 bytes from 10.0.0.3 icmp_seq=5 ttl=64 time=2.713 ms
```

图 3-56　PC1 和 PC2 的联通性测试

在安装 GNS3 前，特意安装了 Wireshark，这样就可以在 GNS3 里面进行抓包测试了。只需要在想抓包的 Link 上单击鼠标右键，然后选择“Start capture”，就可以开始抓包了，Wireshark 实时显示所有包，如图 3-57 所示，非常方便。

```
*- [PC1 Ethernet0 to sonic-vs-3.1.2.img3.1.2-1 Ethernet1]
文件(F) 编辑(E) 视图(V) 跳转(G) 捕获(C) 分析(A) 统计(S) 电话(Y) 无线(W) 工具(T) 帮助(H)
lldp
No. Time        Source             Destination     Protocol Length Info
  1 0.000000    0c:bb:7f:80:00:00  LLDP_Multicast  LLDP     226    MA/0c:bb:7f:80:00:00 LA/Ethernet1
  2 30.007361   0c:bb:7f:80:00:00  LLDP_Multicast  LLDP     226    MA/0c:bb:7f:80:00:00 LA/Ethernet1
  3 60.016673   0c:bb:7f:80:00:00  LLDP_Multicast  LLDP     226    MA/0c:bb:7f:80:00:00 LA/Ethernet1
  4 90.023670   0c:bb:7f:80:00:00  LLDP_Multicast  LLDP     226    MA/0c:bb:7f:80:00:00 LA/Ethernet1
  5 120.032412  0c:bb:7f:80:00:00  LLDP_Multicast  LLDP     226    MA/0c:bb:7f:80:00:00 LA/Ethernet1
  6 150.035523  0c:bb:7f:80:00:00  LLDP_Multicast  LLDP     226    MA/0c:bb:7f:80:00:00 LA/Ethernet1
  7 180.039647  0c:bb:7f:80:00:00  LLDP_Multicast  LLDP     226    MA/0c:bb:7f:80:00:00 LA/Ethernet1
  8 210.049701  0c:bb:7f:80:00:00  LLDP_Multicast  LLDP     226    MA/0c:bb:7f:80:00:00 LA/Ethernet1

> Frame 1: 226 bytes on wire (1808 bits), 226 bytes ca
> Ethernet II, Src: 0c:bb:7f:80:00:00 (0c:bb:7f:80:00:
v Link Layer Discovery Protocol
  > Chassis Subtype = MAC address, Id: 0c:bb:7f:80:00:
  > Port Subtype = Locally assigned, Id: Ethernet1
  > Time To Live = 120 sec
  > System Name = sonic
  > System Description = SONiC Software Version: SONiC
  > Capabilities
  > Port Description = Eth1/2
  > Ieee 802.3 - Link Aggregation

0000  01 80 c2 00 00 0e 0c bb  7f 80 00 00 88 cc 02 07
0010  04 0c bb 7f 80 00 00 04  0a 07 45 74 68 65 72 6e
0020  65 74 31 06 02 00 78 0a  05 73 6f 6e 69 63 0c 8c
0030  53 4f 4e 69 43 20 53 6f  66 74 77 61 72 65 20 56
0040  65 72 73 69 6f 6e 3a 20  53 4f 4e 69 43 2e 33 2e
0050  31 2e 32 2d 45 6e 74 65  72 70 72 69 73 65 5f 42
0060  61 73 65 20 2d 20 48 77  53 6b 75 3a 20 44 65 6c
0070  6c 45 4d 43 2d 53 35 32  34 38 66 2d 50 2d 32 35
0080  47 2d 44 50 42 20 2d 20  44 69 73 74 72 69 62 75
0090  74 69 6f 6e 3a 20 44 65  62 69 61 6e 20 39 2e 31
00a0  33 20 2d 20 4b 65 72 6e  65 6c 3a 20 34 2e 39 2e
00b0  30 2d 31 31 2d 32 2d 61  6d 64 36 34 0e 04 00 9c
```

图 3-57　Wireshark 实时显示所有包

3.5 常用命令

为了帮助用户查看和配置 SONiC 的状态，SONiC 提供了大量的 CLI 命令供用户调用。这些命令大多分为两类——show 命令和 config 命令，格式基本类似，大多符合下面的命令格式。

```
show <object> [options]
config <object> [options]
```

SONiC 的文档提供了非常详细的命令列表，但是由于命令众多，不便于用户初期学习和使用，所以下文列出了一些平时最常用的命令和解释，供大家参考。

SONiC 中所有命令的子命令都可以只写出前 3 个字母，帮助用户有效地节约输入命令的时间，具体如下。

```
show interface transceiver error-status
```

上述命令和下面这条命令是等价的。

```
show int tra err
```

为了帮助大家记忆和查找，下面的命令列表使用命令全称，但是大家在实际使用的时候，可以大胆地使用命令缩写减少工作量。

如果遇到不熟悉的命令，可以通过输入-h 或者--help 查看帮助信息，具体如下。

```
• show -h
• show interface --help
• show interface transceiver -help
```

常用基础命令如下。

```
• show version
• show uptime
• show platform summary
```

常用配置命令如下。

```
• sudo config reload
• sudo config load_minigraph
• sudo config save -y
```

常用 Docker 相关命令如下。

```
• docker ps
• docker top <container_id>|<container_name>
```

如果用户想对所有的 docker container 进行某个操作，可以通过 docker ps 命令获取所有的 container id，然后 pipe 到“tail -n +2”来去掉第一行的标题，从而实现批量调用。

例如，可以通过执行如下命令查看所有 container 中正在运行的所有线程。

```
$ for id in  docker ps | tail -n +2 | awk '{print $1}'; do docker top $id; done
UID      PID      PPID      C    STIME     TTY       TIME         CMD
root     7126     7103      0    Jun09     pts/0     00:02:24     /usr/bin/python3
/usr/local/bin/supervisord
root     7390     7126      0    Jun09     pts/0     00:00:24     python3
/usr/bin/supervisor-proc-exit-listener --container-name telemetry
```

常用接口相关命令如下。

```
• show interface status
• show interface counters
• show interface portchannel
• show interface transceiver info
• show interface transceiver error-status
• sonic-clear counters

TODO: config
```

常用显示命令如下。

```
• # Show MAC (FDB) entries
show mac

• # Show IP ARP table
show arp

• # Show IPv6 NDP table
show ndp
```

常用 BGP / Routes 显示及配置相关命令如下。

```
• show ip/ipv6 bgp summary
• show ip/ipv6 bgp network

• show ip/ipv6 bgp neighbors [IP]

• show ip/ipv6 route

• TODO: add
• config bgp shutdown neighbor <IP>
• config bgp shutdown all

• TODO: IPv6
```

常用 LLDP 显示命令如下。

```
• # Show LLDP neighbors in table format
show LLDP table
```

```
• # Show LLDP neighbors details
show LLDP neighbors
```

常用 VLAN 显示命令如下。

```
• show vlan brief
```

常用 QoS 相关命令如下。

```
# Show PFC watchdog stats
show pfcwd stats
show queue counter
```

常用 ACL 显示命令如下。

```
• show acl table
• show acl rule
```

配置 Muxcable mode 命令如下。

```
# Muxcable mode
config muxcable mode {active} {<portname>|all} [--json]
config muxcable mode active Ethernet4 [--json]
```

查看 Muxcable 配置命令如下。

```
# Muxcable config
show muxcable config [portname] [--json]
```

查看 Muxcable 状态命令如下。

```
# Muxcable status
show muxcable status [portname] [--json]
```

查看 Muxcable firmware 版本信息命令如下。

```
# Muxcable firmware
# Firmware version:
show muxcable firmware version <port>

# Firmware download
# config muxcable firmware download <firmware_file> <port_name>
sudo config muxcable firmware download AEC_WYOMING_B52Yb0_MS_0.6_20201218.bin
Ethernet0

# Rollback:
# config muxcable firmware rollback <port_name>
sudo config muxcable firmware rollback Ethernet0
```

3.6 本章小结

本章主要讲述了 SONiC 的源代码结构、编译流程、安装部署及常用命令。

具体包括以下内容。首先介绍了 SONiC 的源代码仓库，其中 sonic-buildimage 作为核心仓库，整合了各个子模块的代码，并提供编译脚本和配置文件。另外，还介绍了 SwSS、SAI、管理服务、监控服务等相关仓库，以及工具仓库 sonic-utilities，用于存放各种命令行工具。接着详细介绍了编译 SONiC 镜像的流程，包括搭建编译环境、设置 ASIC 平台、编译代码等步骤，以及编译架构和 target 生成原理。然后讲解了如何通过 ONIE 安装和升级 SONiC，包括制作启动 U 盘、安装 ONIE、通过 HTTP 服务器/FTP 服务器/USB 驱动安装 SONiC，以及使用 Sonic-Installer Tool 进行镜像升级。最后，介绍了如何在 GNS3 模拟器中部署和测试 SONiC，包括安装 GNS3、导入 SONiC 镜像文件、创建网络拓扑、配置网络、抓包分析等步骤。在常用命令方面，本章提供了 show 和 config 两大类命令的示例，涵盖了查看系统版本、查看平台信息、查看接口状态、查看 BGP 路由、查看 VLAN 配置等常用命令，以及重载配置、保存配置等配置命令。

总体来说，本章内容覆盖了 SONiC 的开发、编译、部署、测试等全流程，为读者学习和使用 SONiC 提供了全面和详细的指导。

第 4 章

典型网络协议分析

4.1 概述

SONiC 作为一个著名的开源网络操作系统，得到了超大规模云服务商、运营商和供应商的广泛认可，其灵活的架构使其成为构建可扩展和高效网络的首选操作系统。本章旨在提供对 SONiC L2 和 L3 特性的全面探索，特别关注其部署和配置。

本章将展示使用 SONiC 组建复杂网络的能力。利用强大的网络仿真工具 GNS3，可以创建 SONiC 的虚拟实例，并能够测试和评估它的各种功能。实际演示和循序渐进的测试，能够为读者提供必要的知识，以便读者在自己的网络环境中成功地使用 SONiC 进行测试。本章的重点内容包括部署过程、测试平台的设置，以及 SONiC 的初始配置。此外，还将探讨 GNS3 框架中 L2 网络和 L3 网络的一系列特性。

为了部署任意网络拓扑，需要一个测试平台来建立一个完美的网络环境，以便在其中部署网络拓扑。现在测试平台有物理测试平台和虚拟测试平台两种类型，选用哪种类型的平台具体取决于所拥有的资源（交换机、主机、服务器）。如果有实际的设备可用，那么可以使用物理测试平台，否则可以选择虚拟测试平台。为了搭建测试平台，需要准备 GNS3、Device image for GNS3、SONiC image (.img file)、Only for SONiC versions>=201904。

在 SONiC 中，所有端口都是 4 的整数，如 Ethernet0、Ethernet4、Ethernet8 等。在 GNS3 中，与交换机建立连接时会打开一个弹出菜单，显示要使用的端口。如果在 GNS3 中选择了 Ethernet1，则表示在 SONiC CLI 中将使用 Ethernet4。同样地，GNS3 中的 Ethernet2 与 SONiC CLI 中的 Ethernet8 映射。本章通过必要的屏幕截图和网络拓扑图描述所有步骤。

4.2 二层网络功能

4.2.1 VLAN

1．VLAN 概述

传统的以太网以共享介质为基础，使所有的用户处于同一个广播域中，导致网络性能变差、冲突严重、广播泛滥等。部署交换式以太网，可以解决冲突问题，但是要控制广播风暴、维护网络安全和提高网络质量，还需要使用虚拟局域网（VLAN）技术。

VLAN 技术是将一个物理的 LAN 在逻辑上分割成不同广播域的通信技术，使数据包只能在被指定为同一个 VLAN 的端口之间进行交换。每个 VLAN 都可以被视为一个逻辑网络，目的地不属于同一个 VLAN 的数据包必须通过路由转发。VLAN 技术也是一种通过将 LAN 内的设备逻辑地划分而不是物理地划分成一个个网段，从而实现虚拟工作组的新兴技术。IEEE 于 1999 年颁布了用于标准化 VLAN 实现方案的 IEEE 802.1Q 协议标准草案。

每一个 VLAN 都包含一组有相同需求的计算机工作站，与物理的 LAN 有着相同的属性。但由于它是逻辑地划分而不是物理地划分，所以同一个 VLAN 内的各个工作站无须被放置在同一个物理空间里，即这些工作站不一定属于同一个物理 LAN 网段。一个 VLAN 内部的广播流量和单播流量都不会转发到其他 VLAN 中，从而有助于控制流量，减少设备投资，简化网络管理，提高网络的安全性。

VLAN 是为解决以太网的广播问题和保障安全性而提出的一种协议，它在以太网帧的基础上增加了 VLAN 头，用 VLAN ID 把用户划分为更小的工作组，限制不同工作组间的用户二层互相访问，每个工作组就是一个 VLAN。VLAN 的优点是可以限制广播范围，并能够形成虚拟工作组，以动态管理网络。

VLAN 技术具有以下优点。

① 有利于广播风暴的控制。一个物理的 LAN 划分为多个逻辑的 VLAN，即一个 VLAN 享有一个广播域，不会影响其他 VLAN，彼此互不干扰。

② 有利于提升网络的安全性。用户处于不同的 VLAN，传输报文时也是相互隔离的，无法和其他 VLAN 内的用户直接进行通信。

③ 有利于保障网络的稳定性。故障发生时，一个 VLAN 内的故障不会影响其他 VLAN 的使用。

④ 有利于轻松地管理网络。网络管理员在管理网络时更加便捷，在短时间内使用命令建立一个工作组，各地成员都可以灵活地使用 VLAN。

2．VLAN 划分

VLAN 在交换机上的划分方法大致可以分为 4 类，即基于端口划分 VLAN、基于 MAC 地址划分 VLAN、基于网络层划分 VLAN 及基于 IP 多播划分 VLAN。下面详细介绍以上 4 种 VLAN 划分方法。

（1）基于端口划分 VLAN

这种划分 VLAN 的方法是根据以太网交换机的端口划分的。比如某交换机的 1～4 端口为 VLAN10，5～17 端口为 VLAN20，18～24 端口为 VLAN30。当然，这些属于同一 VLAN 的端口可以不连续，如何配置是由管理员决定的，如果有多个交换机，如可以指定交换机 1 的 1～6 端口和交换机 2 的 1～4 端口为同一 VLAN。即同一 VLAN 可以跨越数个以太网交换机，根据端口划分是目前定义 VLAN 的最广泛的方法，IEEE 802.1Q 规定了依据以太网交换机的端口来划分 VLAN 的国际标准。

基于端口划分 VLAN 的优点是定义 VLAN 成员时非常简单，只需要将所有端口都定义即可，而它的缺点也显而易见，如果 VLAN A 的用户离开了原来的端口，到了一个新交换机的某个端口，那么 VLAN 必须重新定义。

（2）基于 MAC 地址划分 VLAN

这种划分 VLAN 的方法是根据每个主机的 MAC 地址划分的，即为每个 MAC 地址的主机都配置其属于哪个组。这种划分 VLAN 的方法最大的优点是当用户物理位置移动时，即从一个交换机换到其他交换机时，VLAN 不用重新配置。但是，这种根据 MAC 地址的 VLAN 划分方法的缺点是，初始化时所有用户都必须配置，如果有几百个用户甚至上千个用户，配置过程会非常烦琐。此外，这种划分 VLAN 的方法也可能会导致交换机执行效率低下，因为在每一个交换机的端口都可能存在很多个 VLAN 组的成员，如此一来便无法限制广播包，另外，对于使用笔记本计算机的用户来讲，他们的网卡可能会经常更换，相应地，VLAN 就必须不断地重新配置。

（3）基于网络层划分 VLAN

基于网络层划分 VLAN 的方法是根据每个主机的网络层地址或协议类型（如果支持多协议）划分的，虽然这种划分方法根据网络地址（如 IP 地址）划分，但它不是路由，且与网络层的路由毫无关系。该划分方法虽然查看每个数据包的 IP 地址，但由于不是路由，所以没有 RIP、OSPF 等路由协议，而是根据生成树算法进行桥交换。

基于网络层划分 VLAN 的优点是当用户的物理位置改变的时候，不需要重新配置所属的 VLAN，而且可以根据协议类型划分 VLAN，这对网络管理者来说很重要。此外，这种方法不需要附加的帧标签识别 VLAN，这样可以减少网络的通信量。而这种方法的缺点是效率较低，因为检查每一个数据包的网络层地址是需要时间的（相对于基于端口划分 VLAN 和基于 MAC 地址划分 VLAN 的方法），一般的交换机芯片都可以自动检查网络上数据包的以太网帧头，但要让芯片能检查 IP 帧头则需要更高的技术，同时也更加费时。当然，这与各个厂商的实现方法有关。

（4）基于 IP 多播划分 VLAN

IP 多播实际上也是一种 VLAN 的定义，即认为一个多播组就是一个 VLAN 的 VLAN 划分方法将 VLAN 扩大到了 WAN 中，因此这种方法具有更高的灵活性，而且也很容易通过路由器进行扩展，当然这种方法不适合 LAN，主要是效率不高。

3．相关术语

（1）IEEE 802.Q

IEEE 于 1999 年正式签发了 IEEE 802.1Q 标准，即 Virtual Bridged Local Area Networks 协议，规定了 VLAN 的国际标准实现，从而使不同厂商之间的 VLAN 互通成为可能[1]。IEEE 802.1Q 协议规定了一段新的以太网帧字段，带有 802.1Q 标签的以太网帧如表 4-1 所示。与标准的以太网帧头相比，VLAN 报文格式在源地址后增加了一个 4byte 的 802.1Q 标签。4byte 的 802.1Q 标签中包含了 2byte 的标签协议标识（TPID，其值为 8100）和 2byte 的标签控制信息（TCI），TPID 是 IEEE 定义的新类型，表明这是一个加了 802.1Q 标签的报文。

表 4-1　带有 802.1Q 标签的以太网帧

<table>
<tr><th rowspan="2">目的地址</th><th rowspan="2">源地址</th><th colspan="2">802.1Q 标签头</th><th rowspan="2">长度/类型</th><th rowspan="2">数据</th><th rowspan="2">FCS (CRC-32)</th></tr>
<tr><th>TPID</th><th>TCI</th></tr>
<tr><td>6byte</td><td>6byte</td><td colspan="2">4byte</td><td>2byte</td><td>46～1517byte</td><td>4byte</td></tr>
</table>

表 4-2 显示了 802.1Q 标签头的详细内容，该标签头中的信息解释如下。

表 4-2　802.1Q 标签头

<table>
<tr><th colspan="8">Byte1</th><th colspan="8">Byte2</th><th colspan="8">Byte3</th><th colspan="8">Byte4</th></tr>
<tr><th colspan="16">TPID</th><th colspan="16">TCI</th></tr>
<tr><td>1</td><td>0</td><td>0</td><td>0</td><td>0</td><td>0</td><td>0</td><td>0</td><td>1</td><td>0</td><td>0</td><td>0</td><td>0</td><td>0</td><td>0</td><td>0</td><td colspan="3">优先级</td><td>CFI</td><td colspan="12">VLAN ID</td></tr>
<tr><td>7</td><td>6</td><td>5</td><td>4</td><td>3</td><td>2</td><td>1</td><td>0</td><td>7</td><td>6</td><td>5</td><td>4</td><td>3</td><td>2</td><td>1</td><td>0</td><td>7</td><td>6</td><td>5</td><td>4</td><td>3</td><td>2</td><td>1</td><td>0</td><td>7</td><td>6</td><td>5</td><td>4</td><td>3</td><td>2</td><td>1</td><td>0</td></tr>
</table>

① VLAN ID：这是一个 12 位的域，指明 VLAN 的 ID，一共 4096 个，每个支持 IEEE 802.1Q 协议的主机发送出来的数据包都会包含这个域，以指明自己所属的 VLAN。② 规范格式指示符（CFI）：这一位主要用于总线型的以太网与光纤分布式数据接口（FDDI）、令牌环网交换数据时的帧格式。③ 优先级：这 3 位指明帧的优先级，一共有 8 种优先级，主要用于当交换机发生阻塞时，优先发送优先级高的数据包。

目前使用的大多数计算机并不支持 IEEE 802.1Q 协议，即计算机发送的数据包的以太网帧头还不包含这 4 个字节，同时也无法识别这 4 个字节，将来会有软件和硬件支持 IEEE 802.1Q 协议。在交换机中，直接与主机相连的端口是无法识别 IEEE 802.1Q 报文的，那么这种端口被称为 Access 端口；对于与交换机相连的端口，可以识别和发送 IEEE 802.1Q 报文，那么这种端口被称为 Tag Aware 端口。在目前大多数交换机产品中，用户可以直接规定交换机的端口类型，来确定端口相连的设备是否能够识别 IEEE 802.1Q 报文。

在交换机的报文转发过程中，IEEE 802.1Q 报文标识了报文所属的 VLAN，在跨越交换机的报文中，带有 VLAN 标签信息的报文显得尤为重要。例如，定义交换机中的 1 端口属于 VLAN 2，且该端口为 Acess 端口，当 1 端口接收到一个数据报文后，交换机会首先查看该报文中没有 IEEE 802.1Q 标签，那么交换机根据 1 端口所属的 VLAN 2 自动为该数据包添加一个 VLAN 2 的标签头，然后再将数据包交给数据库查询模块，数据库查询模块会根据数据包的目的地址和所属的 VLAN 进行查找，之后交给转发模块，转发模块看到这是一个包含标签头的数据包，根据报文的出端口性质来决定是否保留标签头。如果出端口是 Tag Aware 端口，则保留标签，否则删除标签头。一般情况下两个交换机互连的端口一般都是 Tag Aware 端口，交换机和交换机之间交换数据包时是没有必要去掉标签的。

综上所述，VLAN 将一组位于不同物理网段上的用户在逻辑上划分在一个 LAN 内，在功能和操作上与传统 LAN 基本相同，可以提供一定范围内终端系统的互联，VLAN 与传统的 LAN 相比具有如下优势，减少了移动和改变的代价，实现了动态管理网络，也就是当一个用户从一个位置移动到另一个位置上时，它的网络属性不需要重新配置，而是动态地完成，这种动态管理网络为网络管理者和使用者都带来了极大的好处，一个用户无论到哪里，都能不进行任何修改地接入网络，发展前景是非常好的。当然并不是所有的 VLAN 定义方法都能做到这一点。

（2）虚拟工作组

使用 VLAN 的最终目标是建立虚拟工作组模型，如在企业网中，同一个部门的人好像在同一个 LAN 上一样，可以很容易地互相访问、交流信息，同时所有广播包也都限制在该 VLAN 上，而不影响其他 VLAN。一个人如果从一个办公地点换到另外一个办公地点，而他仍然属于该部门，那么该用户的配置则无须改变，同时如果一个人的办公地点未改变，但他更换了部门，那么网络管理员只需要更改一下该用户的配置即可。该功能的目标就是建立一个动态的组织环境，当然这只是一个理想的目标，要实现它还需要一些其他方面的支持。

（3）限制广播包

按照 IEEE 802.1D 透明网桥的算法，如果一个数据包找不到路由，那么交换机会将该数据包向除接收端口以外的其他所有端口发送，这就是桥的广播方式的转发，这样毫无疑问极大地浪费了带宽，如果配置了 VLAN，那么当一个数据包没有路由时，交换机只会将此数据包发送到所有属于该 VLAN 的其他端口，而不是所有交换机的端口，这样将数据包限制在一个 VLAN 内，在一定程度上可以节省带宽。

（4）安全性

由于在配置了 VLAN 后，一个 VLAN 内的数据包不会发送到另一个 VLAN，这样其他 VLAN 用户的网络是接收不到任意该 VLAN 内的数据包的，这样就确保了该 VLAN 的信息不会被其他 VLAN 的人窃听，从而实现了信息的保密，确保了网络信息的安全性。

4. VLAN 代码实现

在 SONiC 中，可以在如下文件中查看配置 VLAN 的命令 show vlan brief 的核心代码，代码如下。

```
# file: src/sonic-utilities/show/vlan.py
```

如下是 VLAN 配置命令 config vlan 的核心代码文件。

```
# # file: src/sonic-utilities/config/vlan.py
```

5. VLAN 相关协议标准

当谈论到 IEEE 802.1Q VLAN 时，不得不提到以下一些主流的动态 VLAN 管理协议，即 GARP 虚拟局域网注册协议（GVRP）和 VLAN 干道协议（VTP），其中 GARP 是通用属性注册协议。用户可以根据自己的实际需要及本身的网络环境来选择使用。

（1）GVRP

GARP 为处于同一个交换网内的交换机提供了动态分发、传播、注册某种属性信息的一种手段[2]。这里的属性可以是 VLAN、多播 MAC 地址和端口过滤模式等特征信息。GARP 实际上可以承载多种交换机需要传播的特性，所以 GARP 在交换机中存在的意义就是通过各种 GARP 应用协议体现出来，目前定义了 GARP 多播注册协议（GMRP）和 GVRP 两个协议，以后会根据网络发展的需要定义其他的特性。在 GARP 中，运行 GARP 的实体被称为 GARP Participant，在具体的应用中，GARP Participant 可以是交换机每个启动 GARP 的端口。GARP

体系结构如图 4-1 所示。

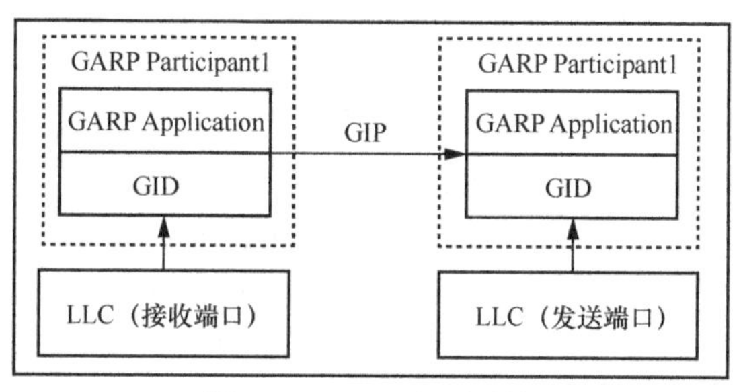

图 4-1　GARP 体系结构

在 GARP Participant 中，GARP Application 组件负责属性值的管理、GARP 报文的接收和发送。GARP Application 组件利用 GARP 信息声明（GID）组件和操作时的状态机，以及 GARP 信息传播（GIP）组件控制协议实体之间的消息交互。

GID 组件是 GARP 的核心组件，一个 GID 组件模型实例如图 4-2 所示，包含了当前所有属性的状态。每个属性的状态均由该属性的状态机所决定。每个属性的状态机均为 Applicant 状态机和 Registar 状态机，其中 Applicant 状态机负责决定协议报文的发送，而 Registar 状态机负责属性的注册及注销等，并决定协议内部定时器的启动和停止。

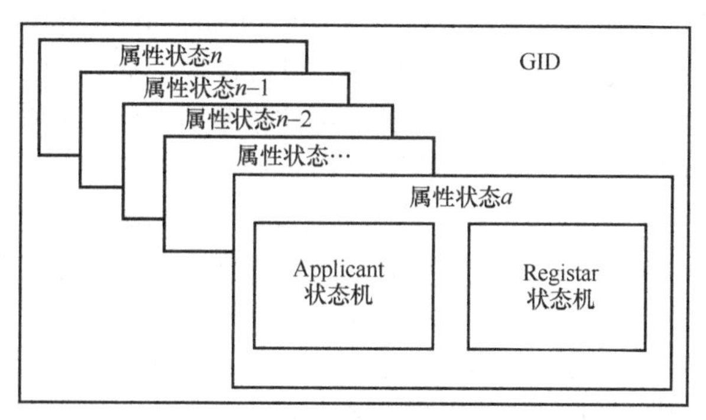

图 4-2　GID 组件模型实例

GID 的具体操作由以下情况决定。

① Applicant 状态迁移表，见具体协议 IEEE 802.1d。

② Registrar 状态迁移表，见具体协议 IEEE 802.1d。

③ 记录 Applicant 每一个属性当前声明状态的 Applicant 状态机和 Registrar 状态机。

④ GID 服务原语。

有两种服务原语可以使GID通过指定的端口进行属性声明或撤销声明，具体如下。

① GID_JOIN.request attribute_type attribute_value。

② GID_LEAVE.request attribute_type attribute_value。

有两种服务原语可以要求GID在指定的端口上进行属性注册和撤销，具体如下。

① GID_JOIN. indication attribute_type attribute_value。

② GID_LEAVE. indication attribute_type attribute_value。

GIP组件负责将属性信息从一个GARP Participant传播到其他GARP Participant，实质上是将属性信息在GARP Participant的GID组件之间传递。GIP组件从一个GARP Participant接收到GID_JOIN.indication，产生GID_JOIN.request到其他GARP Participant上。同样，GIP组件从一个GARP Participant接收到GID_LEAVE.indication，产生一个GID_LEAVE.request到其他GARP Participant上。

在协议中，GARP定义了以太网交换机之间交换各种属性信息的方法，包括如何发送和接收协议消息、如何处理接收到的不同协议消息、如何维护协议状态机之间的跃迁等。通过GARP的协议机制，一个GARP成员所知道的配置信息会迅速传播到整个交换网中。GARP成员可以是终端工作站或交换机。

GARP成员通过注册消息或注销消息通知其他的GARP成员注册或注销自己的属性信息，并根据其他GARP成员的注册消息或注销消息注册或注销对方的属性信息。不同GARP成员之间的协议消息就是这些注册消息或注销消息的具体形式，GARP的协议消息类型有6种，分别为JoinIn、JoinEmpty、LeaveEmpty、LeaveIn、Empty和LeaveAll。当一个GARP成员希望注册某属性信息时将对外发送Join消息，当一个GARP应用实体希望注销某属性信息时将对外发送Leave消息，每个GARP成员启动后将同时启动LeaveAll定时器，当LeaveAll定时器超时后将对外发送LeaveAll消息，JoinEmpty消息与Leave消息配合确保属性信息的注销或重新注册。通过这6种消息交互，所有待注册或待注销的属性信息得以动态地反映到交换网中的所有交换机上。

GARP应用协议的协议数据报文都有特定的目的MAC地址，在支持GARP特性的交换机中接收到GARP应用协议报文时，根据MAC地址加以区分后交由不同的应用协议模块处理，如GVRP或GMRP。

图4-3展示了GARP报文结构，GARP报文包含多个Message，Message由属性类型和属性列表两部分组成，属性列表是多个属性的集合，每个属性通过属性长度、属性类型、属性值等定义。在不同的GARP应用中通过设置属性的内容可以注册和传播不同的属性信息。在GVRP中，属性为VLAN信息，在GMRP中属性则为多播地址信息，以GVRP为例，每个属性值是VLAN ID，属性类型则取决于协议的状态机。

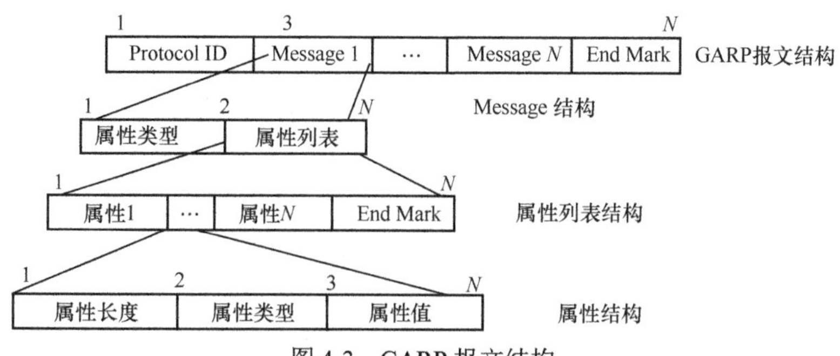

图 4-3　GARP 报文结构

GARP 是 GARP 所定义的一种应用协议，它基于 GARP 的协议机制动态维护交换机中的 VLAN 信息。所有支持 GVRP 特性的交换机均能够接收来自其他交换机的 VLAN 注册信息，并动态更新本地的 VLAN 注册信息，其中包括交换机上当前的 VLAN，以及这些 VLAN 包含了哪些端口等，而且所有支持 GVRP 特性的交换机均能将本地的 VLAN 注册信息向其他交换机传播，以便根据需要使同一交换网内所有支持 GVRP 特性的设备的 VLAN 配置在互通性上达成一致。通过 GVRP 传播的 VLAN 注册信息既包括本地手工配置的静态 VLAN 信息，也包括来自其他交换机的动态 VLAN 信息。

对 GVRP 特性的支持使不同交换机上的 VLAN 信息可以由协议动态维护和更新，用户只需要对少数交换机进行 VLAN 配置即可应用到整个交换网络中，无须耗费大量时间进行网络拓扑分析和配置管理，协议会自动根据网络中 VLAN 的配置情况，动态传播 VLAN 信息并配置在相应的端口上。

GVRP 应用组网如图 4-4 所示，作为一个典型的 GVRP 应用组网，其配置步骤如下。

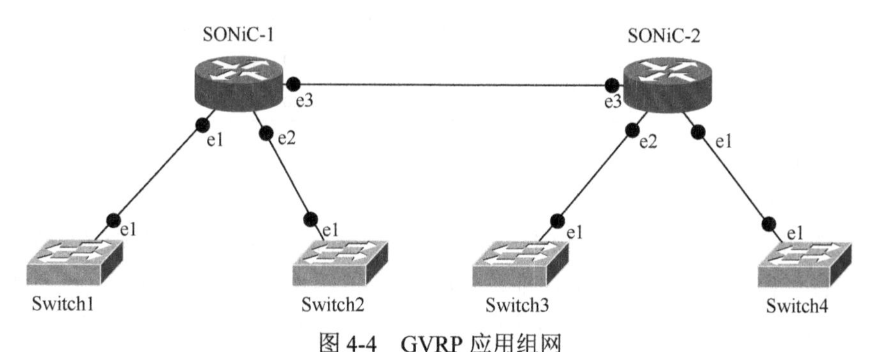

图 4-4　GVRP 应用组网

① 将所有与其他交换机相连的端口均设置为 Trunk 端口并设置允许添加所有 VLAN 到这些 Trunk 端口上。

② 在各个接入交换机上手工创建了表 4-3 所示的静态 VLAN。

表 4-3 启动 GVRP 前交换机 VLAN 配置情况

交换机	交换机上的 VLAN	Trunk 端口 1 上的 VLAN	Trunk 端口 2 上的 VLAN	Trunk 端口 3 上的 VLAN
接入交换机 C	10～20	10～20	Null	Null
接入交换机 D	20～30	20～30	Null	Null
接入交换机 E	20～40	20～40	Null	Null
接入交换机 F	30～40	30～40	Null	Null
核心交换机 A	Null	Null	Null	Null
核心交换机 B	Null	Null	Null	Null

③ 在各个交换机中全局启动 GVRP，并分别启动各个相连 Trunk 端口的 GVRP，设置各个端口的 GVRP 注册类型为默认值 Normal。

在启动 GVRP 后，所有启动 GVRP 的 Trunk 端口均会根据协议学习配置在其他交换机上的 VLAN，并将这些 VLAN 配置到相应的 Trunk 端口上，整个网络中的 VLAN 配置情况如表 4-4 所示，其中除了各 Trunk 端口所在的交换机本身配置的静态 VLAN，其他 VLAN 都是通过 GVRP 学习到的动态 VLAN。

表 4-4 启动 GVRP 后交换机 VLAN 配置情况

交换机	交换机上的 VLAN	Trunk 端口 1 上的 VLAN	Trunk 端口 2 上的 VLAN	Trunk 端口 3 上的 VLAN
接入交换机 C	10～40	10～40	Null	Null
接入交换机 D	10～40	10～40	Null	Null
接入交换机 E	10～40	10～40	Null	Null
接入交换机 F	10～40	10～40	Null	Null
核心交换机 A	10～40	10～20	20～30	20～40
核心交换机 B	10～40	30～40	20～40	10～30

（2）VTP

① VTP 技术简介

VTP 作为 VLAN 动态协议的一种，提供了在交换网络中传播 VLAN 配置信息的功能，自动在整个网络中保证了 VLAN 配置的连续性和一致性[3]。这个协议最早是由思科系统公司提出的协议标准，作为 CiscoVLAN 技术的重要组成部分，VTP 减少了跨越网络设置 VLAN 需要的管理任务，降低了配置的不连续性，从而提高其设备组网简易性。VTP 是一个交换机到交换机、交换机到路由器的 VLAN 管理协议，其可以交换所有对网络进行的 VLAN 配置改变。

VTP 可以负责管理交换网络中 VLAN 的增加、删除和重命名等，而不需要在每个交换机上进行人工干预。协议保持对这些改变的跟踪，并在网络中将这些改变通知所有交换机。当一个新交换机加入网络中时，增加的设备收到来自 VTP 的修改信息，并对网络中现有 VLAN 进行自动配置。

VTP 为设置和配置 VLAN 提供了一种园区范围的解决方案。这个协议 VLAN 的管理从每个交换机的独立配置转变为网络范围内的集中式管理。VTP 能够将 VLAN 的配置信息传送到网络中的所有交换机，从而大大简化了与 VLAN 设置有关的许多管理任务。VLAN 的设置和跨越网络的通信都自动地由 VTP 进行可靠配置。

在 VTP 模式下的交换机有 3 种模式——Server 模式、Client 模式和 Transparent 模式。Server 模式保存域中所有 VLAN 信息，并且可以添加、删除和重命名 VLAN。Client 模式也保存域中所有 VLAN 信息，但不能添加、删除和重命名 VLAN，它通过 VTP 获得 VLAN 信息。Transparent 模式下，交换机不参与 VTP 的 VLAN 信息同步，但会在 Trunk 链路上中继所有的 VTP 报文，而不会处理或修改这些报文内容。

在 VTP 中引入了域的概念，即在交换网络环境中，多个交换机构成了一个域。每个域都有一个域名，每个域中都保存相同的 VTP 信息。并且只有具有相同域名的交换机之间才能进行 VTP 报文的交流。

VTP 中主要有 3 种报文，即 Summary-Advert 报文、Subset-Advert 报文和 Advert-Request 报文。每个交换机每隔一定的时间会通过每个 Trunk 端口发送摘要报文（Summary-Advert 报文），其中带有该交换机的域名、版本号、MD5 Digest 等信息。相同域中的其他交换机接收到报文后，主动比较自己的版本号是否与接收到的报文所携带的交换机版本号相同，如果相同，则说明本交换机的 VLAN 信息与发送摘要报文的交换机的信息相同。如果版本号高于摘要报文中的，则不处理该报文，否则需要获得详细信息。如果 Summary 中的跟随 Subset-Advert 报文的数量不为 0，则等待详细报文的到来，否则发送请求报文（Advert-Request 报文）获得详细报文（Subset-Advert 报文）。交换机获得详细报文后，将其中所有 VLAN 信息下载到本交换机上。这样实现了交换机间 VLAN 信息的同步。在 Server 交换机上增加、删除和重命名 VLAN 信息时，交换机都会主动发出 Summary-Advert 报文和 Subset-Advert 报文，向其他交换机通告这种变化，其他交换机接收到报文后，会根据报文中的信息更新本交换机上的 VLAN 配置。

② VTP 工作原理

VTP 使用与 GVRP 相同的应用组网，VTP 应用组网如图 4-5 所示，其配置步骤如下。

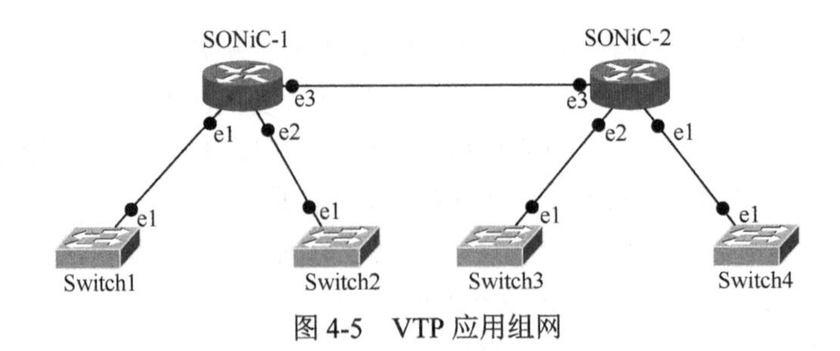

图 4-5　VTP 应用组网

a. 将所有与其他交换机相连的端口均设为 Trunk 端口，并设置允许添加所有的 VLAN 到这些 Trunk 端口上。

b. 在各个交换机中全局启动 VTP 并配置相同的 VTP 域名和密码，将两个核心交换机设置为 Client 模式，将其他接入交换机设置为 Server 模式。

c. 通过手工配置，在各交换机上分别创建了表 4-5 所示的静态 VLAN。

表 4-5　启动 VTP 前交换机 VLAN 配置情况

交换机	交换机上的 VLAN	Trunk 端口 1 上的 VLAN	Trunk 端口 2 上的 VLAN	Trunk 端口 3 上的 VLAN
接入交换机 C	10～20	10～20	Null	Null
接入交换机 D	20～30	20～30	Null	Null
接入交换机 E	20～40	20～40	Null	Null
接入交换机 F	30～40	30～40	Null	Null
核心交换机 A	Null	Null	Null	Null
核心交换机 B	Null	Null	Null	Null

在配置完成后，所有启动的 Trunk 端口将会根据协议学习配置在其他交换机上的 VLAN，并将这些 VLAN 配置到相应的 Trunk 端口上，那么整个网络中的 VLAN 配置情况如表 4-6 所示，其中除了各 Trunk 端口所在的交换机本身配置的静态 VLAN，其他 VLAN 都是通过 VTP 学习到的动态 VLAN。

表 4-6　启动 VTP 后交换机 VLAN 配置情况

交换机	交换机上的 VLAN	Trunk 端口 1 上的 VLAN	Trunk 端口 2 上的 VLAN	Trunk 端口 3 上的 VLAN
接入交换机 C	10～40	10～40	Null	Null
接入交换机 D	10～40	10～40	Null	Null
接入交换机 E	10～40	10～40	Null	Null
接入交换机 F	10～40	10～40	Null	Null
核心交换机 A	10～40	10～40	10～40	10～40
核心交换机 B	10～40	10～40	10～40	10～40

4.2.2　MAC

1．MAC 概述

MAC 即介质访问控制。MAC 地址表包含交换机端口之间转发流量的地址信息，交换机可以根据 MAC 地址表将数据帧传输到指定的主机中[4]。如果 MAC 地址表中有与数据帧的目标 MAC 地址对应的表项，则会通过该表项中的出接口将数据帧转发出去，即单播方式；反之，如果 MAC 地址表没有与数据帧的目标 MAC 地址对应的表项，则将该数据帧通过所属 VLAN 内除接收接口之外的所有接口转发出去，即广播方式。

2．MAC 地址表分类

MAC 地址表包括的地址类型具体如下。

① 动态地址：由接口通过报文中的源 MAC 地址学习获得，如果该地址在老化时间后未学习到，则进入老化状态。

② 静态地址：由管理员手动添加源 MAC 地址，表项不会老化。

③ 黑洞地址：由用户手动配置，配置黑洞 MAC 地址后，源 MAC 地址或目的 MAC 地址是该 MAC 地址的报文则会被丢弃，表项不会老化。

对 MAC 地址表中的概念和相关术语的简要介绍如下。

① 独立 VLAN 学习（IVL）：对于一个给定的 VLAN，如果某个特定的 MAC 地址是在一个 VLAN 中学习的，它不能作为任何其他 VLAN 地址转发决策。

② 共享 VLAN 学习（SVL）：对于一个给定的 VLAN，如果某个特定的 MAC 地址是在一个 VLAN 中学习的，它可以作为任何其他 VLAN 地址转发决策。

3．MAC 地址表配置

本节介绍了 MAC 地址表的相关配置步骤和验证方法，用户可以根据实际情况进行配置。

（1）配置地址老化时间

地址老化时间不是精确的时间。如果将老化时间设置为 N，动态地址将在 N～$2N$ 间隔后老化。详细配置步骤如表 4-7、表 4-8 所示。

表 4-7　配置步骤

命令举例	操作	说明
Switch# configure terminal	进入全局配置模式	—
Switch(config)# mac-address-table ageing-time 10	设置动态地址老化时间为 10s	取值为 0（MAC 表不设置老化时间）或 [10, 1000000]，单位为 s，“0”表示 MAC 表不老化；默认的老化时间为 300s
Switch(config)# end	退出至 EXEC 模式	—

表 4-8 显示地址老化时间

命令	操作	说明
show mac-address-table ageing-time	显示地址老化时间	—

① 配置步骤

如果没有连续收到报文，用户可以增加老化时间的设置值使设备能够保留更长时间的动态条目。增加老化时间可以减少主机重复发送报文而引起广播风暴的可能性。

② 显示地址老化时间

查看地址老化时间的命令如下。

```
Switch# show mac address-table ageing-time
MAC address table ageing time is 10 seconds
```

（2）配置静态单播地址

单播地址表只能在一个端口上绑定。

① 配置步骤如表 4-9 所示。

表 4-9 配置步骤

命令举例	操作	说明
Switch# configure terminal	进入全局配置模式	—
Switch(config)# mac-address-table 0000.1234.5678 forward eth-0-1 vlan 1	添加静态单播地址	通过该命令配置的静态条目不受老化时间限制
Switch(config)# end	退出至 EXEC 模式	—
Switch# show mac address-table	显示 MAC 地址表	—

② 显示单播 MAC 地址表如表 4-10 所示。

表 4-10 显示单播 MAC 地址表

命令	操作	说明
show mac address-table	显示单播 MAC 地址表	—

查看单播 MAC 地址表的命令如下。

```
Switch# show mac address-table
Mac Address Table
(*) - Security Entry
Vlan        Mac Address         Type       Ports
----     --------------      -------     --------
  1      0000.1234.5678       static     eth-0-1
```

（3）配置静态多播地址

多播地址可以绑定在多个端口上。

① 配置步骤如表 4-11 所示。

表 4-11　配置步骤

命令举例	操作	说明
Switch# configure terminal	进入全局配置模式	—
Switch(config)# mac-address-table 0100.0000.0000 forward eth-0-1 vlan 1	在接口 eth-0-1 上添加静态多播地址	通过该命令配置的静态条目不受老化时间限制
Switch(config)# mac-address-table 0100.0000.0000 forward eth-0-2 vlan 1	在接口 eth-0-2 上添加静态多播地址	
Switch(config)# end	退出至 EXEC 模式	—

② 显示多播 MAC 地址表如表 4-12 所示。

表 4-12　显示多播 MAC 地址表

命令	操作	说明
show mac-address-table	显示多播 MAC 地址表	—

查看多播 MAC 地址表的命令如下。

```
Switch# show mac address-table
  Mac Address Table
(*) - Security Entry
Vlan       Mac Address        Type       Ports
----     --------------     -------    -------
  1      0100.0000.0000      static     eth-0-1
                                        eth-0-2
```

（4）配置 MAC 地址过滤

若用户启用了此功能，设备会对源 MAC 地址或者目的 MAC 地址进行过滤，丢弃特定的单播地址，停止转发。

① 配置步骤如表 4-13 所示。

表 4-13　配置步骤

命令举例	操作	说明
Switch# configure terminal	进入全局配置模式	—
Switch(config)# mac-address-table 0000.1234.5678 discard	添加单播地址被丢弃	设备不支持多播 MAC 地址、广播 MAC 地址和路由 MAC 地址。转发到 CPU 上的报文同样不支持
Switch(config)# end	退出至 EXEC 模式	—

② 显示 MAC 地址过滤条目如表 4-14 所示。

表 4-14 显示 MAC 地址过滤条目

命令	操作	说明
show mac-filter address-table	显示所有 MAC 地址过滤条目总数	—

查看所有 MAC 地址过滤条目总数，命令如下。

```
Switch# show mac-filter address-table
MAC Filter Address Table
Current count        : 0
Max count            : 128
Left count           : 128
Filter address list  :
```

（5）清除 MAC 地址条目

配置此命令，可以删除所有的动态（或静态、多播）条目或根据接口/MAC 地址/VLAN 删除部分动态（或静态、多播）条目。下面以删除特定 MAC 地址的动态条目为例，配置步骤如表 4-15 所示。

表 4-15 配置步骤

命令举例	操作	说明
Switch# configure terminal	进入全局配置模式	—
Switch# clear mac-address-table dynamic address 0008.0070.0007	删除特定 MAC 地址的动态条目	—
Switch(config)# end	退出至 EXEC 模式	—

4.3 三层网络功能

路由选择功能在三层网络功能中很重要，典型的路由选择方式包括静态路由和动态路由。静态路由是在路由器中设置的固定路由表，除非网络管理员干预，否则静态路由不会发生变化。由于静态路由不能对网络的改变作出反应，一般用于网络规模不大、网络拓扑结构固定的网络。静态路由的优点是简单、高效、可靠。在所有的路由中，静态路由优先级最高。当动态路由与静态路由发生冲突时，以静态路由为准。

动态路由是网络中的路由器之间相互通信，传递路由信息，利用接收到的路由信息更新路由器表的过程，它能实时适应网络结构的变化。如果路由更新信息则表明发生了网络变化，路由选择软件会重新计算路由，并发出新的路由更新信息。这些信息通过各个网络，引起各路由器重新启动其路由算法，并更新各自的路由表以动态反映网络拓扑变化。动态路由适用于网络规模大、网络拓扑复杂的网络。当然，各种动态路由协议会不同程度地占用网络带宽和 CPU 资源。静态路由和动态路由有各自的特点和适用范围，因此在网络中，动态路由通常作为静态路由的补充。当一个分组在路由器中进行寻径时，路由器首先查找静态路由，如果查找到静态路由则根据相应的静态路由转发分组；否则再查找动态路由。

本节选取静态路由协议及动态路由中的开放最短通路优先协议（OSPF）进行介绍，并在 SONiC 环境中进行实际配置，使读者更好地掌握 SONiC 三层网络核心功能。

4.3.1　静态路由

1. 静态路由概述

静态路由是一种网络路由协议，网络管理员手动配置网络设备上的路由表，以指定网络流量的路径。与动态路由相比，静态路由不会自动学习和传递路由信息，而是依赖于手动配置的静态路由条目。静态路由的工作方式相对简单直接。网络管理员需要明确指定目标网络和下一跳地址，以及出口与接口，以指示数据包到达目标网络时应采取的路径。静态路由可用于连接本地网络、远程网络和互联网之间的路径。本节通过在 SONiC CLI 中执行相关命令来测试静态路由和配置功能的相关步骤。

2. 网络拓扑

导入镜像后，现在使用 SONiC 交换机和主机在 GNS3 中绘制网络拓扑，静态路由测试拓扑如图 4-6 所示。上述拓扑使用了 3 个交换机（SONiC-1、SONiC-2 和 SONiC-3）和 3 台主机。

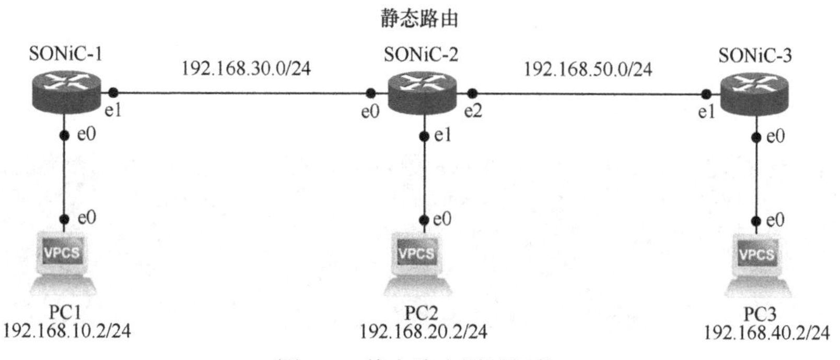

图 4-6　静态路由测试拓扑

3. 配置

对于上述网络拓扑，在发送流量之前首先要配置所有主机和交换机。配置交换机 1（SONiC-1），并对交换机 2（SONiC-2）和交换机 3（SONiC-3）重复上述步骤。对于 SONiC-1 的配置，步骤如下。

使用如下命令使接口的运行状态更改为“up”，查看接口状态如图 4-7 所示。

```
sudo config interface startup <interface_name> (for 201904+ version)
admin@sonic:~$ sudo config interface startup Ethernet0
admin@sonic:~$ sudo config interface startup Ethernet1
```

```
admin@sonic:~$ show interface status
  Interface            Lanes    Speed    MTU    Alias    Vlan    Oper    Admin    Type    Asym PFC
-----------  ---------------  -------  -----  -------  ------  ------  -------  ------  ----------
  Ethernet0               49      25G   9100   Eth1/1  routed      up       up     N/A         N/A
  Ethernet1               50      25G   9100   Eth1/2  routed      up       up     N/A         N/A
  Ethernet2               51      25G   9100   Eth1/3  routed    down       up     N/A         N/A
  Ethernet3               52      25G   9100   Eth1/4  routed    down     down     N/A         N/A
  Ethernet4               57      25G   9100   Eth1/5  routed    down     down     N/A         N/A
  Ethernet5               58      25G   9100   Eth1/6  routed    down     down     N/A         N/A
  Ethernet6               59      25G   9100   Eth1/7  routed    down     down     N/A         N/A
  Ethernet7               60      25G   9100   Eth1/8  routed    down     down     N/A         N/A
  Ethernet8               61      25G   9100   Eth1/9  routed    down     down     N/A         N/A
```

图 4-7　查看接口状态

为 SONiC-1 分配网关 192.168.10.1/24，同样地，为 SONiC-2、SONiC-3 分配网关 192.168.20.1/24 及 192.168.40.1/24。配置交换机路由信息下一跳的 IP 地址如图 4-8～图 4-10 所示。

SONiC-1：

```
admin@sonic:~$ sudo config interface ip add Ethernet0 192.168.10.1/24
admin@sonic:~$ sudo config interface ip add Ethernet1 192.168.30.2/24
```

```
admin@sonic:~$ sudo config interface ip add Ethernet0 192.168.10.1/24
admin@sonic:~$ sudo config interface ip add Ethernet1 192.168.30.2/24
admin@sonic:~$ show ip interface
Interface    IPv4 address/mask    Master    Admin/Oper    BGP Neighbor    Neighbor IP    Flags
-----------  -------------------  --------  ------------  --------------  -------------  -------
Ethernet0    192.168.10.1/24                up/up         N/A             N/A
Ethernet1    192.168.30.2/24                up/up         N/A             N/A
docker0      240.127.1.1/24                 up/down       N/A             N/A
lo           127.0.0.1/8                    up/up         N/A             N/A
admin@sonic:~$
```

图 4-8　配置 SONiC-1 路由信息下一跳的 IP 地址

SONiC-2：

```
admin@sonic:~$ sudo config interface ip add Ethernet0 192.168.30.3/24
admin@sonic:~$ sudo config interface ip add Ethernet1 192.168.20.1/24
admin@sonic:~$ sudo config interface ip add Ethernet2 192.168.50.3/24
```

```
admin@sonic:~$ sudo config interface ip add Ethernet0 192.168.30.3/24
admin@sonic:~$ sudo config interface ip add Ethernet1 192.168.20.1/24
admin@sonic:~$ sudo config interface ip add Ethernet2 192.168.50.3/24
admin@sonic:~$ show ip interface
Interface    IPv4 address/mask    Master    Admin/Oper    BGP Neighbor    Neighbor IP    Flags
-----------  -------------------  --------  ------------  --------------  -------------  -------
Ethernet0    192.168.30.3/24                up/up         N/A             N/A
Ethernet1    192.168.20.1/24                up/up         N/A             N/A
Ethernet2    192.168.50.3/24                up/up         N/A             N/A
docker0      240.127.1.1/24                 up/down       N/A             N/A
lo           127.0.0.1/8                    up/up         N/A             N/A
admin@sonic:~$
```

图 4-9　配置 SONiC-2 路由信息下一跳的 IP 地址

SONiC-3：

```
admin@sonic:~$ sudo config interface ip add Ethernet0 192.168.40.1/24
admin@sonic:~$ sudo config interface ip add Ethernet1 192.168.50.2/24
```

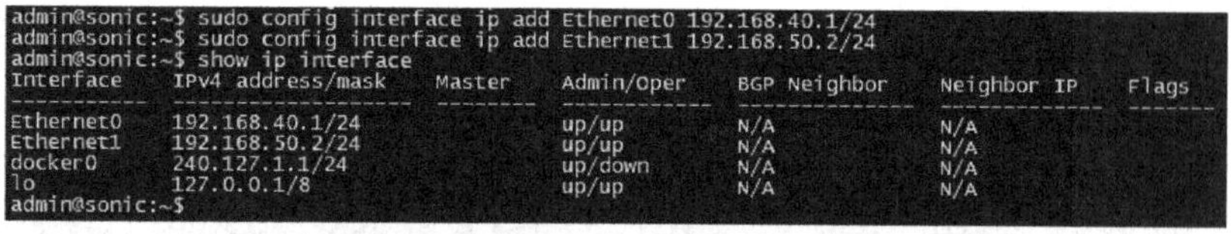

```
admin@sonic:~$ sudo config interface ip add Ethernet0 192.168.40.1/24
admin@sonic:~$ sudo config interface ip add Ethernet1 192.168.50.2/24
admin@sonic:~$ show ip interface
Interface    IPv4 address/mask    Master    Admin/Oper    BGP Neighbor    Neighbor IP    Flags
-----------  -------------------  --------  ------------  --------------  -------------  -------
Ethernet0    192.168.40.1/24                up/up         N/A             N/A
Ethernet1    192.168.50.2/24                up/up         N/A             N/A
docker0      240.127.1.1/24                 up/down       N/A             N/A
lo           127.0.0.1/8                    up/up         N/A             N/A
admin@sonic:~$
```

图 4-10　配置 SONiC-3 路由信息下一跳的 IP 地址

在静态路由中，必须使用网络和下一跳地址，使用以下命令将所有现有静态路由一一添加到每个路由器中。

```
sudo config route add prefix [vrf <vrf>] <A.B.C.D/M> nexthop [vrf <vrf>] <A.B.C.D>
dev <interface name>
```

该命令用于添加静态路由。注意，prefix、nexthop VRF 和接口名称是可选的。分别为 SONiC-1、SONiC-2、SONiC-3 配置路由信息，将静态路由添加到路由器中，如图 4-11 所示。

SONiC-1：

```
admin@sonic:~$ sudo config route add prefix 192.168.20.0/24 nexthop 192.168.30.3
admin@sonic:~$ sudo config save -y
admin@sonic:~$ sudo config route add prefix 192.168.40.0/24 nexthop 192.168.30.3
admin@sonic:~$ sudo config save -y
```

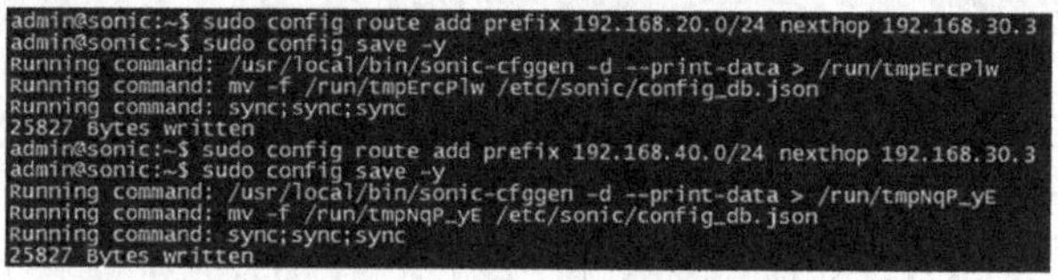

```
admin@sonic:~$ sudo config route add prefix 192.168.20.0/24 nexthop 192.168.30.3
admin@sonic:~$ sudo config save -y
Running command: /usr/local/bin/sonic-cfggen -d --print-data > /run/tmpErcPlw
Running command: mv -f /run/tmpErcPlw /etc/sonic/config_db.json
Running command: sync;sync;sync
25827 Bytes written
admin@sonic:~$ sudo config route add prefix 192.168.40.0/24 nexthop 192.168.30.3
admin@sonic:~$ sudo config save -y
Running command: /usr/local/bin/sonic-cfggen -d --print-data > /run/tmpNqP_yE
Running command: mv -f /run/tmpNqP_yE /etc/sonic/config_db.json
Running command: sync;sync;sync
25827 Bytes written
```

图 4-11　将静态路由添加到路由器中

在上述例子中，在 SONiC-1 上添加一个静态路由，将目的网络地址为 192.168.20.0/24 的流量通过下一跳地址 192.168.30.3 进行转发，将目的网络地址为 192.168.40.0/24 的流量通过下一跳地址 192.168.30.3 进行转发。使用 show ip route 命令查看 SONiC-1 上配置的路由表，查看 SONiC-1 路由表信息如图 4-12 所示。

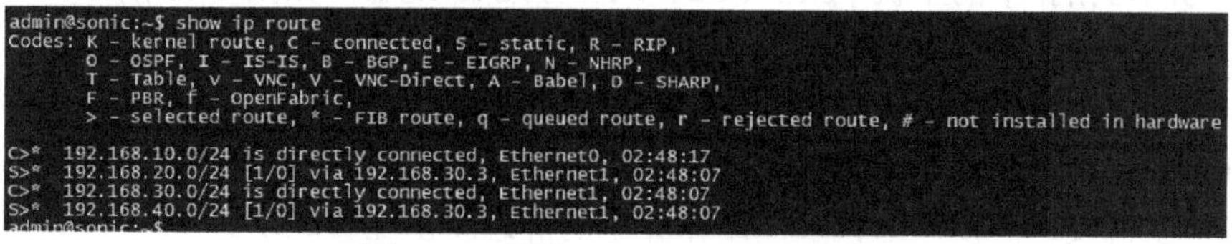

```
admin@sonic:~$ show ip route
Codes: K - kernel route, C - connected, S - static, R - RIP,
       O - OSPF, I - IS-IS, B - BGP, E - EIGRP, N - NHRP,
       T - Table, v - VNC, V - VNC-Direct, A - Babel, D - SHARP,
       F - PBR, f - OpenFabric,
       > - selected route, * - FIB route, q - queued route, r - rejected route, # - not installed in hardware

C>* 192.168.10.0/24 is directly connected, Ethernet0, 02:48:17
S>* 192.168.20.0/24 [1/0] via 192.168.30.3, Ethernet1, 02:48:07
C>* 192.168.30.0/24 is directly connected, Ethernet1, 02:48:07
S>* 192.168.40.0/24 [1/0] via 192.168.30.3, Ethernet1, 02:48:07
admin@sonic:~$
```

图 4-12　查看 SONiC-1 路由表信息

对其他交换机（SONiC-2 和 SONiC-3）执行相同操作配置相关的静态路由，如图 4-13 和图 4-14 所示。

SONiC-2：

```
admin@sonic:~$ sudo config route add prefix 192.168.40.0/24 nexthop 192.168.50.2
admin@sonic:~$ sudo config save -y
```

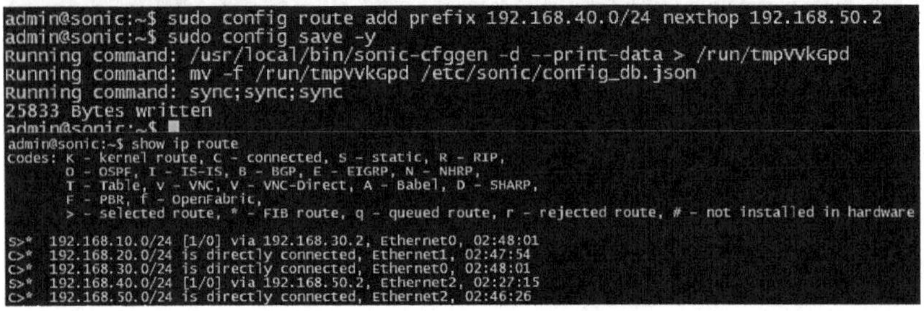

```
admin@sonic:~$ sudo config route add prefix 192.168.40.0/24 nexthop 192.168.50.2
admin@sonic:~$ sudo config save -y
Running command: /usr/local/bin/sonic-cfggen -d --print-data > /run/tmpVVkGpd
Running command: mv -f /run/tmpVVkGpd /etc/sonic/config_db.json
Running command: sync;sync;sync
25833 Bytes written
admin@sonic:~$
admin@sonic:~$ show ip route
Codes: K - kernel route, C - connected, S - static, R - RIP,
       O - OSPF, I - IS-IS, B - BGP, E - EIGRP, N - NHRP,
       T - Table, v - VNC, V - VNC-Direct, A - Babel, D - SHARP,
       F - PBR, f - OpenFabric,
       > - selected route, * - FIB route, q - queued route, r - rejected route, # - not installed in hardware

S>*  192.168.10.0/24 [1/0] via 192.168.30.2, Ethernet0, 02:48:01
C>*  192.168.20.0/24 is directly connected, Ethernet1, 02:47:54
C>*  192.168.30.0/24 is directly connected, Ethernet0, 02:48:01
S>*  192.168.40.0/24 [1/0] via 192.168.50.2, Ethernet2, 02:27:15
C>*  192.168.50.0/24 is directly connected, Ethernet2, 02:46:26
```

图 4-13　为 SONiC-2 配置静态路由

SONiC-3：

```
admin@sonic:~$ sudo config route add prefix 192.168.10.0/24 nexthop 192.168.50.3
admin@sonic:~$ sudo config save -y
admin@sonic:~$ sudo config route add prefix 192.168.20.0/24 nexthop 192.168.50.3
admin@sonic:~$ sudo config save -y
```

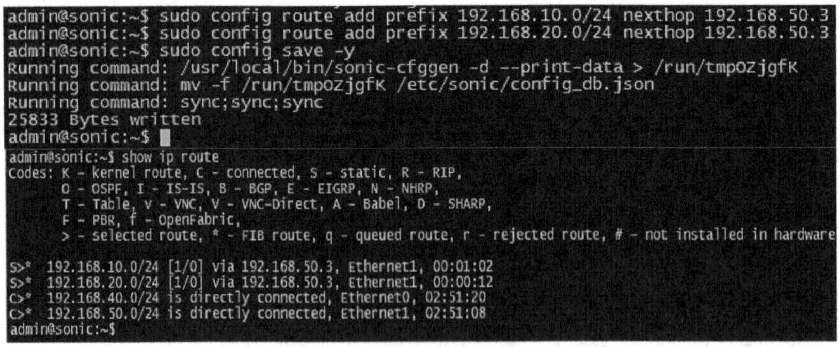

```
admin@sonic:~$ sudo config route add prefix 192.168.10.0/24 nexthop 192.168.50.3
admin@sonic:~$ sudo config route add prefix 192.168.20.0/24 nexthop 192.168.50.3
admin@sonic:~$ sudo config save -y
Running command: /usr/local/bin/sonic-cfggen -d --print-data > /run/tmpOZjgfK
Running command: mv -f /run/tmpOZjgfK /etc/sonic/config_db.json
Running command: sync;sync;sync
25833 Bytes written
admin@sonic:~$
admin@sonic:~$ show ip route
Codes: K - kernel route, C - connected, S - static, R - RIP,
       O - OSPF, I - IS-IS, B - BGP, E - EIGRP, N - NHRP,
       T - Table, v - VNC, V - VNC-Direct, A - Babel, D - SHARP,
       F - PBR, f - OpenFabric,
       > - selected route, * - FIB route, q - queued route, r - rejected route, # - not installed in hardware

S>*  192.168.10.0/24 [1/0] via 192.168.50.3, Ethernet1, 00:01:02
S>*  192.168.20.0/24 [1/0] via 192.168.50.3, Ethernet1, 00:00:12
C>*  192.168.40.0/24 is directly connected, Ethernet0, 02:51:20
C>*  192.168.50.0/24 is directly connected, Ethernet1, 02:51:08
admin@sonic:~$
```

图 4-14　为 SONiC-3 配置静态路由

为网络拓扑中的主机 PC1、PC2、PC3 分配 IP 地址，如图 4-15 所示。

4．测试

配置完交换机和主机之后，进行静态路由测试，如图 4-16 所示。可以清晰地看到，主机 PC1 可以向 PC2 和 PC3 发送流量，同样地，PC2 和 PC3 也可以分别向其他主机发送流量。这代表网络拓扑中的静态路由配置成功。

```
PC1> ip 192.168.10.2/24 192.168.10.1
Checking for duplicate address...
PC1 : 192.168.10.2 255.255.255.0 gateway 192.168.10.1

PC1> save
Saving startup configuration to startup.vpc
.  done

PC2> ip 192.168.20.2/24 192.168.20.1
Checking for duplicate address...
PC1 : 192.168.20.2 255.255.255.0 gateway 192.168.20.1

PC2> save
Saving startup configuration to startup.vpc
.  done

PC3> ip 192.168.40.2/24 192.168.40.1
Checking for duplicate address...
PC1 : 192.168.40.2 255.255.255.0 gateway 192.168.40.1

PC3> save
Saving startup configuration to startup.vpc
.  done
```

图 4-15　为主机分配 IP 地址

```
PC1> ping 192.168.20.2
84 bytes from 192.168.20.2 icmp_seq=1 ttl=62 time=5.093 ms
84 bytes from 192.168.20.2 icmp_seq=2 ttl=62 time=5.312 ms
84 bytes from 192.168.20.2 icmp_seq=3 ttl=62 time=3.780 ms
84 bytes from 192.168.20.2 icmp_seq=4 ttl=62 time=3.277 ms
84 bytes from 192.168.20.2 icmp_seq=5 ttl=62 time=12.687 ms

PC1> ping 192.168.40.2
84 bytes from 192.168.40.2 icmp_seq=1 ttl=61 time=87.155 ms
84 bytes from 192.168.40.2 icmp_seq=2 ttl=61 time=76.937 ms
84 bytes from 192.168.40.2 icmp_seq=3 ttl=61 time=7.122 ms
84 bytes from 192.168.40.2 icmp_seq=4 ttl=61 time=87.076 ms
84 bytes from 192.168.40.2 icmp_seq=5 ttl=61 time=9.801 ms

PC2> ping 192.168.10.2
84 bytes from 192.168.10.2 icmp_seq=1 ttl=62 time=21.474 ms
84 bytes from 192.168.10.2 icmp_seq=2 ttl=62 time=6.517 ms
84 bytes from 192.168.10.2 icmp_seq=3 ttl=62 time=71.207 ms
84 bytes from 192.168.10.2 icmp_seq=4 ttl=62 time=3.843 ms
84 bytes from 192.168.10.2 icmp_seq=5 ttl=62 time=3.211 ms

PC2> ping 192.168.40.2
84 bytes from 192.168.40.2 icmp_seq=1 ttl=62 time=8.763 ms
84 bytes from 192.168.40.2 icmp_seq=2 ttl=62 time=3.850 ms
84 bytes from 192.168.40.2 icmp_seq=3 ttl=62 time=7.885 ms
84 bytes from 192.168.40.2 icmp_seq=4 ttl=62 time=14.184 ms
84 bytes from 192.168.40.2 icmp_seq=5 ttl=62 time=155.583 ms

PC3> ping 192.168.10.2
84 bytes from 192.168.10.2 icmp_seq=1 ttl=61 time=5.571 ms
84 bytes from 192.168.10.2 icmp_seq=2 ttl=61 time=22.006 ms
84 bytes from 192.168.10.2 icmp_seq=3 ttl=61 time=50.506 ms
84 bytes from 192.168.10.2 icmp_seq=4 ttl=61 time=25.574 ms
84 bytes from 192.168.10.2 icmp_seq=5 ttl=61 time=4.039 ms

PC3> ping 192.168.20.2
84 bytes from 192.168.20.2 icmp_seq=1 ttl=62 time=51.816 ms
84 bytes from 192.168.20.2 icmp_seq=2 ttl=62 time=4.931 ms
84 bytes from 192.168.20.2 icmp_seq=3 ttl=62 time=87.181 ms
84 bytes from 192.168.20.2 icmp_seq=4 ttl=62 time=3.215 ms
84 bytes from 192.168.20.2 icmp_seq=5 ttl=62 time=3.256 ms
```

图 4-16　静态路由测试

5. 静态路由代码实现

config route add prefix [vrf <vrf>] <A.B.C.D/M> nexthop [vrf <vrf>] <A.B.C.D> dev <interface name> 命令用于向路由表中添加目标网络的路由项，指定了数据包发送到目标网络的下一跳 IP 地址和出口、接口。可选的 VRF 参数允许将路由添加到特定的虚拟路由转发实例中。代码在 file:src/sonic-utilities/config/main.py 文件中，部分核心代码如下。

```
# 'route' group ('config route ...')
@config.group(cls=clicommon.AbbreviationGroup)
```

```
@click.pass_context
def route(ctx):
    """route-related configuration tasks"""
    config_db = ConfigDBConnector()
    config_db.connect()
    ctx.obj = {}
    ctx.obj['config_db'] = config_db
@route.command('add', context_settings={"ignore_unknown_options": True})
@click.argument('command_str', metavar='prefix [vrf <vrf_name>] <A.B.C.D/M> nexthop
<[vrf <vrf_name>] <A.B.C.D>>|<dev <dev_name>>', nargs=-1, type=click.Path())
@click.pass_context
def add_route(ctx, command_str):
    """Add route command"""
    config_db = ctx.obj['config_db']
    key, route = cli_sroute_to_config(ctx, command_str)
    # If defined intf name, check if it belongs to interface
    if 'ifname' in route:
        if (not route['ifname'] in config_db.get_keys('VLAN_INTERFACE') and
            not route['ifname'] in config_db.get_keys('INTERFACE') and
            not route['ifname'] in config_db.get_keys('PORTCHANNEL_INTERFACE') and
            not route['ifname'] in config_db.get_keys('VLAN_SUB_INTERFACE') and
            not route['ifname'] == 'null'):
            ctx.fail('interface {} doesn`t exist'.format(route['ifname']))
    entry_counter = 1
    if 'nexthop' in route:
        entry_counter = len(route['nexthop'].split(','))
    # Alignment in case the command contains several nexthop ip
    for i in range(entry_counter):
        if 'nexthop-vrf' in route:
            if i > 0:
                vrf = route['nexthop-vrf'].split(',')[0]
                route['nexthop-vrf'] += ',' + vrf
        else:
            route['nexthop-vrf'] = ''
        if not 'nexthop' in route:
            route['nexthop'] = ''
        if 'ifname' in route:
            if i > 0:
                route['ifname'] += ','
        else:
            route['ifname'] = ''
        ...
```

4.3.2 OSPF

1. OSPF 概述

OSPF 是 IETF 组织开发的一个基于链路状态的内部网关协议[5]。目前针对 IPv4 使用的是 OSPF v2（RFC 2328），针对 IPv6 使用的是 OSPF v3。下面介绍一下 OSPF 中的相关概念。

（1）自治系统（AS）

一组使用相同路由协议交换路由信息的路由器。

（2）OSPF 路由计算过程

同一个区域内，对 OSPF 路由计算过程的简单描述如下。

① 每台 OSPF 路由器根据自己周围的网络拓扑结构生成链路状态公告（LSA），并通过更新报文将 LSA 发送给网络中的其他 OSPF 路由器。

② 每台 OSPF 路由器都会收集其他路由器通告的 LSA，所有 LSA 放在一起便组成了链路状态数据库（LSDB）。LSA 是对路由器周围网络拓扑结构的描述，LSDB 则是对整个自治系统的网络拓扑结构的描述。

③ OSPF 路由器将 LSDB 转换成一张带权的有向图，这张图便是对整个网络拓扑结构的真实反映。各个路由器得到的有向图是完全相同的。

④ 每台路由器根据有向图，使用 SPF 算法计算出一棵以自己为根的最短路径树，这棵树给出了到自治系统中各节点的路由。

（3）路由器 ID

对于一台 OSPF 路由器，每一个 OSPF 进程都必须存在自己的路由器 ID（Router ID）。Router ID 是一个 32bit 无符号整数，可以在一个自治系统中唯一地标识一台路由器。

（4）OSPF 的协议报文

OSPF 有 5 种类型的协议报文。

① Hello 报文：周期性发送，用来发现和维持 OSPF 邻居关系。内容包括一些定时器的数值、指定路由器（DR）、备份指定路由器（BDR）及自己已知的邻居。

② 数据库描述（DD）报文：描述了本地 LSDB 中每一条 LSA 的摘要信息，用于两台路由器进行数据库同步。

③ 链路状态请求（LSR）报文：向对方请求所需的 LSA。两台路由器互相交换 DD 报文之后，得知对端的路由器有哪些 LSA 是本地 LSDB 所缺少的，这时需要发送 LSR 报文向对方请求所需的 LSA。内容包括所需要的 LSA 摘要。

④ 链路状态更新（LSU）报文：向对方发送其所需要的LSA。

⑤ 链路状态确认（LSAck）报文：用来对收到的LSA进行确认。内容是需要确认的LSA的Header（一个报文可对多个LSA进行确认）。

（5）LSA的类型

在OSPF中，对链路状态信息的描述都是封装在LSA中发布出去的，常用的LSA有以下几种类型。

① Router LSA（Type1）：由每个路由器产生，描述路由器的链路状态和开销，在其始发的区域内传播。

② Network LSA（Type2）：由DR产生，描述本网段所有路由器的链路状态，在其始发的区域内传播。

③ Network Summary LSA（Type3）：由区域边界路由器（ABR）产生，描述区域内某个网段的路由，并通告给其他区域。

④ ASBR Summary LSA（Type4）：由ABR产生，描述到自治系统边界路由器（ASBR）的路由，通告给相关区域。

⑤ AS External LSA（Type5）：由ASBR产生，描述到自治系统外部的路由，通告到所有的区域（除了Stub区域和NSSA）。

⑥ NSSA External LSA（Type7）：由非完全末梢区域（NSSA）内的ASBR产生，描述到自治系统外部的路由，仅在NSSA内传播。

⑦ Opaque LSA：是一个被提议的LSA类别，由标准LSA头部后面跟随特殊应用的信息组成，可以直接由OSPF使用，或者由其他应用分发信息到整个OSPF域内间接使用。Opaque LSA分为Type 9、Type10、Type11 3种类型，它们的泛洪区域不同。其中，Type 9的Opaque LSA仅在本地链路范围内进行泛洪，Type 10的Opaque LSA仅在本地区域范围内进行泛洪，Type 11的Opague LSA可以在一个自治系统范围内进行泛洪。

（6）邻居和邻接

在OSPF中，邻居（Neighbor）和邻接（Adjacency）是两个不同的概念。OSPF路由器启动后，便会通过OSPF接口向外发送Hello报文。收到Hello报文的OSPF路由器会检查报文中所定义的参数，如果双方一致便会形成邻居关系。形成邻居关系的双方不一定都能形成邻接关系，这要根据网络类型。只有当双方成功交换DD报文、成功交换LSA并达到LSDB的同步之后，才能形成真正意义上的邻接关系。

2. OSPF区域

（1）区域划分

随着网络规模日益扩大，当一个大型网络中的路由器都运行OSPF时，路由器数量的增多会导致 LSDB 非常庞大，占用大量的存储空间，并使运行 SPF 算法的复杂度提升，导致 CPU 负担很重。

在网络规模扩大之后，拓扑结构发生变化的概率也增大了，网络会经常处于“震荡”之中，造成网络中会有大量的 OSPF 报文在传递，降低了网络的带宽利用率。更为严重的是，每一次变化都会导致网络中的所有路由器重新进行路由计算。

OSPF 通过将自治系统划分成不同的区域来解决上述问题[6]。区域是从逻辑上将路由器划分为不同组，每个组用区域号（Area ID）来标识。图 4-17 展示了 OSPF 的区域划分。

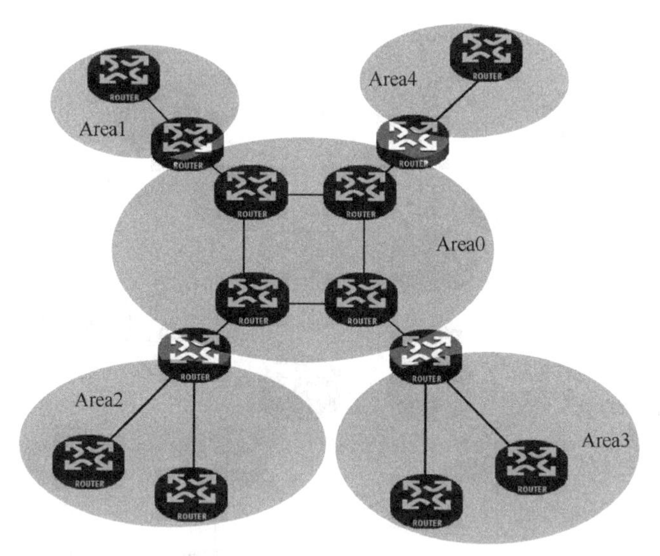

图 4-17　OSPF 的区域划分

区域的边界是路由器，而不是链路。一个路由器可以属于不同的区域，但是一个网段（链路）只能属于一个区域，或者说每个运行 OSPF 的接口必须指明属于哪一个区域。划分区域后，可以在区域边界路由器上进行路由聚合，以减少通告到其他区域的 LSA 数量，还可以将网络拓扑变化带来的影响最小化。

（2）OSPF 路由器的类型

OSPF 路由器根据在自治系统中的不同位置，可以分为以下 4 类，图 4-18 展示了 OSPF 路由器的类型。

① 区域内路由器：该类路由器的所有接口都属于同一个 OSPF 区域。

② 区域边界路由器（ABR）：该类路由器可以同时属于两个以上的 OSPF 区域，但其中一个必须是骨干区域（骨干区域的介绍请参见下一节）。ABR 被用来连接骨干区域和非骨干区域，它与骨干区域之间既可以是物理连接，也可以是逻

辑上的连接。

③ 骨干路由器：该类路由器至少有一个接口属于骨干区域。因此，所有的ABR和位于Area 0的内部路由器都是骨干路由器。

④ 自治系统边界路由器（ASBR）：与其他自治系统交换路由信息的路由器被称为ASBR。ASBR并不一定位于自治系统的边界，它有可能是区域内路由器，也有可能是ABR。只要一台OSPF路由器引入了外部路由信息，它就成为了ASBR。

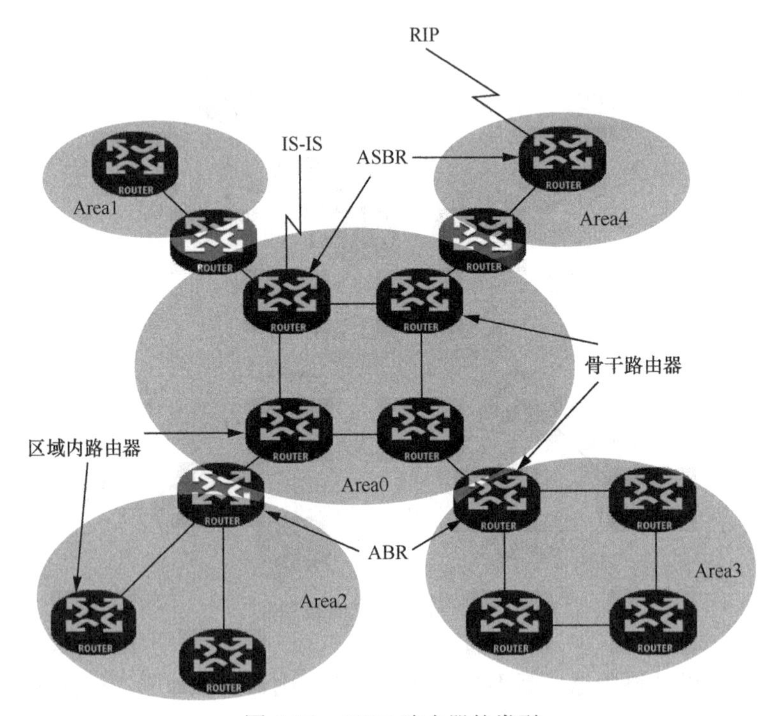

图4-18 OSPF路由器的类型

（3）OSPF的4种网络类型

OSPF根据链路层协议类型将网络分为下列4种类型。

① 广播类型：当链路层协议是Ethernet、FDDI时，OSPF默认网络类型是广播。在该类型的网络中，通常以多播形式发送协议报文。

② 非广播多路访问网络（NBMA）类型：当链路层协议是帧中继协议、异步传输模式（ATM）协议或X.25协议时，OSPF默认网络类型是NBMA。在该类型的网络中，以单播形式发送协议报文。

③ 点到多点（P2MP）类型：没有一种链路层协议会被默认为P2MP类型。

点到多点类型必须是由其他网络类型强制更改的。常用做法是将 NBMA 改为点到多点网络。在该类型的网络中，默认情况下，以多播形式发送协议报文。也可以根据用户需要，以单播形式发送协议报文。

④ 点到点（P2P）类型：当链路层协议是 PPP、高级数据链路控制（HDLC）时，OSPF 默认网络类型是 P2P。在该类型的网络中，以多播形式发送协议报文。

3. SONiC 中的 OSPF 配置

SONiC 使用 FRRouting（FRR）作为 OSPF 的实现，负责 OSPF 的协议处理。FRR 是一个开源的路由软件，支持多种路由协议，包括 BGP、OSPF、IS-IS 协议、RIP、协议无关多播（PIM）、LLDP 等。当 FRR 发布新版本后，SONiC 会将其同步到 SONiC 的 FRR 实现仓库——sonic-frr 中，每一个版本都对应这一个分支。

FRR 主要由两大部分组成，第一个部分是各个协议的实现，这些进程的名字都为*d，而当它们收到路由更新的通知时，就会告诉第二个部分，也就是 Zebra 进程，然后 Zebra 进程会进行选路，并将最优的路由信息同步到内核中，其主体结构如图 4-19 所示。

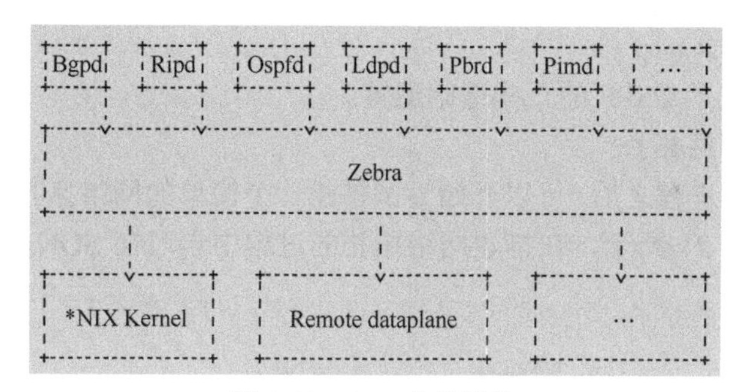

图 4-19 FRR 主体结构

在 SONiC 中，这些 FRR 进程都运行在 BGP 容器中。另外，为了将 FRR 和 Redis 连接起来，SONiC 在 BGP 容器中还会运行一个叫作 fpgsyncd（Forwarding Plane Manager syncd）的进程，它的主要功能是监听内核的路由更新，然后将其同步到 APPL_DB 中。但是因为这个进程不是 FRR 的一部分，所以它的实现被放在了 sonic-swss 仓库中。所以 SONiC 中的 OSPF 配置要进入 FRR 进行操作。

（1）在 FRR 中开启 OSPF 进程

要在 SONiC 中启用 OSPF，首先在 SONiC 操作界面输入命令 docker exec -it bgp/bin/bash 进入 BGP Docker，然后输入/usr/lib frr/ospfd -A 127.0.0.1 -d 启动 OSPF 进程，如图 4-20 所示，其中可以看到 FRR 进程已经启动。

```
root@sonic:/usr/lib# frr/ospfd -A 127.0.0.1 -d
root@sonic:/usr/lib# ps aux
USER       PID %CPU %MEM    VSZ   RSS TTY      STAT START   TIME COMMAND
root         1  0.0  1.0  29600 20816 pts/0    Ss+  06:25   0:00 /usr/bin/pyth
root        26  0.0  0.9  29060 19812 pts/0    S    06:25   0:00 python3 /usr/
root        27  0.0  0.1 220836  2196 pts/0    Sl   06:25   0:00 /usr/sbin/rsy
frr         31  0.0  2.7 774780 54832 pts/0    Sl   06:25   0:00 /usr/lib/frr/
frr         45  0.0  0.2  42248  5352 pts/0    S    06:25   0:00 /usr/lib/frr/
frr         46  0.2  1.7 336452 36348 pts/0    Sl   06:25   0:02 /usr/lib/frr/
root        48  0.0  1.0 113168 20484 pts/0    Sl   06:25   0:00 /usr/bin/pyth
root        49  0.0  0.8  26532 18120 pts/0    S    06:25   0:00 /usr/bin/pyth
root        50  0.0  0.1  82380  3184 pts/0    Sl   06:25   0:00 fpmsyncd
root        90  0.0  0.1   4160  3180 pts/1    Ss   06:27   0:00 /bin/bash
```

图 4-20　启动 OSPF 进程

上述步骤只是启动 OSPF 进程，还没有对 OSPF 进行配置，没法连通路由，接下来是对路由的配置，具体如下。

将 OSPF 添加到 supervisor（管理程序）中，并指定配置文件，在/etc/supervisor/conf.d/supervisord.conf 中添加如下代码。

```
[program:OSPFd]
command=/usr/lib/frr/OSPFd -A 127.0.0.1 -f /etc/frr/OSPFd.conf
priority=5
stopsignal=KILL
autostart=false
autorestart=false
startsecs=0
stdout_logfile=syslog
stderr_logfile=syslog
```

这样就完成了 OSPF 的一些基础配置。

（2）配置网络拓扑

开启 OSPF 进程之后，可以开始尝试搭建一个简单的网络拓扑。搭建的 OSPF 网络拓扑如图 4-21 所示，在搭建网络拓扑的过程中学习在 SONiC 中配置 OSPF 的基本命令。

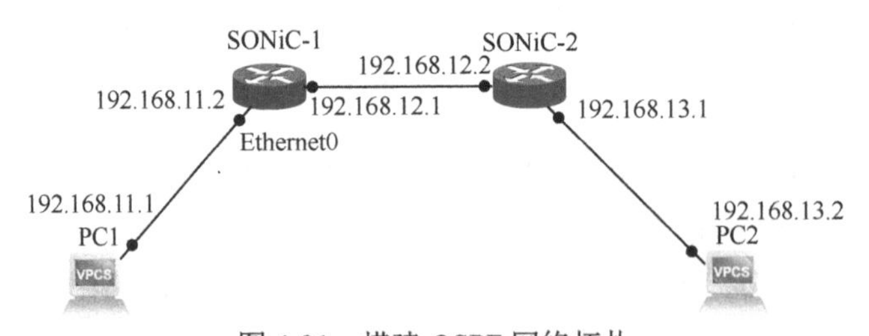

图 4-21　搭建 OSPF 网络拓扑

首先为各个端口配置接口 IPv4 地址，配置端口 IP 地址的命令为 config interface <interface_name> ip add <ip_addr>，如配置 SONiC-1 的 Ethernet0 的地址为 192.168.11.2，那用户在 SONiC 命令行中输入 config interface Ethernet0 ip add 192.168.11.2，就可以成功添加 Ethernet0 的接口地址了，然后使用 show ip interfaces

命令可以查看端口的 IP 地址，如图 4-22 所示，可以看到 IP 地址被成功添加。

```
admin@sonic:~$ show ip interfaces
Interface    Master    IPv4 address/mask    Admin/Oper    BGP Neighbor    Neighbor IP
-----------  --------  -------------------  ------------  --------------  -------------
Ethernet0              192.168.11.2/24      up/up         N/A             N/A
```

图 4-22　查看端口的 IP 地址

下面以同样的方法为所有的端口分配网络拓扑中标定的 IP 地址，这样准备工作便基本完成了。前面提到 SONiC 使用 FRR 作为路由协议栈，所以接下来需要进入 FRR 进行操作，在命令行中输入 vtysh 即可进入 FRR 的操作界面，如图 4-23 所示。

```
admin@sonic:~$ vtysh

Hello, this is FRRouting (version 8.2.2).
Copyright 1996-2005 Kunihiro Ishiguro, et al.
```

图 4-23　进入 FRR 操作界面

配置和管理 OSPF 的相关设置如图 4-24 所示，输入 config 命令进入配置模式，只有在配置模式下用户才能对各种路由功能进行配置，输入 router OSPF 命令用于进入 OSPF 路由器配置模式。通过执行这个命令，用户可以配置和管理 OSPF 的相关设置。在 OSPF 配置模式下，用户可以指定 OSPF 进程的参数、配置区域、邻居关系、网络地址、路由过滤等。根据网络拓扑图，交换机 SONiC-1 连接着两个网段，分别是 192.168.11.0/24 和 192.168.12.0/24，所以使用命令 network <ip_addr> area <num> ，它的作用是将指定的网络添加到 OSPF 进程中，并指定该网络所属的 OSPF 区域。如图 4-24 所示，将位于 192.168.1.0 网络和 192.168.12.0 网络上的设备加入 OSPF 进程，并将其划分到 OSPF Area0（骨干区域）。这样，这个网络上的 OSPF 路由器将开始在 OSPF 网络上交换路由信息。最后退出到命令模式，输入 write 或者 wr 保存配置信息。

```
sonic# config
sonic(config)# router ospf
sonic(config-router)# network 192.168.11.0/24 area 0
sonic(config-router)# network 192.168.12.0/24 area 0
sonic(config-router)# exit
sonic(config)# exit
sonic# wr
Note: this version of vtysh never writes vtysh.conf
Building Configuration...
Configuration saved to /etc/frr/zebra.conf
Configuration saved to /etc/frr/ospfd.conf
Configuration saved to /etc/frr/bgpd.conf
Configuration saved to /etc/frr/staticd.conf
```

图 4-24　配置和管理 OSPF 的相关设置

下面以相同的方法配置 SONiC-2。这样就建立起了一个简单的 OSPF 网络拓扑。输入 show ip route 命令查看路由表，从图 4-25 中可以看到已成功将 OSPF 路由信息写入路由表。

```
sonic# show ip route
Codes: K - kernel route, C - connected, S - static, R - RIP,
       O - OSPF, I - IS-IS, B - BGP, E - EIGRP, N - NHRP,
       T - Table, v - VNC, V - VNC-Direct, A - Babel, F - PBR,
       f - OpenFabric,
       > - selected route, * - FIB route, q - queued, r - rejected, b - backup
       t - trapped, o - offload failure

C>* 10.0.0.0/31 is directly connected, Ethernet0, 00:10:50
C>* 10.0.0.2/31 is directly connected, Ethernet4, 00:10:58
C>* 10.0.0.4/31 is directly connected, Ethernet8, 00:10:52
C>* 10.0.0.6/31 is directly connected, Ethernet12, 00:10:47
C>* 10.0.0.8/31 is directly connected, Ethernet16, 00:10:45
C>* 10.0.0.10/31 is directly connected, Ethernet20, 00:10:44
C>* 10.0.0.12/31 is directly connected, Ethernet24, 00:10:58
C>* 10.0.0.14/31 is directly connected, Ethernet28, 00:10:58
C>* 10.0.0.16/31 is directly connected, Ethernet32, 00:10:58
C>* 10.0.0.18/31 is directly connected, Ethernet36, 00:10:58
C>* 10.0.0.20/31 is directly connected, Ethernet40, 00:10:58
C>* 10.0.0.22/31 is directly connected, Ethernet44, 00:10:58
C>* 10.0.0.24/31 is directly connected, Ethernet48, 00:10:58
C>* 10.0.0.26/31 is directly connected, Ethernet52, 00:10:57
C>* 10.0.0.28/31 is directly connected, Ethernet56, 00:10:55
C>* 10.0.0.30/31 is directly connected, Ethernet60, 00:10:54
C>* 10.0.0.32/31 is directly connected, Ethernet64, 00:10:54
C>* 10.0.0.34/31 is directly connected, Ethernet68, 00:10:53
C>* 10.0.0.36/31 is directly connected, Ethernet72, 00:10:53
C>* 10.0.0.38/31 is directly connected, Ethernet76, 00:10:53
C>* 10.0.0.40/31 is directly connected, Ethernet80, 00:10:43
C>* 10.0.0.42/31 is directly connected, Ethernet84, 00:10:43
C>* 10.0.0.44/31 is directly connected, Ethernet88, 00:10:42
C>* 10.0.0.46/31 is directly connected, Ethernet92, 00:10:41
C>* 10.0.0.48/31 is directly connected, Ethernet96, 00:10:40
C>* 10.0.0.50/31 is directly connected, Ethernet100, 00:10:39
C>* 10.0.0.52/31 is directly connected, Ethernet104, 00:10:45
C>* 10.0.0.54/31 is directly connected, Ethernet108, 00:10:45
C>* 10.0.0.56/31 is directly connected, Ethernet112, 00:10:45
C>* 10.0.0.58/31 is directly connected, Ethernet116, 00:10:45
C>* 10.0.0.60/31 is directly connected, Ethernet120, 00:10:44
C>* 10.0.0.62/31 is directly connected, Ethernet124, 00:10:43
C>* 10.1.0.1/32 is directly connected, Loopback0, 00:10:58
O>* 192.168.11.0/24 [110/20000] via 192.168.12.1, Ethernet4, weight 1, 00:06:49
O   192.168.12.0/24 [110/10000] is directly connected, Ethernet4, weight 1, 00:10:49
C>* 192.168.12.0/24 is directly connected, Ethernet4, 00:10:57
O   192.168.13.0/24 [110/10000] is directly connected, Ethernet0, weight 1, 00:10:49
C>* 192.168.13.0/24 is directly connected, Ethernet0, 00:10:50
```

图 4-25　查看已配置的路由表

OSPF 连通性测试如图 4-26，从 SONiC-1 去 Ping 主机 PC2 可以看到能够成功连通。

```
sonic# ping 192.168.13.2
PING 192.168.13.2 (192.168.13.2) 56(84) bytes of data.
64 bytes from 192.168.13.2: icmp_seq=1 ttl=63 time=3027 ms
64 bytes from 192.168.13.2: icmp_seq=2 ttl=63 time=5051 ms
64 bytes from 192.168.13.2: icmp_seq=3 ttl=63 time=7094 ms
64 bytes from 192.168.13.2: icmp_seq=4 ttl=63 time=9112 ms
64 bytes from 192.168.13.2: icmp_seq=5 ttl=63 time=11119 ms
64 bytes from 192.168.13.2: icmp_seq=6 ttl=63 time=13149 ms
64 bytes from 192.168.13.2: icmp_seq=7 ttl=63 time=15154 ms
^C
--- 192.168.13.2 ping statistics ---
22 packets transmitted, 7 received, 68.1818% packet loss, time 21134ms
rtt min/avg/max/mdev = 3027.196/9100.962/15153.519/4042.921 ms, pipe 16
```

图 4-26　OSPF 连通性测试

4. 命令代码实现

（1）show 命令实现

show ip ospf 命令，如图 4-27 所示，这个命令可以用于显示 OSPF 路由协议的相关信息。即这个命令允许用户查看 OSPF 进程的状态、邻居关系、路由表等信息，监控和调试 OSPF 在路由器上的运行情况。

```
sonic# show ip ospf
 OSPF Routing Process, Router ID: 10.1.0.1
 Supports only single TOS (TOS0) routes
 This implementation conforms to RFC2328
 RFC1583Compatibility flag is disabled
 OpaqueCapability flag is enabled
 Initial SPF scheduling delay 0 millisec(s)
 Minimum hold time between consecutive SPFs 50 millisec(s)
 Maximum hold time between consecutive SPFs 5000 millisec(s)
 Hold time multiplier is currently 1
 SPF algorithm last executed 4m23s ago
 Last SPF duration 119 usecs
 SPF timer is inactive
 LSA minimum interval 5000 msecs
 LSA minimum arrival 1000 msecs
 Write Multiplier set to 20
 Refresh timer 10 secs
 Maximum multiple paths(ECMP) supported  256
 Number of external LSA 0. Checksum Sum 0x00000000
 Number of opaque AS LSA 0. Checksum Sum 0x00000000
 Number of areas attached to this router: 1
 Area ID: 0.0.0.0 (Backbone)
   Number of interfaces in this area: Total: 2, Active: 2
   Number of fully adjacent neighbors in this area: 1
   Area has no authentication
   SPF algorithm executed 6 times
   Number of LSA 3
   Number of router LSA 2. Checksum Sum 0x00010ec1
   Number of network LSA 1. Checksum Sum 0x00000cdb
   Number of summary LSA 0. Checksum Sum 0x00000000
   Number of ASBR summary LSA 0. Checksum Sum 0x00000000
   Number of NSSA LSA 0. Checksum Sum 0x00000000
   Number of opaque link LSA 0. Checksum Sum 0x00000000
   Number of opaque area LSA 0. Checksum Sum 0x00000000
```

图 4-27　show ip ospf 命令

该部分的核心代码如下，文件为 file:sonic-frr/frr/OSPFd/OSPF_vty.c。

```
DEFUN (show_ip_OSPF,
      show_ip_OSPF_cmd,
       "show ip OSPF [vrf <NAME|all>] [json]",
      SHOW_STR
      IP_STR
       "OSPF information\n"
      VRF_CMD_HELP_STR
       "All VRFs\n"
      JSON_STR)
{
        struct OSPF *OSPF;
        bool uj = use_json(argc, argv);
        struct listnode *node = NULL;
        char *vrf_name = NULL;
        bool all_vrf = false;
        int ret = CMD_SUCCESS;
        int inst = 0;
        int idx_vrf = 0;
        json_object *json = NULL;
        uint8_t use_vrf = 0;

        if (listcount(om->OSPF) == 0)
            return CMD_SUCCESS;

        OSPF_FIND_VRF_ARGS(argv, argc, idx_vrf, vrf_name, all_vrf);

        if (uj)
```

```
        json = json_object_new_object();

    if (vrf_name) {
        bool OSPF_output = false;

        use_vrf = 1;
/*展示所有的 vrf 实例*/
        if (all_vrf) {
            for (ALL_LIST_ELEMENTS_RO(om->OSPF, node, OSPF)) {
                if (!OSPF->oi_running)
                    continue;
                OSPF_output = true;
                ret = show_ip_OSPF_common(vty, OSPF, json,use_vrf);
            }
            if (uj) {
                vty_out(vty, "%s\n",
                    json_object_to_json_string_ext(
                        json, JSON_C_TO_STRING_PRETTY));
                json_object_free(json);
            } else if (!OSPF_output)
                vty_out(vty, "%% OSPF instance not found\n");
            return ret;
        }
```

（2）network A.B.C.D/M area <A.B.C.D|(0-4294967295)>命令

添加网络至 OSPF 进程特定区域中如图 4-28 所示，命令中的 network A.B.C.D/M 部分允许指定一个 IP 地址及其子网掩码，表示要添加到 OSPF 进程特定区域中的网络。命令中的 area <A.B.C.D|(0-4294967295)>部分是为了将指定的网络分配给特定的 OSPF 进程区域。可以选择将网络添加到某个特定的 OSPF 进程区域，可以使用该区域的 IP 地址（A.B.C.D）或其数字表示（0-4294967295）。这个命令也是配置 OSPF 的常用命令。

```
sonic# config
sonic(config)# router ospf
sonic(config-router)# network 192.168.11.0/24 area 0
sonic(config-router)# network 192.168.12.0/24 area 0
sonic(config-router)# exit
sonic(config)# exit
sonic# wr
Note: this version of vtysh never writes vtysh.conf
Building Configuration...
Configuration saved to /etc/frr/zebra.conf
Configuration saved to /etc/frr/ospfd.conf
Configuration saved to /etc/frr/bgpd.conf
Configuration saved to /etc/frr/staticd.conf
```

图 4-28　添加网络至 OSPF 进程特定区域中

部分核心代码在文件 file:sonic-frr/frr/OSPFd/OSPF_vty.c 中，具体代码如下。

```
DEFUN (OSPF_network_area,
      OSPF_network_area_cmd,
```

```
      "network A.B.C.D/M area <A.B.C.D|(0-4294967295)>",
      "Enable routing on an IP network\n"
      "OSPF network prefix\n"
      "Set the OSPF area ID\n"
      "OSPF area ID in IP address format\n"
      "OSPF area ID as a decimal value\n" )
{
      VTY_DECLVAR_INSTANCE_CONTEXT(OSPF, OSPF);
      int idx_ipv4_prefixlen = 1;
      int idx_ipv4_number = 3;
      struct prefix_ipv4 p;
      struct in_addr area_id;
      int ret, format;
      uint32_t count;

      if (OSPF->instance) {
          vty_out(vty,
              "The network command is not supported in multi-instance OSPF\n");
          return CMD_WARNING_CONFIG_FAILED;
      }

      count = OSPF_count_area_params(OSPF);
      if (count > 0) {
          vty_out(vty,
                "Please remove all ip OSPF area x.x.x.x commands first.\n" );
          if (IS_DEBUG_OSPF_EVENT)
              zlog_debug(
                    "%s OSPF vrf %s num of %u ip OSPF area x config",
                    __func__, OSPF_get_name(OSPF), count);
          return CMD_WARNING_CONFIG_FAILED;
      }

      /* Get network prefix and Area ID. */
      str2prefix_ipv4(argv[idx_ipv4_prefixlen]->arg, &p);
      VTY_GET_OSPF_AREA_ID(area_id, format, argv[idx_ipv4_number]->arg);

      ret = OSPF_network_set(OSPF, &p, area_id, format);
      if (ret == 0) {
          vty_out(vty, "There is already same network statement.\n" );
          return CMD_WARNING_CONFIG_FAILED;
      }

      return CMD_SUCCESS;
}
```

4.4 网络监控

4.4.1 Telemetry 概述

在网络的日常运行中，能够以结构化的格式高效、快速地获取网络设备的基本特征——运行状态或配置，将大大有助于分析网络状态，提高网络稳定性[7]。除了简单网络管理协议（SNMP）、系统日志（Syslog）和命令行界面（CLI）等传统的数据收集方法[8]，SONiC 还支持遥测（Telemetry）技术，Telemetry 的主要实现方式包括谷歌远程程序调用（gRPC）、带内网络遥测（INT）、流式遥测（Telemetry Stream）和封装式远程交换端口分析（ERSPAN），其中 SONiC 支持基于 gRPC 的 Telemetry[9]。

Telemetry 是一种从远程网络设备上高速采集数据的技术。设备根据采集器的订阅要求，通过 gRPC 周期性地向收集器推送数据，它通过“push 模式”以亚秒级的精度获取设备信息，相对 SNMP 等传统技术采用“pull 模式”，Telemetry 实现了更精确、实时的数据采集功能。Telemetry 有广义和狭义之分[10]。SONiC 中 Telemetry 功能的主要实现代码在/src/sonic-gnmi 中。

1. 广义 Telemetry

广义 Telemetry 指由设备侧的网络设备和网关侧的采集器、分析器和控制器组成的闭环自动化运维系统[11]。完整的 Telemetry 系统的工作流程分为 5 个部分，即订阅数据，设置订阅设备所需遥测数据；推送数据，设备依据订阅数据模式，将采集的数据上传给采集器后由采集器存储数据；读取数据，分析器读取采集器存储的数据；分析数据，分析器分析读取到的采集数据，并将数据分析结果发给控制器，便于控制器对网络进行配置管理，及时调优网络；调整配置，控制器将网络需要调整的配置下发给网络设备，配置下发生效后，新的采集数据又会上报到采集器，此时分析器可以分析调优后的网络效果是否符合预期，直到调优完成后，整个业务流程形成闭环。Telemetry 网络模型如图 4-29 所示。

2. 狭义 Telemetry

狭义 Telemetry 指设备将采样数据上送给采集器的功能，是一个设备特性，对于设备而言，狭义 Telemetry 框架可以分为 4 个模块，即数据源、数据生成、数据订阅、数据推送。

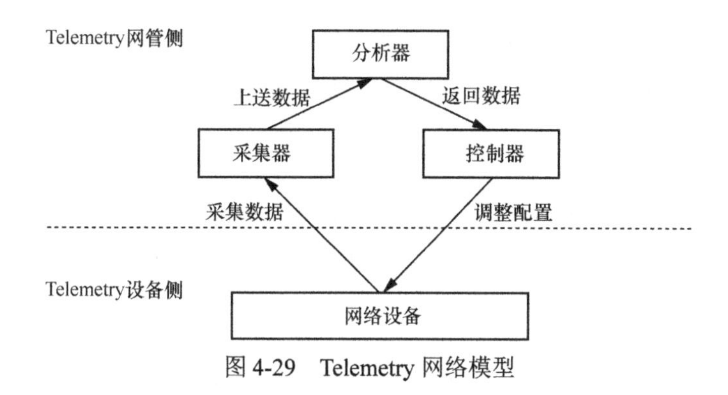

图 4-29　Telemetry 网络模型

4.4.2　Telemetry 相关协议

Telemetry 相关协议如表 4-16 所示。

表 4-16　Telemetry 相关协议

内容	描述
数据模型层	使用 YANG 语言定义数据模型，描述了网络设备的结构和行为
数据编码层	用于承载编码后的业务数据。业务数据的编码格式具体如下。 ① 谷歌协议缓冲区（GPB）：高效的二进制编码格式，通过.proto 文件描述编码使用的数据结构。 ② JSON（JS 对象简谱）：轻量级的数据交换格式，采用独立于编程语言的文本格式存储和表示数据，易于阅读和编写。 SONiC 中默认的编码格式是 JSON_IETF
gRPC 层	定义了 RPC 的协议交互格式
HTTP/2 层	gRPC 是在 HTTP/2 的基础上构建的。HTTP/2 具有多路复用、头部压缩、高优先级和二进制帧等特性
安全传输层	网络设备和收集器之间采用传输层安全协议（TLS）来进行证书认证，保证数据传输的安全性，该层在 SONiC 中是可选的，可以通过命令行参数屏蔽 TLS
传输层	使用 TCP 作为其主要传输层协议。TCP 提供面向连接的、可靠的数据链路

4.4.3　数据源

1. 数据建模

数据源定义了可以被获取的数据，数据可以来自网络设备的数据面、控制面和管理面。Telemetry 基于 YANG 模型组织数据，YANG 最初是为 NETCONF 设计的数据建模语言，YANG 模型定义了可以使用的数据层次结构，用于基于 NETCONF 的操作，包括基于配置数据、状态数据建模和 RPC。YANG 模型将数据分层组织建模为一棵树，每个节点都有一个名称、一个值或一组子节点。YANG 模型提供了对节点清晰而简洁的描述，以及这些节点之间的相互作用。

通过持续标准化，YANG 模型正逐渐成为行业中的主流数据描述规范。标准组织（IETF、OpenConfig、IEEE 等）、供应商（华为、思科等）和运营商都定义了自己的 YANG 模型。

2．数据编码

Telemetry 需要对数据源的数据进行编码，设备将编码后的数据传送到采集器，采集器再进行解码（要求采集器和设备使用相同的编码格式）。Telemetry 主要采用 GPB 格式的数据编码、解码，除了 GPB 还支持 JSON 编码格式。

（1）GPB

GPB 是 Google 公司开发的结构化数据序列化机制，是一种轻便、高效的结构化数据存储格式，可以用于结构化数据的串行化（序列化），它很适合作为 RPC 数据交换格式。GPB 是可以用于即时通信、数据存储等领域的语言无关、平台无关、可扩展的结构化数据序列化机制。GPB 作为一种二进制编码，优点是解析速度快、性能好、效率高，而影响 Telemetry 性能的关键因素之一就是效率，因此 SONiC 的 Telemetry 主要采用 GPB 编码。

gRPC 对接时，需要通过.proto 文件描述 gRPC 的定义、gRPC 承载的消息，即进行数据结构描述。一个.proto 文件示例如下，其对应的 GPB 编码前的数据和编码后的数据如表 4-17 所示。

```
Syntax = “proto3”;

message Telemetry {
  string dst_addr = 1;
  string dst_group = 2;
  string path_target = 3;
  string paths = 4
  int32 report_interval = 5;
  string report_type =6
}
```

（2）JSON

JSON 是一种轻量级的数据交换格式。它是基于 ECMAScript［由 ECMA 国际（前身为欧洲计算机制造商协会）通过 ECMA-262 标准化的脚本程序设计语言）］的一个子集，采用完全独立于编程语言的文本格式来存储和表示数据，层次结构简洁清晰，既易于人阅读和编写，也易于机器解析和生成。

表 4-17　GPB 编码与解码格式

GPB 编码前	GPB 编码后

{
1:"10.69.65.19"
2:"TEST"
3:"CONFIG_DB"
4:"CONFIG_DB/TELEMETRY_CLIENT"
5:10000
6:"periodic"
}
	{
	"dst_addr":"10.69.65.19";
	"dst_group":"TEST";
	"path_target":"CONFIG_DB";
	"paths":"CONFIG/TELEMETRY_CLIENT"
	"report_interval":"10000";
	"report_type":"periodic"}

3. 数据来源

Telemetry 可采集的数据信息主要如下，系统/平台信息，内存和 CPU 使用率；端口状态信息，如接口的流量统计和带宽利用率；接口的报文/队列统计数据，如接口丢包率和错包统计、队列丢包率统计、队列 Buffer 统计；表项/资源数据，如转发表项资源、ACL 流表资源和虚拟接口资源的使用情况。

SONiC 数据的实际来源主要有两部分，分别是数据库（DB）数据和非数据库数据（OTHERS）。

（1）数据库数据

SONiC 的数据库数据如表 4-18 所示。其中 COUNTERS_DB 记录网络设备接口（如端口、VLAN 等）的数据传输量、错误数量、丢包数、带宽利用率等信息，能够满足 CLI 本地需求或用于遥测通道，是遥测的主要数据来源。

表 4-18　数据库数据

数据库	描述	数据库序号
APPL_DB	应用程序运行数据	No.1
ASIC_DB	ASIC 配置和状态数据	No.2
COUNTERS_DB	系统中每个端口关联的计数器/统计信息	No.3
CONFIG_DB	SONiC 配置的真实来源	No.4
FLEX_COUNTER_DB	用于 PFC watch dog 计数器控制和其他插件扩展	No.5
STATE_DB	CONFIG_DB 中对象的配置状态	No.6

各数据库角色及分层如图 4-30 所示，其中 LOGLEVEL_DB、STATE_DB、CONFIG_DB 属于配置管理层，FLEX_COUNTER_DB、APPL_DB 属于网络应用层，COUNTERS_DB 和 ASIC_DB 属于交换机状态服务层。

在每个数据库中，数据通常按表、键、字段和值的层次结构进行组织。例如，对于 CONFIG_DB，有一个 VLAN 表，Vlan1 是该表中的一个键，与 Vlan1 相关联的是一个名为 admin_status 的字段，值为 up，代码如下。

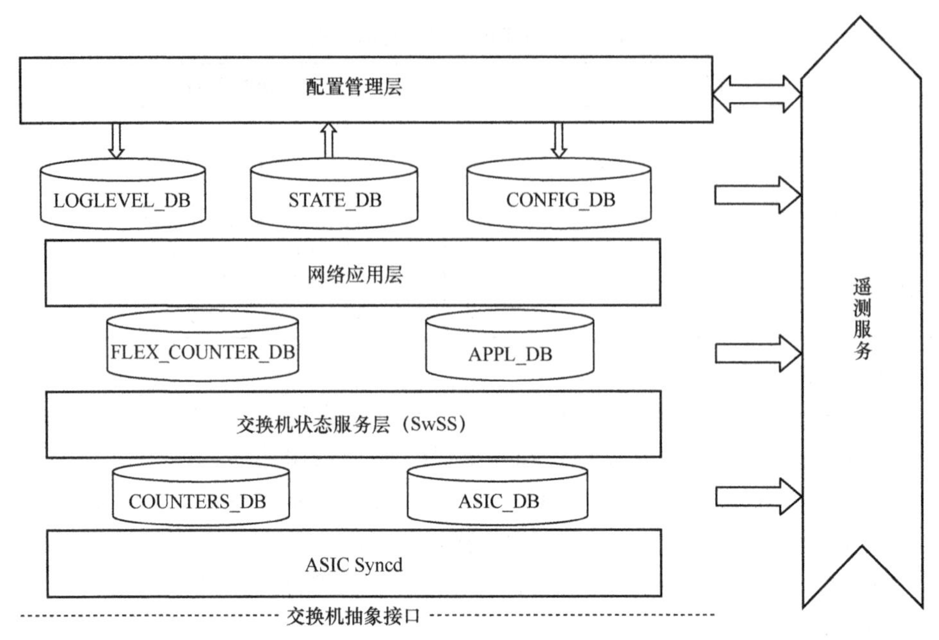

图 4-30　各数据库角色及分层

```
{
  "VLAN" : {
   "Vlan1" : {
     "admin_status" : "up",
     "description" : "Vlan1",
     "members@" : "Ethernet1,Ethernet2,Ethernet3",
     "mtu" : "9100",
     "vlanid" : "1"
   },
   "Vlan2" : {
     "admin_status" : "up",
     "description" : "Vlan2",
     "mtu" : "9100"
   }
  }
}
```

一些数据（如 COUNTERS_DB 中的数据）没有键，但字段和值直接存储在 COUNTERS 表下。Redis 数据库的层次结构是在 sonic-buildimage/src/sonic-swss-common/common 路径下的 schema.h 文件中定义的。

（2）非数据库数据

除了数据库中的数据，SONiC 还支持采集其他数据，SONiC 指定 OTHERS

为该类数据。OTHERS 主要包括平台数据和 proc 文件数据，如 platform/cpu 路径和 proc/loadavg 路径可用于获取平台 CPU 和系统负载信息。

SONiC 能够传输的非数据库数据是在 sonic-buildimage/src/sonic-gnmi/sonic_data_client/non_db_client.go 里定义的，将文件内容转成 JSON 格式才能传输（用到的库是 linuxproc "github.com/c9s/goprocinfo/linux"），SONiC 本身支持传输的数据如下。

```
path2DataFuncTbl = []path2DataFunc{
    { // Get cpu utilization
        path:   []string{ "OTHERS" , "platform" , "cpu" },
        getFunc: dataGetFunc(getCpuUtil),
    },
    { // Get host uptime
        path:   []string{ "OTHERS" , "proc" , "uptime" },
        getFunc: dataGetFunc(getSysUptime),
    },
    { // Get proc meminfo
        path:   []string{ "OTHERS" , "proc" , "meminfo" },
        getFunc: dataGetFunc(getProcMeminfo),
    },
    { // Get proc diskstats
        path:   []string{ "OTHERS" , "proc" , "diskstats" },
        getFunc: dataGetFunc(getProcDiskstats),
    },
    { // Get proc loadavg
        path:   []string{ "OTHERS" , "proc" , "loadavg" },
        getFunc: dataGetFunc(getProcLoadavg),
    },
    { // Get proc vmstat
        path:   []string{ "OTHERS" , "proc" , "vmstat" },
        getFunc: dataGetFunc(getProcVmstat),
    },
    { // Get proc stat
        path:   []string{ "OTHERS" , "proc" , "stat" },
        getFunc: dataGetFunc(getProcStat),
    },
    { // OS build version
        path:   []string{ "OTHERS" , "osversion" , "build" },
        getFunc: dataGetFunc(getBuildVersion),
    },
}
```

其中比较重要的数据是 CPU（platform/cpu）和内存使用率（proc/meminfo）。

4.4.4 订阅模式

SONiC 支持的订阅模式如图 4-31 所示。SONiC 支持 Telemetry 的两种订阅模式——静态订阅模式和动态订阅模式，也叫作 Dial_out 模式和 Dial_in 模式。

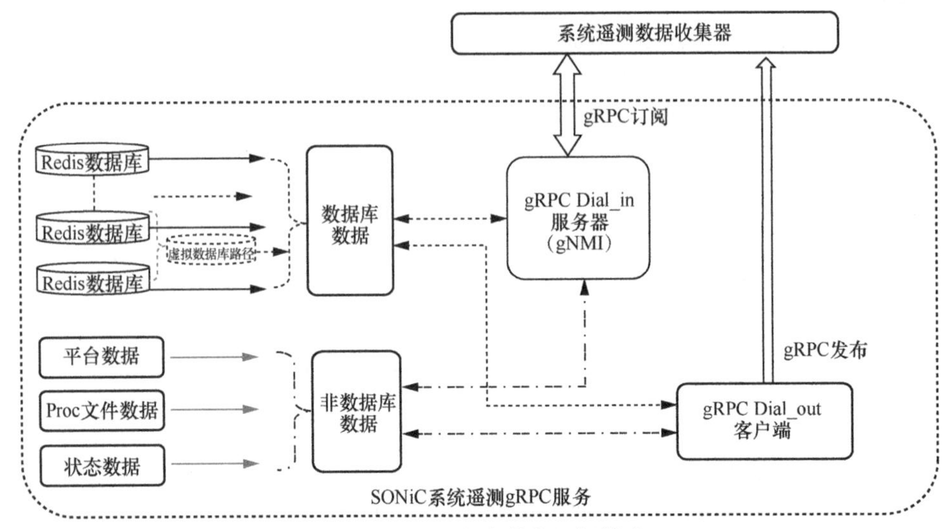

图 4-31　SONiC 支持的订阅模式

1. Dial_out 模式

交换机作为客户端，采集器作为服务端，由采集器主动向设备发起 gRPC 连接并订阅需要采集的数据信息，在交换机侧通过 CLI 等方式进行配置，适用于在网络设备较多的情况下为采集器提供设备数据信息。如果网络设备与采集器之间的连接断开，在 Dial_out 模式下，设备会重新连接，再次上送采集数据，因此，Dial_out 模式的特点是持续采集和推送，适合订阅需要长期采集的数据信息。

Telemetry 的代码已经被集成到 SONiC 中，Telemetry 的 Dial_out 模式的主要实现代码在 sonic-buildimage/src/sonic-gnmi/dialout/dialout_client_cli 路径下的 dialout_client_cli.go 文件中，同时 SONiC 还提供了一个测试程序 dialout_server_cli.go，该程序作为采集器采集 Telemetry 的 Dial_out 模式的数据。当 Telemetry 服务在 Dial_out 模式下工作时，它启动对收集器的连接，然后将数据流传送给收集器。收集器的确切列表、数据存取路径和各种与连接相关的变量是通过 NETCONF 或 CLI 等其他通道在交换机侧配置的，这在某些情况下很有用。两个典型的例子如下，即防火墙/NAT 服务位于网络设备和 Telemetry 收集器之间，收集器无法启动连接；收集器更适合在无状态模式下工作，并将维护每个网元遥测状态的复杂性转移到另一个配置系统中。

Dial_out 模式的 Telemetry 配置，参考 OpenConfig Telemetry YANG 模型。Telemetry 的 Dial_out 模式需要在启动服务之前为交换机完成必要的配置，主要分为 3 类配置，具体如下。

（1）Global

encoding：可以是 JSON_IETF 和 PROTO 之一，默认为 JSON_IETF。

src_ip：设备的源 IP 地址，如果不指定，则使用设备管理 IP 地址。

retry_interval：与采集器建立连接失败或断开连接时，Dial_out 客户端在重试前应该等待的时间，默认为 30s。

unidirectional：是否将 Publish RPC 直接设置为一个，默认情况下不期望 Publish 回应。

（2）DestinationGroup

dst_addr：可以指定多个采集器的 IP 地址和端口号。如果当前 Dial_out 客户端由于连接失败而断开连接，则会在目的地组中尝试下一个连接。DestinationGroup 的数量不受限制。

（3）Subscription

dst_group：此订阅要使用的目标组。

path_target：此订阅的 DB 目标。

paths：在此订阅实例中订阅的路径列表。

report_type: periodic、stream 或 once 中的一种。periodic 为默认值。

report_interval：所有路径的数据发送到收集器的频率，单位为毫秒，默认值为 5000。

一个配置示例如下。

```
{
  "TELEMETRY_CLIENT" : {
        "Global" : {
             "encoding" : "JSON_IETF",
             "retry_interval" : "30",
             "src_ip" : "172.20.222.30",
             "unidirectional" : "true"
        },
        "DestinationGroup_TEST" : {
             "dst_addr" : "10.69.65.19:8081"
        },
        "Subscription_Test" : {
```

```
        "dst_group" : "TEST",
        "path_target" : "CONFIG_DB",
        "paths" : "CONFIG/ PORT|Ethernet0",
        "report_interval" : "5000",
        "report_type" : "periodic"
      }
    }
}
```

2. Dial_in 模式

交换机作为服务端，采集器作为客户端，采集器主动和交换机建立 gRPC 连接，由交换机将订阅数据推送给采集器，由采集器将配置动态下发给交换机。适用于小规模网络和采集器需要向设备下发配置的场景。如果网络设备与采集器之间的连接断开，在 Dial_in 模式下，设备会取消 Dial_in，不再上传采集数据。Dial_in 模式的特点是专项采集、按需推送，适合订阅临时需要采集的数据。

Dial_in 的主要实现代码在 sonic-buildimage/src/sonic-gnmi/telemetry 路径下的 telemetry.go 文件中，当交换机运行该程序时，将作为服务端开启 Telemetry 服务，默认端口是 8080。与 Dial_out 模式一样，SONiC 也提供了一个测试程序 gnmi_get.go，该程序作为采集器采集 Dial_in 模式下的订阅数据。与 Dial_out 模式相反，数据路径和各种与连接相关的变量是在采集器侧配置的。

Dial_in 模式需要在启动之前为采集器完成与 Dial_out 模式类似的一些配置，二者的区别是 Dial_in 模式没有 DestinationGroup 这类配置，Global 类下的 src_ip 换成了目标交换机的 IP 地址和端口号。一个配置示例如下。

```
-xpath_target CONFIG_DB
-xpath CONFIG/ PORT|Ethernet0
-target_addr 10.69.65.19:8080
-alsologtostderr true
-encoding string JSON_IETF
  -insecure true
```

4.5 SONiC 无损网络实现

本节将介绍有关 SONiC 无损网络的概念，包括远程直接存储器访问（RDMA）技术及支持它的相关协议，还有实现无损网络的相关技术 PFC 和 ECN 的说明，并介绍它们在 SONiC 中的实现，最后再介绍基于优先级的流量控制（PFC）、显式拥塞通知（ECN）在底层芯片的下发过程。

4.5.1　RDMA 概述

RDMA 是一种计算机网络通信技术[12]。它允许一台计算机的内存直接被另一台计算机访问，而不需要中央处理器（CPU）的参与。这种方式可以直接绕过传统以太网复杂的 TCP/IP 栈读写远端内存，可以显著提高数据传输效率和降低时延，因为数据可以直接在两台计算机之间传输，而不需要在每一步都涉及 CPU 的介入。这个过程对端是不感知的，且读写过程的大部分工作是由硬件而不是软件完成的。

RDMA 在高性能计算（HPC）和数据中心网络中得到广泛应用，它的一些主要优势如下。

① 低时延：RDMA 允许数据在计算机之间直接传输，减少了传统网络通信中涉及 CPU 处理的步骤，从而降低了时延。

② 高带宽：由于数据可以直接在内存之间传输，而不需要通过 CPU 或操作系统的干预，RDMA 可以实现更高的带宽，提高数据传输速度。

③ 减轻 CPU 负担：RDMA 在数据传输中减少了 CPU 的介入，因此释放了 CPU 处理其他任务的能力，提高了系统整体效率。

④ 远程访问：RDMA 允许在远程计算机上直接读取或写入内存，这对于分布式计算和存储系统来说非常有用。

总体来说，RDMA 技术在提高网络性能和降低通信时延方面发挥了重要作用，特别是在需要大规模数据传输和高性能计算的环境中。

4.5.2　支持 RDMA 的协议

RDMA 本身指一种技术，在具体协议层面，包含无限带宽（IB）、基于融合以太网的远程直接存储器访问（RoCE）和基于以太网和 TCP/IP 的远程直接存储器访问（iWARP）。3 种协议都符合 RDMA 标准，使用相同的上层接口，在不同层次上有一些差别。3 种主流的 RDMA 网络方案架构如图 4-32 所示。

1. IB 简介

IB 是一种在高性能计算和企业级数据中心网络中广泛使用的网络通信协议。它提供了一种基于通道的点对点消息队列转发模型，每个应用都可通过创建的虚拟通道直接获取本应用的数据消息，不需要其他操作系统及协议栈的介入。IB 架构的应用层采用 RDMA 技术，实现了远程节点间的直接内存读写访问，从而大幅减轻了 CPU 的工作负载。此外，该架构支持高带宽网络传输，并在链路层设置了特定的重传机制以保证服务质量，无需额外的数据缓冲。

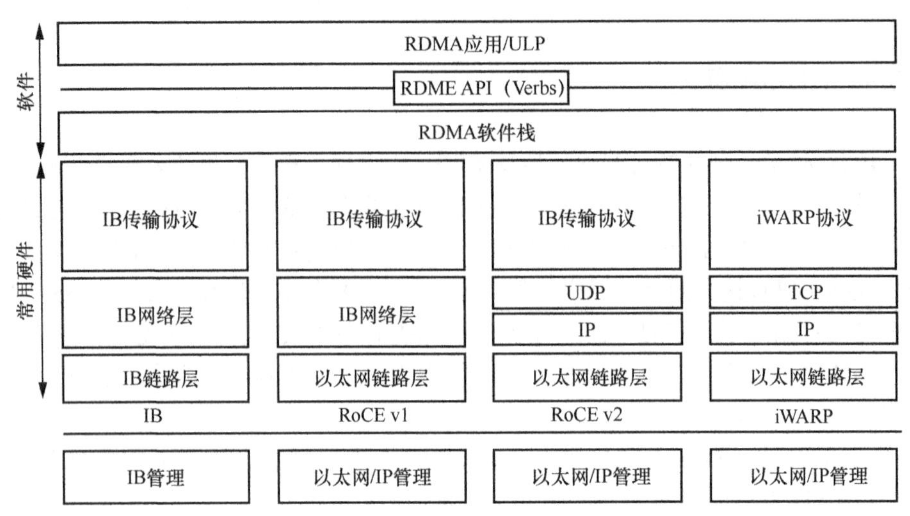

图 4-32　3 种主流的 RDMA 网络方案架构

IB 是正统的 RDMA 方案，该方案在设计之初就考虑了 RDMA，并重新定义了链路层、网络层、传输层，所以要使用专用的 IB 交换机和网卡作为物理隔离的专网，虽然成本较大，但性能表现最优。

IB 技术具有以下特点。

① 应用层采用 RDMA 技术，降低了在主机侧数据处理的时延。

② 消息转发控制由子网管理器完成，没有类似以太网的复杂协议交互计算。

③ 链路层通过重传机制保证服务质量，不需要数据缓冲，无丢包。

④ 具有低时延、高带宽、低处理开销的特点。

IB 协议本身定义了一套全新的层次架构，从物理链路层到传输层，都无法与现有的以太网设备兼容。举例来看，如果某个数据中心因为存在性能瓶颈，想要把数据交换方式从以太网切换为 IB 技术，那么需要购买全套 IB 设备，包括网卡、线缆、交换机和路由器等，成本太高。

2. iWARP 简介

iWARP 是基于以太网（在以太网架构的基础上，即使用以太网交换机，但是需要支持此协议的网卡）和 TCP/IP 的 RDMA 技术，可以运行在标准的以太网基础设施上。

iWARP 并没有指定物理层信息，所以能够工作在任何使用 TCP/IP 的网络上层。iWARP 允许很多类型的传输来共享相同的物理连接，如网络、I/O、文件系统、块存储和处理器之间的消息通信。

由于 TCP 能够提供流量控制和拥塞管理，因此 iWARP 不需要以太网支持无损传输，仅通过普通以太网交换机和 iWARP 网卡即可实现，因此能够在广域网上应用，具有较好的可扩展性。

3. RoCE 简介

IB 架构获得了极好的性能，但是其不仅要求在服务器上安装专门的 IB 网卡，还需要专门的交换机硬件，成本十分高昂。而在企业界大量部署的是以太网，为了复用现有的以太网，同时获得 IB 强大的性能，IB 贸易协会（IBTA）组织推出了 RoCE。RoCE 支持在以太网上承载 IB 协议，实现 RDMA over Ethernet，这样一来，仅需要在服务器上安装支持 RoCE 的网卡即可，而在交换机和路由器上仍然使用标准的以太网基础设施。且 RoCE 消耗的资源比 iWARP 少，支持的特性比 iWARP 多。所以 RoCE 相比较其他两个 RDMA 方案，性价比最高，是目前为止使用最为广泛的支持 RDMA 的协议。RoCE 协议分为以下两个版本。

① RoCE v1 协议：基于以太网承载 RDMA，只能部署于二层网络，它的报文结构是在原有 IB 架构的报文的基础上增加了二层以太网的报文头，通过 Ether Type 0x8915 标识 RoCE 报文，不支持 IP 路由功能，无法跨网段，基本无应用。

② RoCE v2 协议：基于 UDP/IP 承载 RDMA，可部署于三层网络，它的报文结构是在原有 IB 架构的报文的基础上增加 UDP 头、IP 头和二层以太网报文头，通过 UDP 目的端口号 4791 标识 RoCE 报文。RoCE v2 支持基于源端口号 Hash，采用 ECMP 实现负载分担，提高了网络的利用率。

4.5.3　无损网络概述

当前分布式存储、高性能计算、人工智能等技术的应用场景均采用 RoCE v2 协议作为以太网上的传输协议以降低传输时延和 CPU 负担。但是 RoCE v2 协议是一种基于无连接的 UDP，缺乏完善的丢包保护机制，对于网络丢包异常敏感。同时，分布式高性能应用是多对一通信（Incast）流量模型，对于以太网的设备，Incast 流量易造成设备内部队列缓存的瞬时突发拥塞甚至丢包，带来时延的增高和吞吐量的下降，从而损害分布式应用的性能。所以为了发挥出 RDMA 的真正性能，突破数据中心大规模分布式系统的网络性能瓶颈，势必要为 RDMA 搭建“无丢包、低时延、高吞吐”的无损网络环境[13]。

当前业界在计算芯片算力、存储读取速度方面取得了巨大的进展。从 2016 年到 2021 年，GPU/AI 芯片算力增长了 90 倍。采用非易失性内存主机控制器接口规范（NVMe）接口协议的固态硬盘（SDD）存储介质访问性能相对机械硬盘（HDD）提升了 10000 倍，读写存储介质的时延主要取决于网络时延的大小。随着存储介质和计算处理器的演进，网络通信的时延成为阻碍计算和存储效率进一步提升的短板。因此为数据中心提供“无丢包、低时延、高吞吐”的无损网络环境也是未来发展的关键[14]。

4.5.4 DCB 概述

数据中心桥接（DCB）协议是一组由 IEEE 802.1 工作组定义的以太网扩展协议。DCB 协议组主要用于构建无损以太网，以提高数据中心网络的传输性能。DCB 协议框架主要包括如下部分。

（1）基于优先级的流量控制（PFC）

PFC 是 DCB 协议组中的一个重要组成部分，用于数据中心网络中的流量控制。流量控制是由接收端来控制数据传输速率，防止发送端过快的数据发送速率引起接收方拥塞丢包。它允许交换机在出现网络拥塞时暂停特定优先级的数据流传输，以防止数据包丢失。每个数据流都被分配一个优先级，当网络拥塞时，只有具有高优先级的流量才被允许继续传输，从而保证关键应用的性能。

（2）显式拥塞控制（ECN）

ECN 是用于数据中心网络的拥塞控制。拥塞控制是一个全网设备协同的过程，所有主机和网络中的转发设备均参与控制网络中的数据流量，以达到网络无丢包、低时延、高吞吐的目的。当出现网络拥塞时，交换机不直接丢弃数据包，而是通过在数据包头部的标志位中设置 ECN 指示符来通知网络节点有关网络拥塞的信息。接收方接收到该信息后，可以采取适当的措施，如降低数据发送速率，以缓解网络拥塞。

在现网中，流量控制和拥塞控制需要配合应用才能真正解决网络拥塞。所以 PFC 和 ECN 需要配合使用。

（3）链路层发现协议标准扩展（LLDP）

LLDP 用于在网络中自动发现和配置设备。它允许网络设备在连接到网络时自动发布自己的标识信息，包括设备类型、设备名称、端口号等。这有助于网络管理员更轻松地管理和配置网络设备，特别是在大规模数据中心环境中。

（4）增强传输选择（ETS）

ETS 用于优化网络中的带宽分配，确保不同类别的流量得到适当的传输优先级。它允许管理员配置不同数据流的优先级，并为每个优先级分配适当的带宽。这有助于确保对时延敏感的流量（如语音流量和视频流量）获得更高的带宽，同时允许其他类型的流量共享剩余带宽。

本文重点针对 DCB 协议框架中的 PFC 和 ECN 技术进行分析，这两项技术也是实现无损网络环境的核心。

4.5.5　ECN 的实现原理

1．尾部丢弃

尾部丢弃是早期的拥塞控制技术，当网络设备中拥塞加剧后，如果软件队列被数据报文填满，则新进入的数据包会被网络设备直接丢弃，该方法称为尾部丢弃[15]，但是该方法存在以下问题。

（1）TCP 全局同步

当网络中网络设备出现拥塞时，会出现 TCP 数据包被丢包的现象，TCP 在发现自己的数据包出现丢包现象后，意识到网络中可能出现了拥塞，因此 TCP 会主动减小窗口，降低数据包的发送速率，具体如下。

当网络中存在大量 TCP 连接时，如果发生网络拥塞，对所有 TCP 连接数据包均进行了尾部丢弃，则所有 TCP 连接都出现了丢包现象，这会使得所有 TCP 连接主动减小窗口，而当所有 TCP 减小窗口后，就会使网络中的网络拥塞现象得到缓解，此时 TCP 流量会将窗口调大，从而提升数据包发送速率，然后网络再次出现拥塞，导致循环往复。TCP 全局同步会导致网络性能的波动，提升了网络拥塞的发生的频率，从而影响整体的传输效率。

（2）TCP 流量“饿死”

由于 TCP 有滑动窗口机制，而 UDP 没有相应的机制，因此 TCP 会降低其数据包转发速率，而 UDP 因为没有相应的机制，所以 UDP 会进一步占据因 TCP 主动退出而节省下来的流量，导致网络设备中的大量 TCP 报文被丢弃，出现 TCP 流量被“饿死”的现象。TCP 流量“饿死”会导致网络中的某些连接无法充分利用可用的带宽，从而影响整体的网络性能。一些连接可能会经历较长的传输时延，甚至有可能无法完成传输。

（3）重要的报文被丢弃

如果此时网络中有敏感和重要的报文，当采用尾部丢弃的方式时，这些重要和敏感的数据包也会被丢弃。

2．RED

为了解决上述问题，引入了随机早期检测（RED）技术。RED 技术在各个软件队列还没有满之前，就会随机地丢弃一部分数据报文，从而延缓网络拥塞的到来，RED 原理如图 4-33 所示。

RED 的丢弃方式会设置一个丢弃下限和丢弃上限，还有一个丢弃概率。当队列中的报文数量少于丢弃下限时，则不会丢弃数据报文；当队列中报文数量介于丢弃上限和丢弃下限之间时，会随着队列中报文数量的增加从而提升丢弃报文的概率。当队列中报文数量达到丢弃上限后，则会采用尾部丢弃的方式。

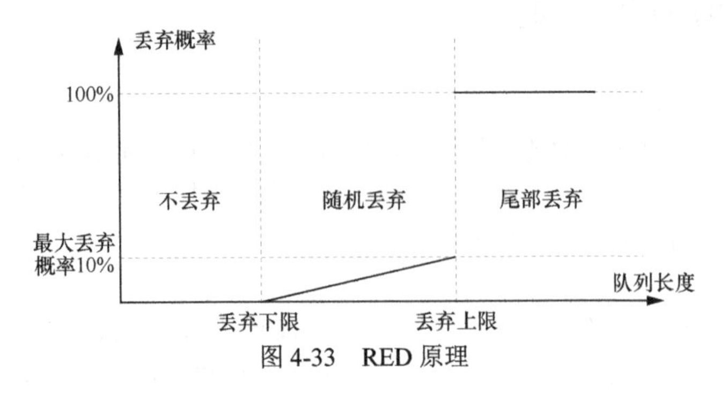

图 4-33　RED 原理

RED 并不会严格按照先进先出的原则进行数据包丢弃，而是以一定的概率丢弃数据包，从而平衡网络流量。它对所有优先级队列具有相同的丢弃下限、丢弃上限和最大丢弃概率。

综上所述，RED 技术可以在网络拥塞到来之前，提前“丢掉”一部分报文，从而延缓网络拥塞的到来。RED 技术解决 TCP 全局同步问题，这是因为随机丢包使得 TOP 连接在网络拥塞发生时响应的时间和速率有所不同，不同的连接被有选择性地降低发送速率，而不是同时降低发送速率。这样可以避免 TCP 连接之间的同步性，使得 TCP 连接的行为更加随机化。但是不能解决 TCP 流量“饿死”和重要敏感报文被丢弃的问题。

3. WRED

为了解决 RED 存在的问题，引出了 WRED（加权报文早期随机检测），与 RED 技术相比，WRED 可以为不同优先级（不同优先级处于不同队列）的报文设置不同的丢弃下限、丢弃上限和最大丢弃概率。WRED 原理如图 4-34 所示。

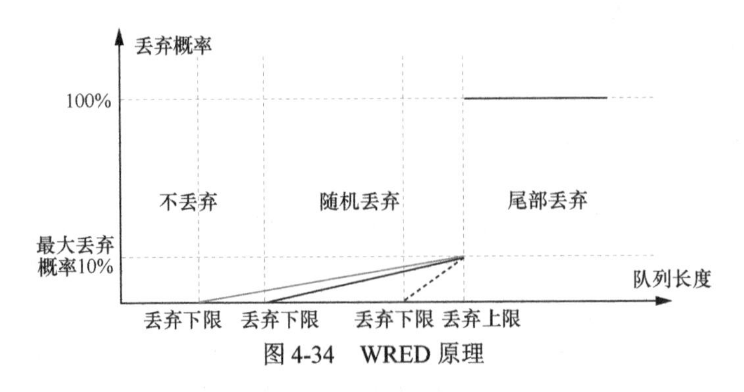

图 4-34　WRED 原理

WRED 可以在网络拥塞发生后，最先丢弃优先级比较低的报文，随后如果网络拥塞加剧，则会逐步地丢弃优先级高的报文。WRED 技术可以有效解决 TCP 流量“饿死”和重要报文被丢弃的问题。

4．ECN

ECN 是一种拥塞控制技术，它的功能需要和 WRED 配合使用。

在 RFC 2481 标准中，IP 报文头中 DS（DSCP）域的最后两个比特位被定义为 ECN 域，并进行了如下定义。

① 比特位 6 用于标识发送端设备是否支持 ECN 功能，被称为 ECT 位。

② 比特位 7 用于标识报文在传输路径上是否经历过拥塞，被称为 CE 位。

如图 4-35 的 IPv4 报文所示，在服务型字段 TOS（这是旧标准，叫作服务类型，新标准叫作 DS 区分服务字段）中，前 6 位为区分服务代码点（DSCP），最后两个字段留给标识 ECN。RFC 3168 对 ECN 域的取值进行了如下规定，当 ECT 位为 0 且 CE 位也为 0 时，表示 IP 报文不支持 ECN 功能；当 ECT 位为 0、CE 位为 1 或者 ECT 位为 1、CE 位为 0 时，表示 IP 报文支持 ECN 功能。当 ECT 位为 1、CE 位为 1 时，表示 IP 报文支持 ECN 功能且发生了拥塞。

IPv4 报文头中的 ECN 域如图 4-35 所示。

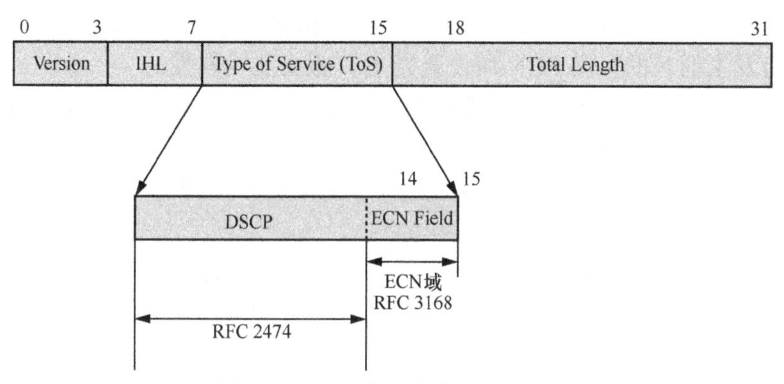

图 4-35　IPv4 报文头中的 ECN 域

在设备上开启 ECN 功能后，拥塞管理功能根据 WRED 的原理按如下方式对报文进行处理，即如果队列长度小于丢弃下限，不丢弃报文，也不对 ECN 域进行识别和标记；如果队列长度在丢弃上限和丢弃下限之间，当设备根据丢弃概率计算出需要丢弃某个报文时，将检查该报文的 ECN 域。如果 ECN 域显示该报文由支持 ECN 功能的终端发出，设备会将报文的 ECT 位和 CE 位都标记为 1，然后转发该报文；如果 ECN 域显示报文在传输路径上已经经历过拥塞（即 ECT 位和 CE 位都为 1），则设备直接转发该报文，不对 ECN 域进行重新标记；如果 ECT 位和 CE 位都为 0，设备会将该报文丢弃。如果队列长度超过丢弃上限，将队列中所有报文的 ECN 域都标记为 11。当队列长度达到队列尾丢弃阈值后，报文将被丢弃。ECN 具体实现流程如图 4-36 所示。

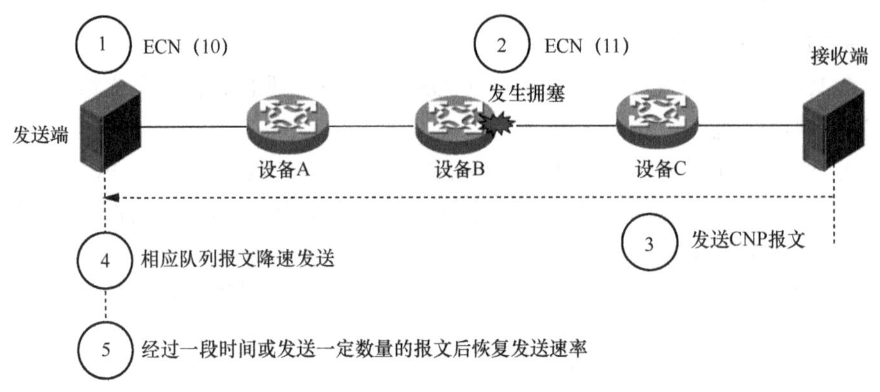

图 4-36　ECN 具体实现流程

第 1 步，发送端设置 ECN 域为 10，告知传输路径上的设备及接收端，发送端设备支持 ECN 功能。

第 2 步，中间设备交换机的出口缓冲（Buffer）达到用户设定的阈值时，拥塞设备将发生拥塞的报文 ECN 域设置为 11，报文正常转发。

第 3 步，接收端收到 ECN 置位为 11 的报文，由传输层发送拥塞通知报文（CNP）通知发送端；ECN 字段为 01，要求报文不能被网络丢弃。接收端对多个被 ECN 标记为同一个 QP 的数据包发送单个 CNP 即可（即对被标记为同一个 QP 的数据发送同一个 CNP 即可）。

第 4 步，发送端收到 CNP 报文，对对应优先级的队列进行降速处理。

第 5 步，经过一段可配置的时间或者发送一定数量的数据，发送端恢复到原来的发送速率。

从上述过程可以看出，ECN 的实现不需要丢弃数据包，利用标记的形式使发送端降低数据的传输速率以减少拥塞，这极大地提高了网络性能。

5. ECN 在 SONiC 中的实现

修改系统中的 WRED 配置文件，即可设置相应的 ECN 参数，具体操作如下。

① show ecn：此命令显示设备中配置的所有 WRED 配置文件，如图 4-37 所示，文件中包含了最大标记阈值、最小标记阈值、丢弃概率等参数。

② config ecn：此命令在使用“-profile”参数指定的特定 WRED 配置文件中配置可能的字段。

```
Config ecn -profile <profile_name>
```

```
admin@sonic:~$ show ecn
Profile: **AZURE_LOSSLESS**
----------------------  -------
red_max_threshold       2097152
red_drop_probability    5
yellow_max_threshold    2097152
ecn                     ecn_all
green_min_threshold     1048576
red_min_threshold       1048576
wred_yellow_enable      true
yellow_min_threshold    1048576
green_max_threshold     2097152
green_drop_probability  5
wred_green_enable       true
yellow_drop_probability 5
wred_red_enable         true
----------------------  -------

Profile: **wredprofileabcd**
-----------------  ---
red_max_threshold  100
-----------------  ---
```

图 4-37　显示设备中配置的所有 WRED 配置文件

用法说明如下。

```
config ecn -profile <profile_name> [-rmax <red_threshold_max>]
[-rmin <red_threshold_min>]
[-ymax <yellow_threshold_max>]
[-ymin <yellow_threshold_min>]
[-gmax <green_threshold_max>]
[-gmin <green_threshold_min>]
[-v|--verbose]
```

参数说明如下。

a. profile_name：文件名。

b. red_threshold_max：设置红色最大阈值。

c. red_threshold_min：设置红色最小阈值。

d. yellow_threshold_max：设置黄色最大阈值。

e. yellow_threshold_min：设置黄色最小阈值。

f. green_threshold_max：设置绿色最大阈值。

g. green_threshold_min：设置绿色最小阈值。

其中绿色代表网络运行正常，没有出现网络拥塞。在这种情况下，WRED 算法不会对数据包进行丢弃，保证了数据的传输质量和网络的有效使用。

黄色代表网络出现了轻微拥塞。此时，WRED 算法会根据配置的阈值随机丢弃一部分数据包，以减少网络拥塞。被丢弃的数据包数量与其权重成正比，权重越大的数据包被丢弃的概率越小，从而保证了网络的公平性和服务质量。

红色代表网络出现了严重的拥塞。在这种情况下，WRED 算法会丢弃比黄色时更多的数据包，以避免网络崩溃。被丢弃的数据包数量与其权重成正比，但与黄色时相比，红色时丢弃的数据包数量更多，以确保网络的稳定性和可靠性。

示例（为名为“wredprofileabcd”的 WRED 配置文件配置“红色最大阈值”，如果不存在，它将创建 WRED 配置文件）如下。

```
admin@sonic:~$ sudo config ecn -profile wredprofileabcd -rmax 100
```

4.5.6 PFC 的实现原理

1. PFC 介绍

PFC 是对暂停（Pause）机制的一种增强。当前以太网 Pause 机制（IEEE 802.3 Annex31B）也能达到无丢包的要求，原理如下，当下游设备发现接收能力小于上游设备的发送能力时，会主动发送 Pause 帧给上游设备，要求暂停流量的发送，等待一定的时间后再继续发送数据。但是以太网 Pause 机制的流量暂停针对整个接口，即在出现网络拥塞时会将链路上所有的流量都暂停[16]。

而 PFC 允许在一条以太网链路上创建 8 个虚拟通道，并为每一个虚拟通道指定一个优先级，允许单独暂停和重启其中任意一个虚拟通道，同时允许其他虚拟通道的流量无中断通过。这一方法使网络能够为单个虚拟链路创建无丢包类别的服务，使其能够与同一接口上的其他类型流量共存。PFC 实现原理如图 4-38 所示。

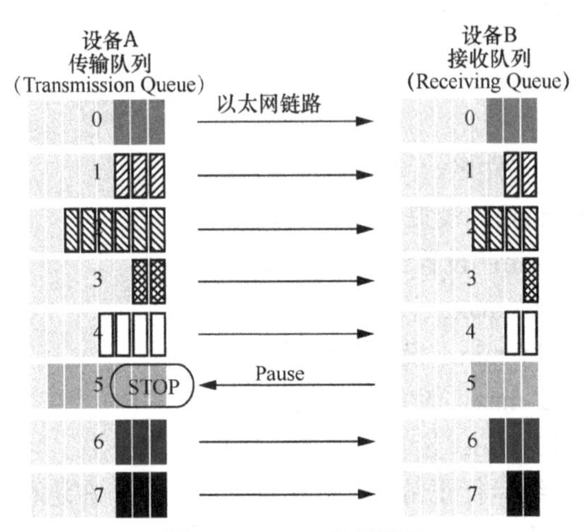

图 4-38　PFC 实现原理

PFC 具体实现流程如图 4-39 所示。

当设备的出口转发发生拥塞，导致接收报文的入端口 Buffer 占用超过 PFC 水线时，会触发 Pause 帧反压上游设备停止发包，具体机制描述如下。

交换机 SW2 的端口 2 在转发数据流时出现拥塞，导致数据流在入端口 1 的

Buffer 占用超过 PFC 水线触发 Pause 帧反压 SW1 的端口 2，停止将优先级（Priorty）为 3 的数据流发向 SW2。

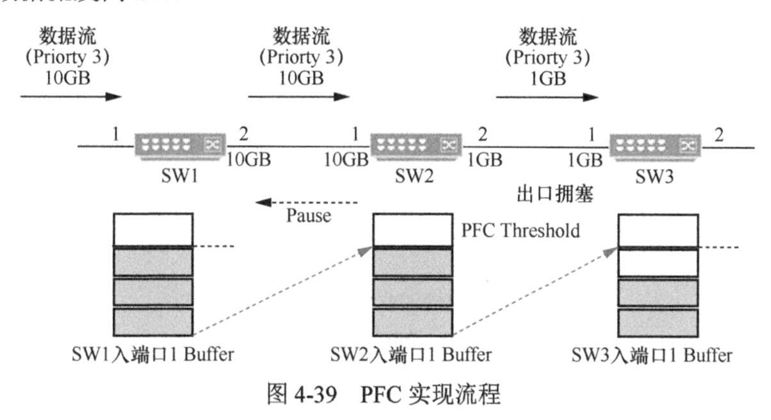

图 4-39　PFC 实现流程

接收到 Pause 帧的上游设备 SW1 会暂停该优先级的数据流发送，同时 SW1 的入端口 1 还在接收数据流，导致 SW1 的入端口 1 的 Buffer 占用增加。因此，SW1 的入端口 1 的 Buffer 占用依赖 SW2 的入端口 1 的 Buffer 占用。

如果上游设备 SW1 的入端口 1 的 Buffer 也超过了 PFC 水线，就会触发 Pause 帧继续向上游设备反压。

最终，从源头上降低该优先级数据流的速率，防止在拥塞场景中出现丢包。

PFC 的水线分为 XON 水线和 XOFF 水线，对具体作用的说明如下。

① XON 水线：使能发送的 Pause 帧，代表对方可以发送数据了。

② XOFF 水线：使能发送的 Pause 帧，代表对方停止发送数据。

PFC 水线示意图如图 4-40 所示，报文的入端口的 Buffer 用于报文缓存，在使能 PFC 时，需要设置触发 Pause 帧的水线，也就是超过停止发送阈值（XOFF Threshold）水线会触发停止对端发包的 Pause 帧，低于恢复发送阈值（XON Threshold）水线会触发恢复对端发包的 Pause 帧。PFC 水线是基于入端口 Buffer 进行触发的，入端口方向提供的 8 个队列可以将不同优先级的业务报文映射到不同队列上，从而实现为不同优先级的报文分配不同的 Buffer。

队列缓存划分如图 4-41 所示，具体到每个队列，其 Buffer 分配根据使用场景分为 3 个部分，即保存缓存、共享缓存、Headroom。

① 保证缓存：每个队列的专用缓存，确保每个队列均有一定缓存以保证基本转发。

② 共享缓存：流量突发时可以申请使用的缓存，所有队列共享。

③ Headroom：在触发 PFC 水线后，直到服务器进行相应的降速，还可以继续使用的缓存。

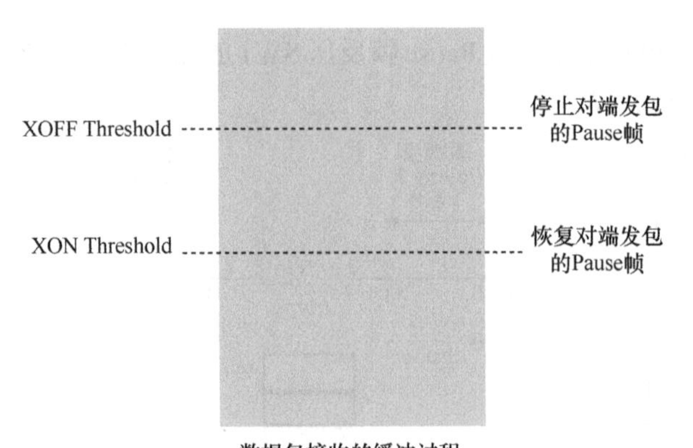

图 4-40　PFC 水线示意图

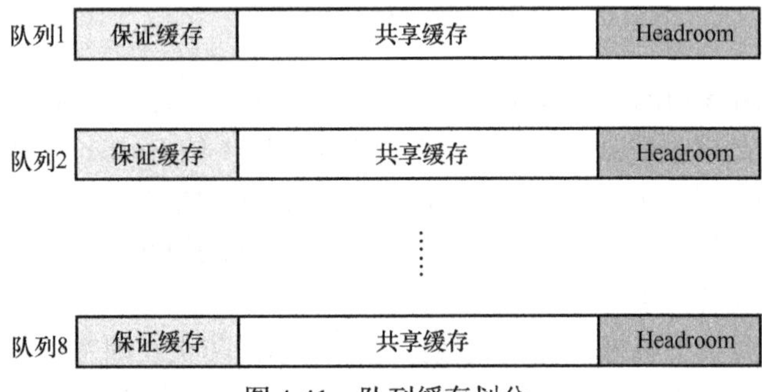

图 4-41　队列缓存划分

2. PFC 在 SONiC 中的实现

本部分介绍一下 SONiC 实现 PFC 功能的几个关键命令，具体如下。

开启/关闭 PFC 功能如下。

① 在端口上开启 PFC：config interface pfc asymmetric Ethernet4 on。

② 在端口上关闭 PFC：config interface pfc asymmetric Ethernet4 off。

在配置文件中设置的命令如下。

```
admin@switch:~$ sudo vi /etc/sonic/config db.json
"PORT":{
"Ethernet4":{
…
"pfc asym":" on",
…
},
…
        }
admin@switch:~$ sudo vi /etc/sonic/config db.json
"PORT":{
```

```
"Ethernet4" :{
…
"pfc asym" :" off" ,
…
},
…
        }
```

4.5.7　PFC Watchdog

PFC Watchdog 是用来解决 PFC 风暴的。PFC 风暴指在一个网络中发生的异常情况，其中 PFC 帧（用于控制流量的特殊帧）过多地被交换机广播或泛洪。这可能会导致网络中的交换机资源过度使用，而无法正常处理其他数据流量，从而影响网络性能和可靠性。

PFC Watchdog 旨在检测并缓解每个端口接收到的 PFC 风暴，在无丢包以太网中，PFC 暂停帧用于暂停链路伙伴的数据发送。这种反压机制可能会传播到整个网络中，并导致网络停止转发流量。PFC Watchdog 的作用是检测接收过多 PFC 暂停帧而引起的异常反压，并通过临时禁用导致此类暂停的 PFC 来缓解这种情况。PFC Watchdog 具有 3 个功能块，即检测、缓解和恢复。

1. PFC 风暴检测

PFC 风暴检测用于交换机检测无丢包队列是否从其链接伙伴处接收到 PFC 风暴，并且在检测时间内，该队列保持暂停状态。即使队列为空，只要队列保持暂停状态的持续时间超过检测时间，PFC Watchdog 应当能够检测到此类风暴。

检测时间是一个端口级参数（这句话的意思是，PFC Watchdog 检测时间是应用在单个端口上的一项参数。换句话说，每个端口都可以单独设置自己的 PFC Watchdog 检测时间），检测机制需要在每个端口级别上启用/禁用。此类检测机制仅适用于无丢包队列。默认情况下，检测机制是禁用的，检测时间应该为几百毫秒。

2. PFC 风暴缓解

一旦在队列上检测到 PFC 风暴，PFC Watchdog 可以在每个队列级别上执行两种操作——丢弃（drop）和转发（forward）。

当选择丢弃操作时，需要实施以下操作。

① 清空输出队列中的所有现有数据包。

② 丢弃所有后续发往输出队列的数据包。

③ 丢弃所有发往此队列的优先级组的后续数据包，包括接收到的暂停帧。因此，交换机不应由于此输出队列的拥塞而向其邻居生成任何暂停帧。

当选择转发操作时，需要实施以下操作。

① 队列不再响应接收到的 PFC 帧。所有发往队列的数据包都被转发，以及队列中原有的数据包也会被转发。

② 默认操作为丢弃。

3. PFC 风暴恢复

PFC Watchdog 应继续计数队列上接收到的 PFC 帧。如果在恢复时间段内没有接收到 PFC 帧，则重新启用队列上的 PFC，并在之前执行了丢弃操作的情况下停止丢弃数据包。恢复时间是端口级参数，恢复时间应该为几百毫秒。

4. PFC Watchdog 在 SONiC 中的实现

（1）命令行界面（CLI）

为了为用户提供设置/查看 PFC Watchdog 配置和统计信息的功能，PFC Watchdog 命令行工具提供了以下功能。

① 显示 PFC Watchdog 配置（每个端口）：pfcwd show config。

② 显示 PFC Watchdog 统计信息（每个端口/队列）：pfcwd show stats。

③ 在指定的端口上启用 PFC Watchdog：pfcwd start –action drop ports Ethernet 116 detection-time 300 –restoration-time 300。

④ 在指定端口上禁用 PFC Watchdog：pfcwd stop <interfaceName>。

（2）总体实现流程

PFC Watchdog 总体实现流程如图 4-42 所示。

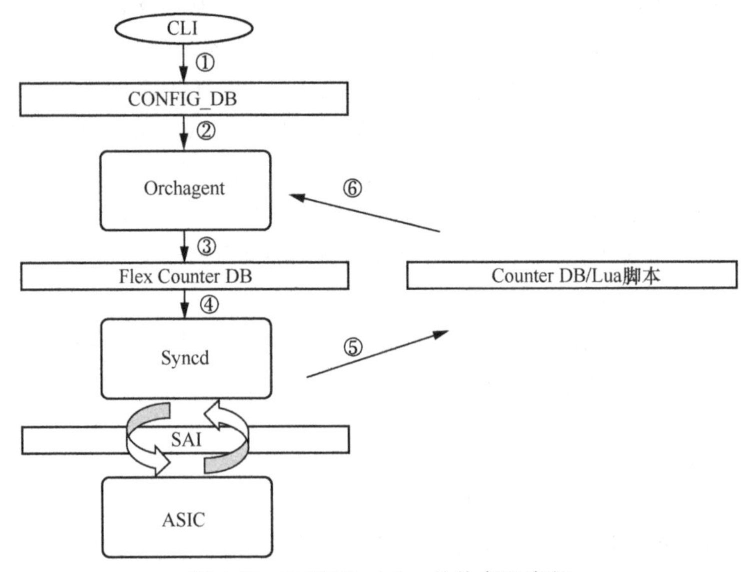

图 4-42　PFC Watchdog 总体实现流程

① 用户通过 CLI 命令进行 PFC Watchdog 配置。用户需要在 CLI 中指定检测

时间、恢复时间和端口名称，配置会被写入 CONFIG_DB 的 PFC_WD 表。

② PFC Watchdog Orchagent 订阅 CONFIG_DB 的 PFC_WD 表。一旦配置被写入 CONFIG_DB，PFC Watchdog Orchagent 会获得更改通知，并在指定的端口上启动相应的功能。

③ 通过计数器检测 PFC 风暴事件。Syncd 是从 ASIC 轮询计数器的模块。为了在特定端口上启动 PFC Watchdog 功能，PFC Watchdog Orchagent 将用于检测 PFC 风暴开始/结束所需的端口/队列计数器写入 Flex Counter DB。然后它会等待通知，以便在发生 PFC 风暴开始/结束事件时得到通知。

④ Syncd 订阅 Flex Counter DB，定期在 ASIC 中查询计数器数据，并将其写入计数器数据库。这样，计数器数据库就包含了最新的端口和队列计数器信息。

⑤ Lua 脚本嵌入计数器数据库。Lua 脚本定期运行，通过可用的计数器检查 PFC 风暴开始/结束事件。如果 PFC 风暴开始/结束事件发生，它会向 Orchagent 发送通知。

⑥ 一旦 Orchagent 从 Lua 脚本接收到 PFC 风暴开始/结束通知，它将相应地启动/停止 PFCWDActionHandler。

4.5.8　PFC 死锁

PFC 死锁（PFC DeadLock），指多个交换机之间因为环路等原因同时出现拥塞，各自端口缓存消耗超过阈值，而又相互等待对方释放资源，从而导致所有交换机上的数据流都永久阻塞的一种网络状态，PFC 死锁过程如图 4-43 所示。

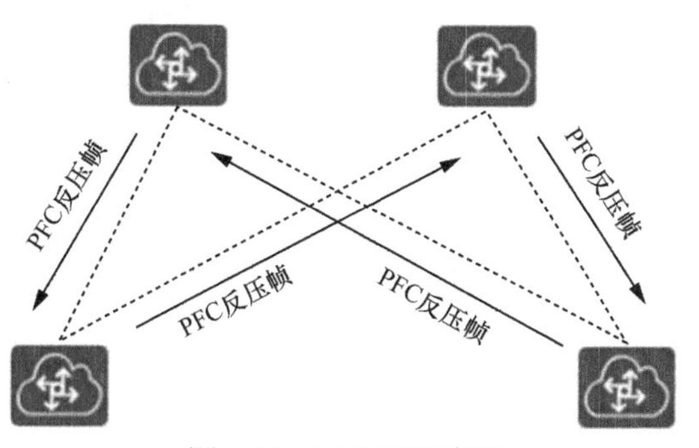

图 4-43　PFC 死锁过程

正常情况下，PFC 中流量暂停只针对某一个或几个优先级队列，不针对整个接口进行中断，每个队列都能单独进行暂停或重启，而不影响其他队列上的流量，真正实现多种流量共享链路。然而当发生链路故障或设备故障时，在路由重新收敛期间，网络中可能会出现短暂环路，会导致出现一个循环依赖缓冲区。如图 4-44 所示，当 4 台交换机都达到 PFC 门限时，将同时向对端发送 PFC 反压帧，这个时候该拓扑中所有交换机都处于停流状态。

1．PFC 死锁检测工作原理

PFC 死锁检测通过以下几个过程对 PFC 死锁进行全程监控，当设备在 PFC 死锁检测周期内持续收到 PFC 反压帧时，将不会响应。

① 死锁检测：图 4-44 显示了设备 2 的端口在收到设备 1 发送的 PFC 反压帧后，内部调度器将停止发送对应优先级的队列流量，并启动定时器监控，根据设定的 PFC 死锁检测周期和精度开始检测队列收到的 PFC 反压帧。

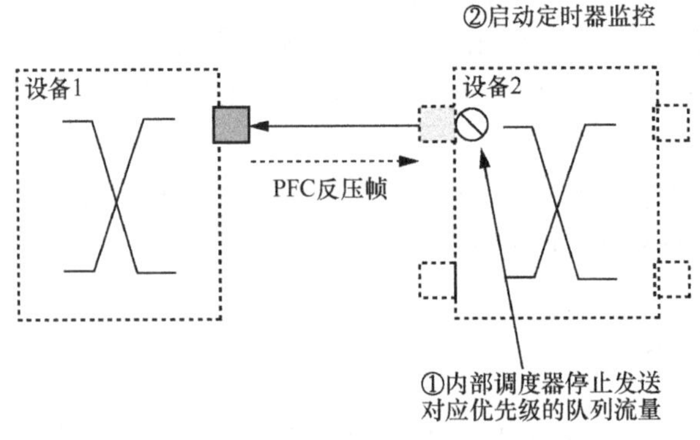

图 4-44　开启死锁检测

② 死锁判定：图 4-45 显示了若在设定的 PFC 死锁检测时间内该队列一直处于被流量控制（PFC-XOFF）状态，则认为出现了 PFC 死锁，需要进行 PFC 死锁恢复处理流程。

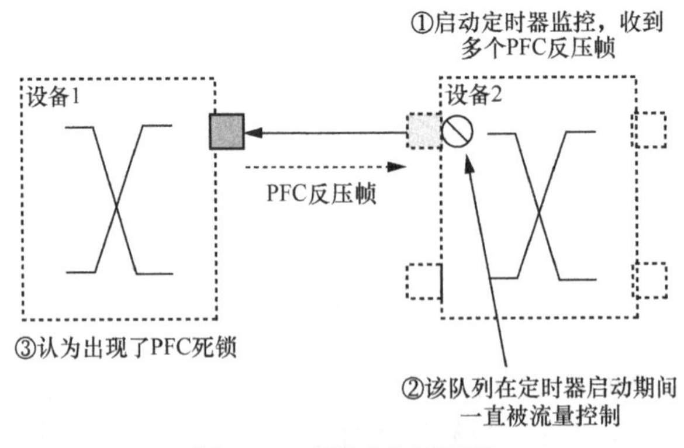

图 4-45　判断出现了死锁

③ 死锁恢复：图 4-46 显示了在 PFC 死锁恢复过程中，会忽略端口接收到的 PFC 反压帧，内部调度器会恢复发送对应优先级的队列流量，也可以选择丢弃对应优先级的队列流量，在死锁恢复周期后恢复 PFC 的正常流量控制机制。若下一次 PFC 死锁检测周期内仍然判断出现了死锁，那么将进行新一轮周期的死锁恢复流程。

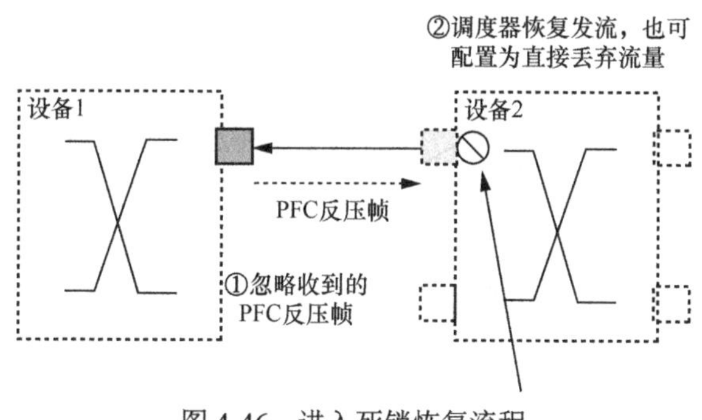

图 4-46　进入死锁恢复流程

④ 死锁控制：图 4-47 显示了若上述死锁恢复流程没有起到作用，仍然不断出现 PFC 死锁现象，那么用户可以配置在一段时间内出现多少次死锁后，强制进入死锁控制流程。比如设定在一段时间内，触发了一定次数的 PFC 死锁之后，认为网络中频繁出现死锁现象，存在极大风险，此时进入死锁控制流程，设备将自动关闭 PFC 功能，需要用户手动恢复。

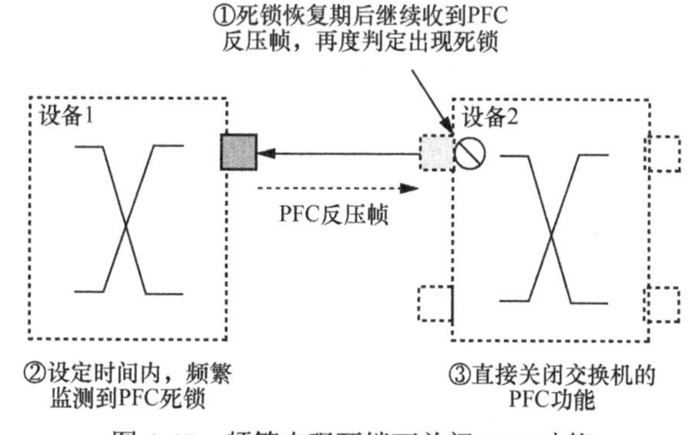

图 4-47　频繁出现死锁可关闭 PFC 功能

2．死锁预防

PFC 死锁预防指设备通过识别易造成 PFC 死锁的业务流，修改队列优先级，从而预防 PFC 死锁的发生。环网 PFC 死锁如图 4-48 所示，正常情况下，业务流量转发路径为服务器（Server）1→接入层设备（Leaf）1→核心层设备（Spine）1→Leaf 2→Server 4。当出现 Leaf 2 和 Server 4 间链路故障等问题时，将可能导致业务流量从 Leaf 2 回流，向 Spine 2 转发。故障流量沿 Leaf 2→Spine 2→Leaf 1→Spine 1 转发，形成环路。如果 Spine 和 Leaf 接口的缓存空间中使用的资源达到 PFC XOFF 门限，则 Spine 和 Leaf 向故障流量的上游发送 PFC Pause 帧。PFC Pause 帧在环网中持续发送，最终导致所有设备进入 PFC 死锁状态，整网断流。

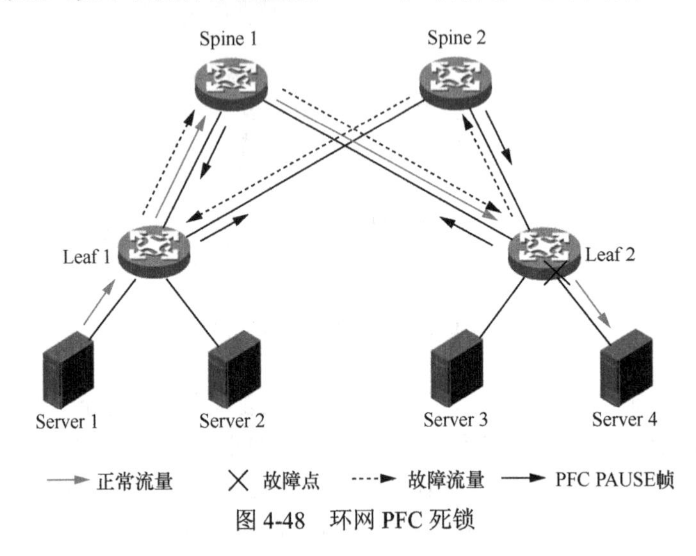

图 4-48　环网 PFC 死锁

如图 4-49 显示了 PFC 钩子流，在 PFC 死锁预防功能中定义了端口组的概念，如图 4-49 所示，Leaf 2 上的接口（Interface）1 与 Interface 2 属于同一端口组。当 Leaf 2 检测到同一条业务流从属于该端口组的接口上进出，即说明该业务流是一条高风险的钩子流，易形成 PFC Pause 帧环路，引起 PFC 死锁。

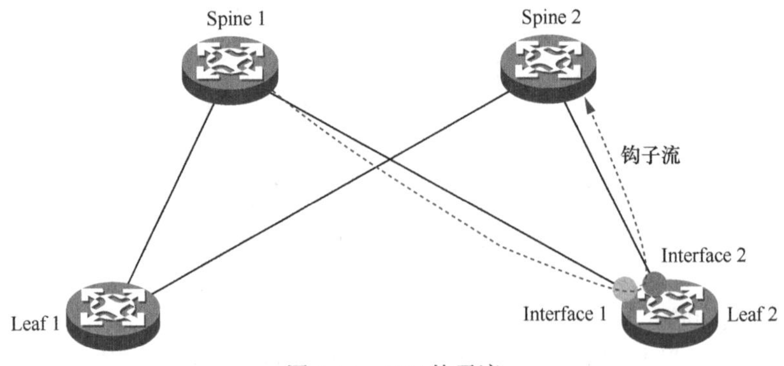

图 4-49　PFC 钩子流

目前，PFC 死锁预防仅针对携带 DSCP 值的业务流量。设备收到报文后，会根据报文的 DSCP 值及设备上 dscp-dot1p 的映射关系，将该报文加入指定 dot1p 优先级的队列转发。PFC 死锁预防功能的工作原理具体如下。

① 部署端口组：管理员提前规划，将可能产生 PFC Pause 帧的接口划分到同一端口组中。

② 识别钩子流。

③ 修改映射关系：设备收到报文后，修改报文的 DSCP 值和对应的 dot1p 优先级，使报文在新的 dot1p 优先级队列中使用新的 DSCP 值转发。

PFC 死锁预防工作原理如图 4-50 所示，设备 A 发送指定 DSCP 值的业务流量。设备 B 收到业务流量后，根据报文的 DSCP 值及设备上 dscp-dot1p 的映射关系，让业务流量在队列 1 中转发。如果设备 B 检测到该业务流量为 PFC 钩子流，易引起 PFC 死锁，则设备 B 会修改业务流量队列优先级，使业务流量切换到队列 2 转发，这样就可以规避队列 1 可能产生的 PFC Pause 帧，预防 PFC 死锁的产生。

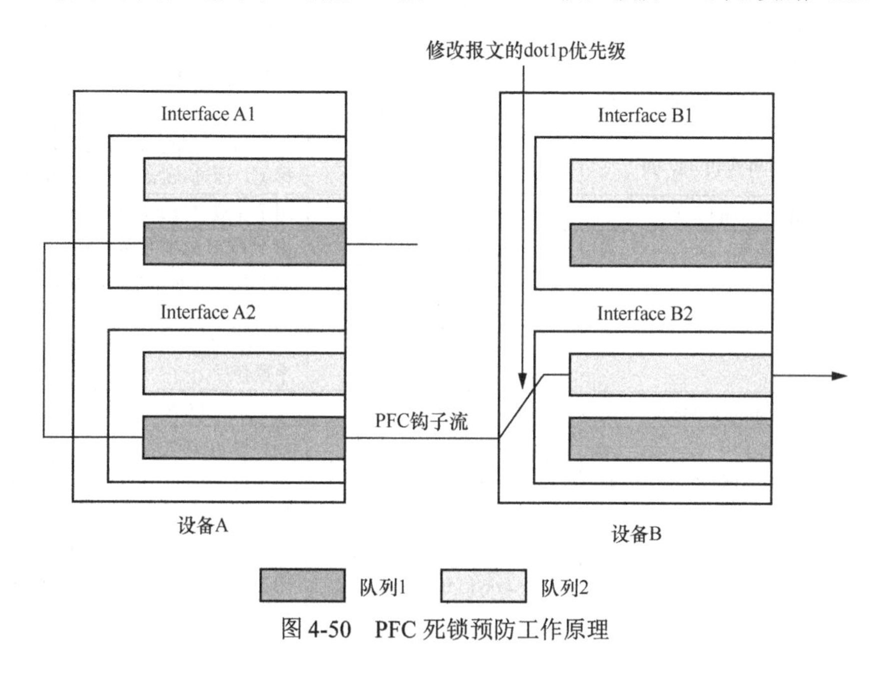

图 4-50　PFC 死锁预防工作原理

4.5.9　DCB 在芯片中的实现

本节主要讲述 PFC 和 ECN 在芯片层面的实现机制，以盛科的 CTC8180 芯片为例进行讲述。芯片寄存器简介如表 4-19 所示。

表 4-19　芯片寄存器简介

寄存器	域	描述
DsSrcPort	gAcl[7:0].aclLookupType	ACL TCAM 查找类型如下 0x0 : None; 0x1 : TCAML2KEY; 0x2 : TCAML2L3KEY; 0x3 : TCAML3KEY; 0x4 : TCAMVLANKEY; 0x5 : TCAML3EXTKEY; 0x6 : TCAML2L3EXTKEY; 0x7 : TCAMCIDKEY; 0x8 : TCAMSHORTKEY; 0x9 : TCAMFORWARDKEY; 0xa : TCAMFORWARDEXTKEY; 0xb : TCAMCOPPKEY;
	gAcl[7:0].aclLabel	标识端口 ACL 查找的 Label，芯片支持多个端口使用相同的 Label
DsIrmPortStallEn	portPriEnVec	用于使能不同优先级对应的 PFC
	portFcEn	用于使能普通流量控制
DsIrmPortTcFlowControlThrdProfile	portTcXoffThrd	标识 PFC XOFF 水线
	portTcXonThrd	标识 PFC XON 水线
DsEcnActionMappingEcn	array[3:0].ecnValue	用于报文在出端口方向上的 ECN 标记，通过 cnAction 字段索引
DsIpEcnMapping	array[3:0].mappedEcn	用于非隧道报文的 ECN 映射处理
DsAcl	u1.g1.cnActionMode	用于 ECN 处理的模式配置
	u1.g1.cnAction	用于出 ecnAction，配合 cnActionMode 字段使用
	color	标识报文的颜色，配合 cnActionMode 字段使用
DsEcnMappingAction	array[3:0].ecnAction	用于报文 ECN 的映射处理
DsCnActionColorMappingProfile	cnActionGreen	标识报文 color 为绿色的 cnAction
	cnActionYellow	标识报文 color 为黄色的 cnAction
	cnActionRed	标识报文 color 为红色的 cnAction
DsTunnelEcnMapping	array[3:0].mappedEcnTunnel	用于隧道报文的 ECN 映射处理
	array[3:0].discard	用于通过 ECN 丢弃 Tunnel 报文
	array[3:0].exceptionEn	用于通过 ECN 上送隧道报文到 CPU 中
DsL3EditAddlp44X	ecnCopyMode	当该字段为 1 时，表示通过报文的 ECN 映射字段索引 EpePktProcEcn-XlateCtl 的 ecnValue；当该字段为 0 时，表示直接从内层报文解析结果中的 ECN 字段映射到隧道外层 ECN
EpePktProcEcnXlateCtl	Array[3:0].ecnValue	用于隧道报文 ECN 字段编辑，配合 ecnCopyMode 字段使用

1. 芯片寄存器简介

下面逐一进行各个寄存器字段的解释。

（1）DsSrcPort

DsSrcPort 字段用于指定源端口的访问控制列表（ACL）查找类型和标签。它决定了如何根据数据包的特定属性（如 MAC 地址、VLAN 标签等）进行访问控制。它包含以下两个子字段。

① aclLookupType：定义了 ACL 的查找类型，有多种类型，如基于 L2、L3 或 VLAN 的键值等。

② aclLabel：标识端口 ACL 查找的标签，允许多个端口使用相同的标签。这种标签可以用于在三元内容寻址存储器（TCAM）中进行快速匹配和查找。

（2）DsIrmPortStallEn

这个字段用于启用端口的流量控制功能。它包含以下两个子字段。

① portPriEnVec：用于启用不同优先级的 PFC，允许对特定优先级的数据流进行流量控制。

② portFcEn：用于启用普通流量控制。

（3）DsIrmPortTcFlowControlThrdProfile

该字段是一个配置字段，它用于定义特定端口上流量控制的阈值参数。它包含以下两个字段。

① portTcXoffThrd：标识 PFC 的 XOFF 阈值，即当队列大小达到这个阈值时，发送端将停止发送数据。

② portTcXonThrd：标识 PFC 的 XON 阈值，即当队列大小小于这个阈值时，发送端将恢复发送数据。

（4）DsEcnActionMappingEcn

这个字段包含一个数组 ecnValue，用于报文在出端口方向上的 ECN 标记，通过 cnAction 字段索引。

（5）DsIpEcnMapping

这个字段包含一个数组 mappedEcn，用于非隧道报文的 ECN 映射处理。

（6）DsAcl

这个字段包含以下 3 个子字段，用于 ECN 处理的模式配置和动作。

① cnActionMode：用于 ECN 处理的模式配置。

② cnAction：用于定义当 ECN 处理模式被激活时，网络设备对数据包执行的具体动作。这个字段是与 cnActionMode 字段配合使用的，后者决定了 ECN 处理的模式或策略。

③ color：标识报文的颜色，与 cnActionMode 字段配合使用。

（7）DsEcnMappingAction

这个字段包含一个数组 ecnAction，用于报文的 ECN 映射处理。

（8）DsCnActionColorMappingProfile

这个字段包含 3 个子字段，用于不同颜色报文的 ECN 动作。cnActionGreen、cnActionYellow、cnActionRed 分别标识绿色、黄色和红色报文的 ECN 动作。

（9）DsTunnelEcnMapping

这个字段包含以下 3 个子字段，用于隧道报文的 ECN 处理。

① mappedEcnTunnel：用于隧道报文的 ECN 映射处理。

② discard：用于通过 ECN 丢弃隧道报文。

③ exceptionEn：用于通过 ECN 上送隧道报文到 CPU 中。

（10）DsL3EditAddlp44X

这个字段的 ecnCopyMode 用于确定隧道报文的 ECN 字段是来自映射字段还是内层报文。

（11）EpePktProcEcnXlateCtl

这个字段包含一个数组 ecnValue，用于隧道报文 ECN 字段编辑，与 ecnCopyMode 字段配合使用。

2. ECN 在芯片中的实现

ECN 处理流程如图 4-51 所示，芯片接收到报文后，首先进行报文解析，根据 IP 报文的 DSCP 中的 ECN 字段（ECN=1 或者 ECN=2）判断是否为 ECN 报文进行 ECN 使能处理。如果通过 ACL 匹配非 ECN 的数据流进行映射修改，ECN 字段也可以使能 ECN。ECNPacketProcess 模块会根据使能 ECN 的报文进行后续处理，在出口发生拥塞的情况下会将 ECN 字段修改成 ECN=3，表示报文在该设备进行处理时发生拥塞。接收端接收到该报文后会根据 ECN 信息判断是否出现拥塞和是否要通过发送协议报文来调整发送端的发送速率。

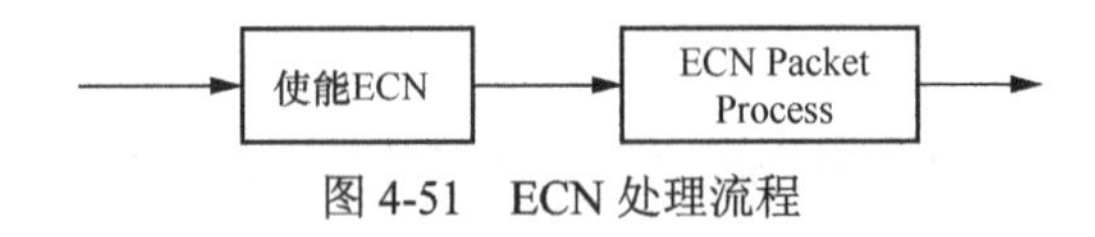

图 4-51　ECN 处理流程

（1）基于报文的使能 ECN 的实现原理

当 IP 报文的 ECN 字段为 01 或者 10 时，表示使能 ECN 处理，在芯片转发该报文的出端口发生拥塞的情况下将该报文的 ECN 字段修改成 ECN=11，通过该字段将拥塞信息携带在报文上。

芯片接收到报文，首先进行报文解析，其中 ECN 字段对应的报文解析结果 ParserResult 的 uL3Tos.glp.tos 字段，该字段作为 DslpEcnMapping 的 mappedEcn 字段的索引，用于后续 ECN Process 模块处理。

当 IpeLookupCtl.toslsLegacyUsage 为 1，芯片支持使用 IpeLookupCtl 的 defaultEcnNonlp 字段作为 ECN 默认 mappedEcn 配置。具体实现原理如图 4-52 所示。

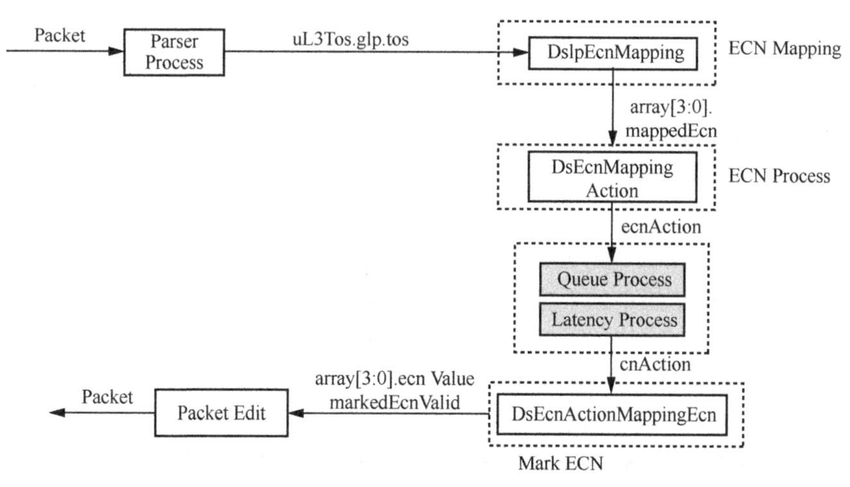

图 4-52　基于报文使能的 ECN Process 处理具体流程示意图

芯片接收到报文，首先进行报文解析处理，报文解析结果 ParserResult 的 uL3Tos.glp.tos 字段作为 DslpEcnMapping 的 mappedEcn 字段的索引。在 ECN Process 模块中，如果 cnActionColorMode 字段为 0，表示基于报文使能 ECN。

通过 mappedEcn 索引到的 DsEcnMappingAction.array[mappedEcn].ecnAction 字段，将以 cnAction 的形式携带并用于后续的 Queue Process 处理。

在 Queue Process 模块中，如果使能 ECN 处理的报文携带的 cnAction 为 CONGESTION NOT EXPERIENCED，且 congestionValid 为 1，就将该 cnAction 字段修改为 CONGESTION AND EXPERIENCED，表示处理时发生拥塞。

Queue Process 模块的处理满足 MARK ECN 的条件，具体如下。

① Queue 统计达到 ECN 阈值，对应 DsErmQueueLimitedThrdProfile 的 ecnMarkThrd 字段。

② WRED 发生随机丢弃。

③ 出口速率达到 ECN 阈值，对应 DsErmAqmPortThrd 的 aqmPortThrdHigh 字段。

④ SC level 统计达到阈值，对应 DsErmScThrd 的 scCngThrd 字段。

Latency Process 模块的处理满足 MARK ECN 的条件，具体如下。

① 当 EpePktProcCtl 的 latencyCongestionEn 字段为 1，且 DsDestChannel 对应 Latency 阈值区间 region 判断结果 latencyCongestionValid 为 1，表示满足 Latency Process 标记 ECN。

② 芯片支持配置 Latency 阈值区间，分别对应 DsLatencyMonCtl.arr[7:0]的 latencyThrdHigh 字段，配合 DsLatencyMonCtl.array[7:0].latencyThrdShift 字段使用。

在进行 EPE 处理时，需要根据报文携带的 cnAction 信息索引 DsEcn ActionMappingEcn。

DsEcnActionMappingEcn 的 array[ParserResult.uL3Tos.glp.tos].ecnValue 字段将用于报文出口编辑的 ECN 字段更新处理。

这里需要满足两个条件，一是 EpePktProcCtl.toslsLegacyUsa0 为 0 且满足 EpePktProcCtl.ecnAware(layer4Type)、EpePktProcCtl.ecnlgnoreCheck 中任意一个为 1；二是报文解析结果中的 layer3Type 为 L3TYPE IPV4 或 L3TYPE IPV6。

在满足上述条件的情况下，报文在出口时会进行编辑，以完成对 ECN 字段的修改并更新校验和 newlpChecksum 字段。

（2）基于数据流使能 ECN 的实现原理

基于数据流的 ECN 处理流程如图 4-53 所示，芯片接收到 IP 报文，首先进行报文解析，根据报文解析结果可以通过 ACL 查找进行基于数据流特征的匹配，根据查找结果索引到 DsAcl。其中，DsAcl 的 u1.g1.cnActionMode 和 u1.g1.cnAction 字段进行 ECN 的映射和标记成使能 ECN 的报文（ECN=01，ECN=10）。

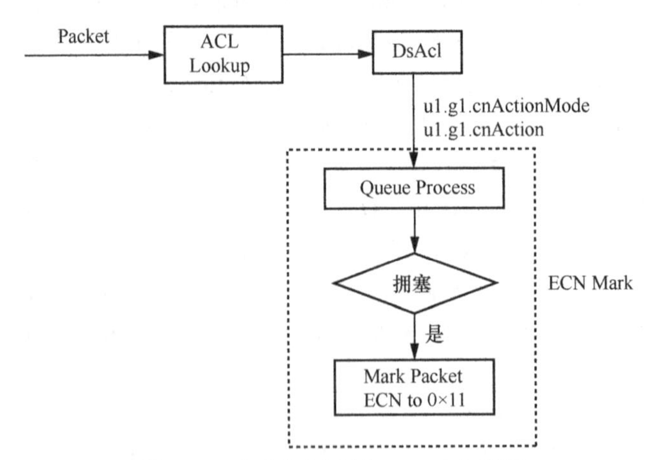

图 4-53　基于数据流的 ECN 处理流程

当该报文在 Queue Process 模块处理时发生拥塞，将该使能 ECN 的 IP 报文的 ECN 字段标记成 ECN=11，表示发生拥塞，且不响应 WRED 丢包处理。如果 DsAcl

的 u1.g1.cnAction 字段为 ECN=11，表示直接标识报文，不需要发生拥塞。具体实现原理如图 4-54 所示。

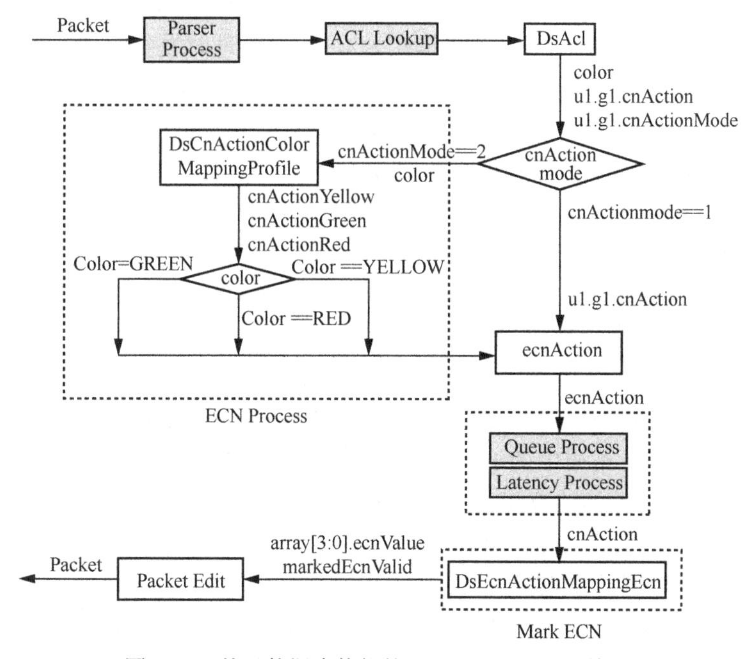

图 4-54　基于数据流使能的 ECN Process 处理流程

芯片接收到报文，首先进行报文解析处理，根据报文解析结果，通过 ACL 查找进行基于数据流特征的匹配，根据查找的结果索引到 DsAcl。其中，DsAcl 的 color、u1.g1.cnActionMode 和 u1.g1.cnAction 字段进行 ECN 的映射和标记成使能 ECN 的报文。

在 ECN Process 模块中，当 cnActionMode 字段为 1 时，表示基于数据流使能 ECN，且通过 DsAcl 的 u1.g1.cnAction 字段映射到 ecnAction 进行后续处理。

当 cnActionMode 字段为 2 时，具体如下。

① 当 DsAcl 的 color 为 GREEN 时，用 cnAction 索引到的 DsCnActionColor MappingProfile 的 cnActionGreen 字段 ecnAction 进行后续处理。

② 当 DsAcl 的 color 为 YELLOW 时，用 cnAction 索引到的 DsCnActionColor MappingProfile 的 cnActionYellow 字段 ecnAction 进行后续处理。

③ 当 DsAcl 的 color 为 RED 时，用 cnAction 索引到的 DsCnActionColor MappingProfile 的 cnActionRed 字段 ecnAction 进行后续处理。

通过 mappedEcn 索引到的 DsEcnMappingAction.arra[mappedEcn].ecnAction

字段，将以 cnAction 的形式携带并用于后续的 Queue Process 处理。

在 Queue Process 模块中，如果使能 ECN 处理的报文携带的 cnAction 为 CONGESTIONNOTEXPERIENCED，且 congestionValid 为 1，将该 cnAction 字段修改为 CONGESTIONANDEXPERIENCED，表示处理时发生拥塞。

在 Latency Process 模块中，如果 EpePktProcCtl 的 latencyCongestionEn 字段为 1，DsDestChannel 对应 Latency 值区间判断结果 latencyCongestionValid 为 1，表示满足 Latency Process 处理时发生拥塞。

在 EPE 处理时，需要根据报文携带的 cnAction 信息索引 DsEcnAction-MappingEcn。

DsEcnActionMappingEcn 的 arr[ParserResult.uL3Tos.glp.tos].ecnValue 字段将用于报文出口编辑的 ECN 字段更新处理。

这里需要满足两个条件，一是 EpePktProcCtl.toslsLegacyUsage 为 0，且满足 EpePktProcCtl.ecnAware(layer4Type)和 EpePktProcCtl.ecnlgnoreCheck 中任意一个为 1；二是报文解析结果中的 layer3Type 为 L3TYPE IPV4 或 L3TYPE IPV6。

在满足上述条件的情况下，报文在出口时会进行编辑，以完成对 ECN 字段的修改，并更新校验和 newlpChecksum 字段。

3．PFC 在芯片中的实现

芯片接收到报文后，根据报文的入端口属性及 IP 报文的 DSCP 或者 VLAN Priority 映射到 TC 字段判断是否使能 PFC。如果使能 PFC，则继续 PFC Process，PFC Process 包含入端口的报文 Buffer 统计与该端口 PFC 触发 Pause 帧水线的比较处理。如果达到 Pause XOFF 水线，会触发 Pause 帧通知对端停止发送报文；如果一段时间后该端口接收报文占用的 Buffer 降低到 Pause XON 水线，触发 Pause 帧通知对端恢复发送报文。PFC 的处理流程如图 4-55 所示。

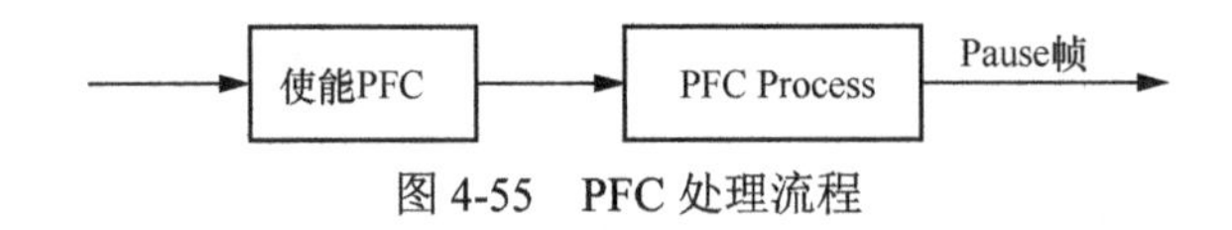

图 4-55　PFC 处理流程

（1）使能 PFC

图 4-56 显示了将入端口对应的 channelld 作为 Portindex 来索引 DslrmPort-StallEn。根据 DslrmPortStallEn 的 portPriEnVec 字段，长度为 8bit，分别使能不同优先级对应的 PFC。

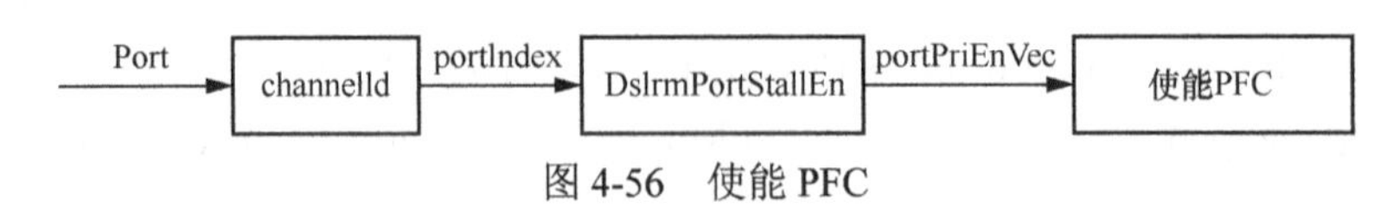

图 4-56　使能 PFC

（2）PFC Process

PFC Process 芯片原理如图 4-57 所示，芯片接收到报文，根据报文解析结果中的服务类型（COS）或者 DSCP 映射到 Priority 字段上，再由 Priority 映射到 mappedTc 上，也可以直接通过 ACL 匹配 DSCP 出 mappedTc。根据 mappedTc 及入端口对应的 channelld 索引到 Pause 帧触发的水线设置表 DslrmPort TcFlow-ControlThrdProfile。DslrmPortTcFlowControlThrdProfile 的 portTcXoffThrd 字段对应触发停止对端发包的 Pause 帧水线设置。DslrmPortTcFlowControlThrdProfile 的 portTcXonThrd 字段对应触发恢复对端发包的 Pause 帧水线设置。

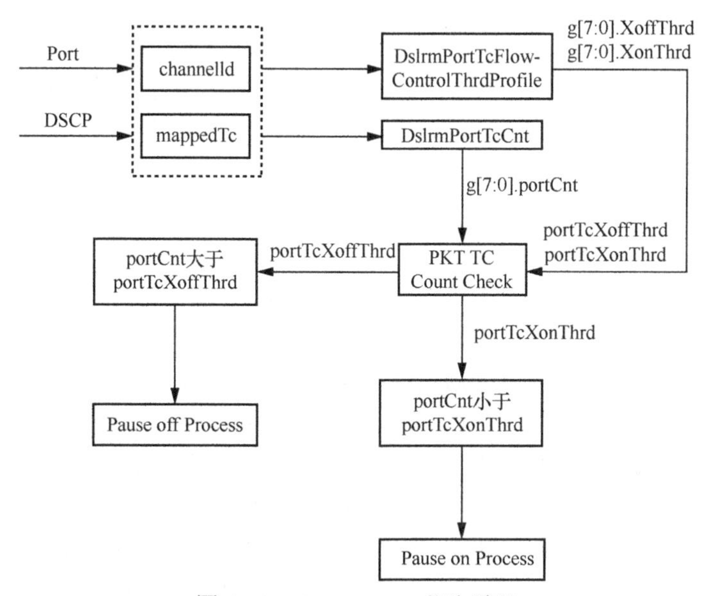

图 4-57　PFC Process 芯片原理

芯片接收到报文，根据报文解析结果中的 COS 或者 DSCP 映射到 Priority 字段，再由 Priority 映射到 mappedTc，也可以直接通过 ACL 匹配 DSCP 出 mappedTc。根据 mappedTc 及入端口对应的 channelld 索引到 DslrmPortTcCnt。不同优先级的报文统计对应不同的 DslrmPortTcCnt 的 portCnt。根据该端口接收对应 Priority 的报文数量 portTcCnt 与 PFC 水线 portTcXoffThrd 进行 Count Check 处理。如果 portTcCnt 高于 portTcXoffThrd，表示触发停止对端发包的 Pause 帧；如果 portTcCnt 低于 portTcXonThrd，表示触发恢复对端发包的 Pause 帧。

（3）PFC Pause 帧处理与转发控制

PFC Pause 帧处理与芯片架构如图 4-58 所示，当芯片接收到 Pause 帧，由

MACRX 检测 PFC Pause，并先将对应优先级的数据流发送到 NETRX 进行映射处理，之后再将其发送到 QMgr 模块中。

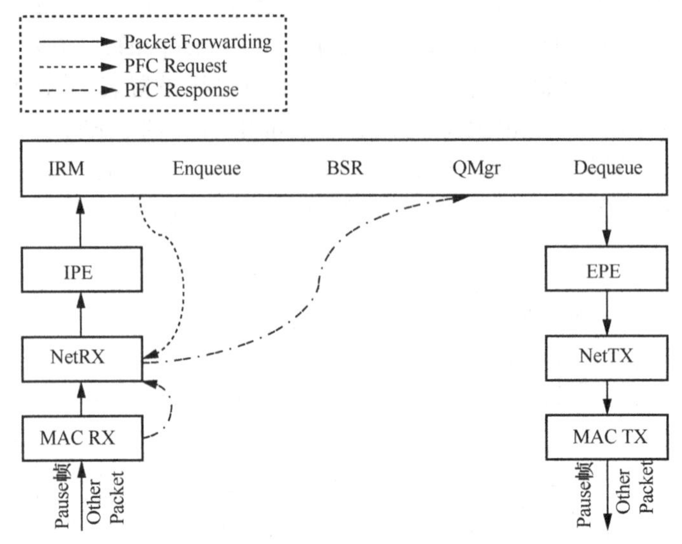

图 4-58　PFC Pause 帧处理与芯片架构

NetRX 模块根据 NetRxBufManagem 的 cfgPauseXonThrd 和 cfgPauseXoffThrd 字段更新状态，当队列 Buffer Counter 大于 cfgPauseXoffThrd 时，触发集成资源管理（IRM）模块更新 PFC 状态为暂停（Pause）；当队列 Buffer Counter 小于或等于 cfgPauseXonThrd 时，触发 IRM 模块更新 PFC 状态为恢复（Resume）。

IRM 模块负责处理触发 PFC 水线发送 Pause 帧，根据 Pause 帧的优先级来停止队列中对应报文的发送。MAC 模块一旦触发了 PFC Pause off，需要再次接收到 PFC Pause on 报文才会继续发送数据流。

针对 PFC Dead-lock 的检测和解除，芯片支持配置 McMacPauseRxCtl 的 cfgMcMacRxPauseLockDetectEn 字段来使能 PFC Dead-lock，芯片支持配置 McMacPauseRxCtl 的 cfgMcMacRxPauseLockDetectTimer 来设置 PFC Pause 的 PFC Dead-lock 检测周期，以及通过配置 cfgMcMacRxPauseLockDetectCos 来设置 PFC Pause 的 PFC Dead-lock 检测优先级。

4.6　本章小结

本章主要内容涵盖了 SONiC 的二层网络功能和三层网络功能。在二层网络功能部分，详细介绍了 VLAN 技术及其配置，包括基于端口、MAC 地址、网络层和 IP 多播的 VLAN 划分方式。还探讨了 GVRP 和 VTP 两种主流的动态 VLAN 管理协议。同时，本章还阐述了 MAC 地址表的配置方法，包括动态地址老化时间、静态单播和多播地址的配置等。在三层网络功能部分，重点介绍了静态路由和动态路由中的 OSPF。静态路由部分详细介绍了静态路由的概念和配置步骤。动态路由中的 OSPF 部分，重点阐述了 OSPF 区域划分、路由器类型和网络类型等概念。本章还通过介绍配置实例展示了在 SONiC 环境中配置静态路由和 OSPF 的基本步骤。此外，本章还介绍了应用于 SONiC 中的 Telemetry 技术，其能够从网络设备上高速采集数据，并可实现数据的实时推送。Telemetry 框架包括数据建模、数据编码、数据来源、订阅模式等模块。SONiC 中的 Telemetry 主要实现代码位于/src/sonic-gnmi 中。此外，本章还介绍了 SONiC 中的无损网络，包括 RDMA 技术、支持 RDMA 的协议、实现无损网络的相关技术 PFC 和 ECN 等。PFC 是数据中心桥接协议中的一个重要组成部分，用于数据中心网络中的流量控制。ECN 用于数据中心网络中的拥塞控制。

总体来说，本章详细介绍了 SONiC 在二层和三层网络功能方面的核心技术和实现原理。这些核心技术和实现原理构成了 SONiC 的基础，为构建高效、可靠的网络提供了有力支持。通过本章的学习，读者可以更好地理解 SONiC 的工作原理，为实际网络环境中的部署和应用打下坚实基础。

参考文献

[1] 王霞俊. Cisco ISL 和 IEEE 802.1Q 协议分析及其实验设计与仿真[J]. 信息与计算机(理论版), 2018(3): 155-157, 160.

[2] 杨培培, 王雪, 杨仁玉, 等. GVRP 协议在 VLAN 动态配置中的作用研究与实现[J]. 无线互联科技, 2018, 15(24): 5-7.

[3] 瞿朝成, 朱小军, 岳建斌. VTP 技术的研究及仿真[J]. 自动化与仪器仪表, 2016(3): 20-21.

[4] 刘奕君, 任智, 李维政. 太赫兹无线局域网 MAC 协议优化设计[J]. 电讯技术, 2023, 63(3): 375-381.

[5] MOY J T. OSPF: anatomy of an Internet routing protocol[M]. Reading: Addison-Wesley, 1998.

[6] VERMA A, BHARDWAJ N. A review on routing information protocol (RIP) and open shortest path first (OSPF) routing protocol[J]. International Journal of Future Generation Communication and Networking, 2016, 9(4): 161-170.

[7] 王勤, 秦望龙, 刘冠邦, 等. 计算机网络测量技术及发展[C]//中国指挥与控制学会(Chinese Institute of Command and Control). 第十一届中国指挥控制大会论文集. 中国电子科技集团公司第二十八研究所, 2023: 6.

[8] 谈杰, 李星. 网络测量综述[J]. 计算机应用研究, 2006, 23(2): 5-8, 13.

[9] TAN L, SU W, ZHANG W, et al. In-band network telemetry: a survey[J]. Computer Networks, 2021(186): 107763.
[10] 齐小刚，单明媚，张皓然．软件定义网络故障诊断综述[J]．智能系统学报，2023，18(4): 662-675.
[11] 钱昊，郑嘉琦，陈贵海．网络重要流检测方法综述[J]．软件学报, 2024, 35(2): 852-871.
[12] 金浩，杨洪章. RDMA 网络传输技术研究综述[J]．科技风, 2020(18): 131.
[13] 李向阳．面向无损网络的优先化细粒度流调度研究[D]．成都：西南交通大学, 2022.
[14] 刘军，韩骥，魏航，等．数据中心 RoCE 和无损网络技术[J]．中国电信业, 2020(7): 76-80.
[15] 胡鼎煌．数据中心 ECN 与信用预约流量混合控制技术研究[D]．长沙：国防科技大学, 2021.
[16] 范旭光．无损网络数据中心应用概述[J]．通信世界, 2019(33): 36.

第5章

典型功能测试

本章详细介绍了 SONiC 中的网络设备上常见的二层转发和三层路由等网络功能测试，涵盖 VLAN、VLAN 间路由、静态路由、RIP、加强型网关间选径协议（EIGRP）、OSPF、BGP 和 RIPng 等多种网络功能和协议。对 SONiC 交换机上的各种路由功能进行配置和测试，帮助读者深入理解部分路由协议的工作原理和配置方法，为实际网络设备的配置提供参考。这些路由功能测试涵盖了网络设备的核心路由功能，对于了解网络设备和网络配置具有非常重要的意义。

5.1 VLAN

5.1.1 VLAN 概述

VLAN 是网络上设备的逻辑分组。在传统网络中，所有设备都是同一物理 LAN 的一部分，这意味着它们都在同一广播域中，可以自由地相互通信[1]。但是，使用 VLAN，单个物理网络可以被划分为多个 VLAN，每个 VLAN 都有自己唯一的 VLAN ID。如果没有 VLAN，从主机 A 发送的广播将到达网络上的所有设备处。每个设备都将接收和处理广播帧，从而增加了每个设备的 CPU 开销，并降低了网络的整体安全性。VLAN 内部通信指同一 VLAN 内的设备之间的通信。同一 VLAN 内的设备连接到同一个广播域中，可以直接通信，不需要路由。要启用 VLAN 间通信，用户需要为设备配置适当的 IP 地址和子网掩码。设备之间可以通过这些 IP 地址进行通信。所有主机在同一 VLAN 内的拓扑如图 5-1 所示。

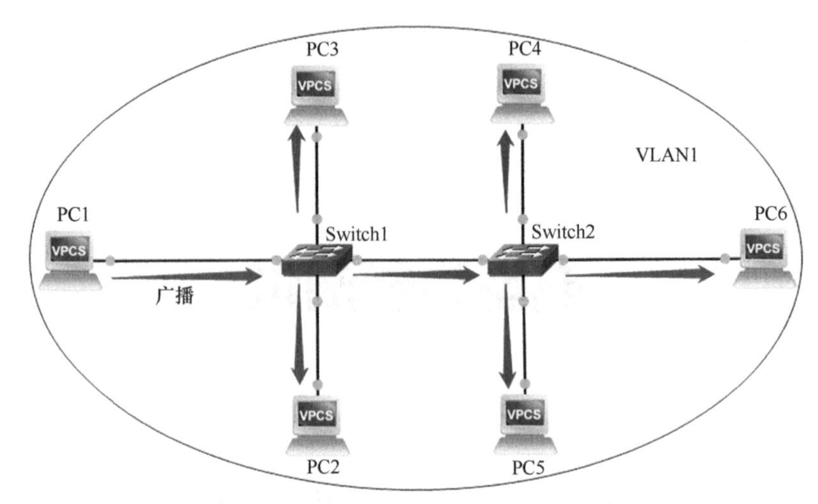

图 5-1　所有主机在同一 VLAN 内的拓扑

如图 5-1 所示，同一 VLAN 内的设备之间可以像在同一个物理 LAN 内一样进行通信，但不同 VLAN 内的设备之间不能进行通信，除非有特定的路由器或交换机允许。这样既可以防止非法访问网络设备，提高网络安全性，又可以减少广播流量，提高网络性能。

将两个交换机上的接口放置到一个单独 VLAN 中，主机 A 的广播将只到达同一个VLAN内的设备处，因为每个VLAN都是一个单独的广播域[2]。其他VLAN中的主机甚至不知道发生了通信。为了到达不同 VLAN 的主机，需要一个路由器，主机在不同 VLAN 中的拓扑结构，如图 5-2 所示。

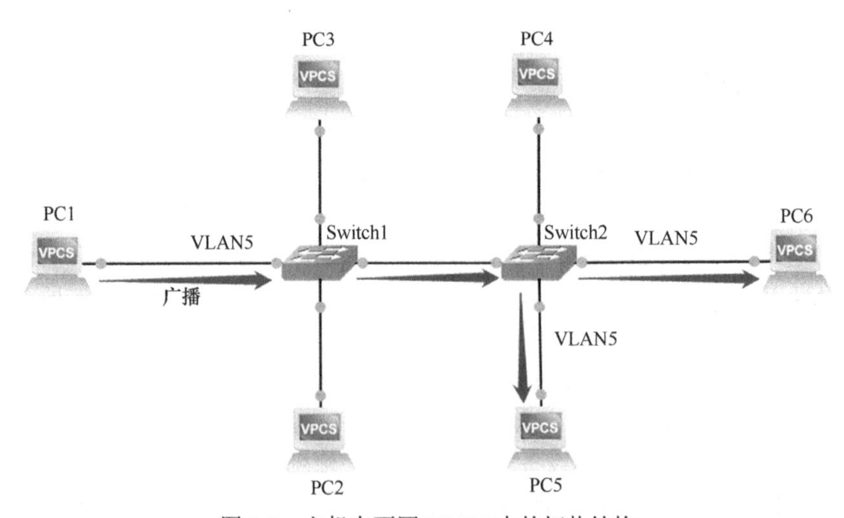

图 5-2　主机在不同 VLAN 中的拓扑结构

5.1.2　网络拓扑

导入 SONiC 镜像之后，考虑一个简单的示例。假设有一个包含两个部门的网络，两个部门为营销部门和财务部门。为了提高网络的安全性和性能，需要为每个部门划分不同的 VLAN。

为此，需要相应地配置交换机和主机。假设有两个交换机（SONiC-1 和 SONiC-2）和 4 个主机（PC1 到 PC4）。现在在 GNS3 模拟器中使用 SONiC 交换机和主机绘制网络拓扑，用 SONiC 搭建 VLAN 拓扑如图 5-3 所示。

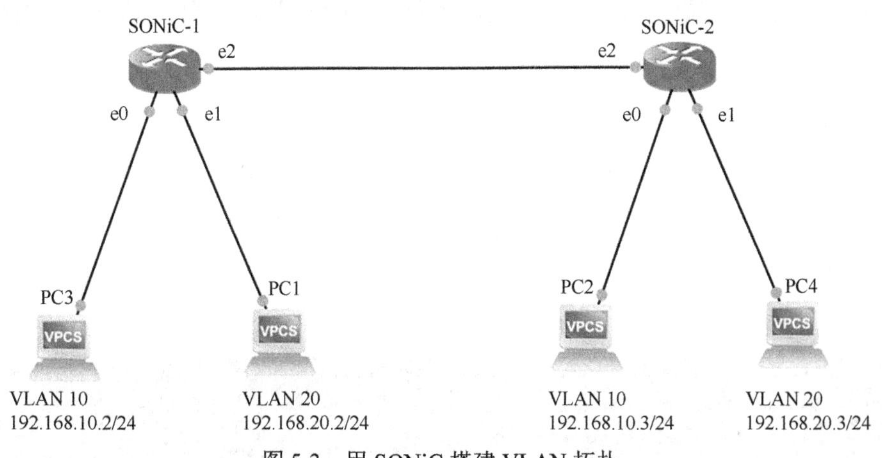

图 5-3　用 SONiC 搭建 VLAN 拓扑

5.1.3　网络配置

对于上面的拓扑，所有主机和交换机在发送流量之前都要先配置好。首先，打开控制台，配置交换机 1（SONiC-1），并对交换机 2（SONiC-2）重复相同的配置步骤。按照如下步骤配置 SONiC-1。

步骤 1：检查交换机中的端口状态，如图 5-4 所示，命令如下。

```
show interfaces status
```

① 管理端口（Admin）用于设备管理和配置，允许管理员远程访问设备并对设备进行配置。另外，操作端口（Oper）用于常规的网络流量传送，如在网络设备之间传递数据。

② 在图5-4中，所有端口在运行上都是关闭(down)，但在管理上是打开(up)。

在多数情况下，运行状态下的端口初始默认为“down”，少数情况下在 GNS3 运行设备后端口的运行状态为“up”。

```
admin@sonic:~$ show interface status
  Interface            Lanes    Speed    MTU    Alias    Vlan    Oper    Admin    Type    Asym PFC
-----------  ---------------  -------  -----  -------  ------  ------  -------  ------  ----------
  Ethernet0               49      25G   9100   Eth1/1  routed    down     down     N/A         N/A
  Ethernet1               50      25G   9100   Eth1/2  routed    down     down     N/A         N/A
  Ethernet2               51      25G   9100   Eth1/3  routed    down     down     N/A         N/A
  Ethernet3               52      25G   9100   Eth1/4  routed    down     down     N/A         N/A
  Ethernet4               57      25G   9100   Eth1/5  routed    down     down     N/A         N/A
  Ethernet5               58      25G   9100   Eth1/6  routed    down     down     N/A         N/A
  Ethernet6               59      25G   9100   Eth1/7  routed    down     down     N/A         N/A
  Ethernet7               60      25G   9100   Eth1/8  routed    down     down     N/A         N/A
  Ethernet8               61      25G   9100   Eth1/9  routed    down     down     N/A         N/A
  Ethernet9               62      25G   9100  Eth1/10  routed    down     down     N/A         N/A
 Ethernet10               63      25G   9100  Eth1/11  routed    down     down     N/A         N/A
 Ethernet11               64      25G   9100  Eth1/12  routed    down     down     N/A         N/A
 Ethernet12               77      25G   9100  Eth1/13  routed    down     down     N/A         N/A
 Ethernet13               78      25G   9100  Eth1/14  routed    down     down     N/A         N/A
 Ethernet14               79      25G   9100  Eth1/15  routed    down     down     N/A         N/A
 Ethernet15               80      25G   9100  Eth1/16  routed    down     down     N/A         N/A
```

图 5-4　检查端口状态

步骤 2：改变运行状态的方法有两种，具体如下。

① 使用如下命令使接口的运行状态更改为“up”操作，如图 5-5 所示。

```
sudo config interface startup <interface_name>
admin@sonic:~$ sudo config interface startup Ethernet0
admin@sonic:~$ sudo config interface startup Ethernet1
admin@sonic:~$ sudo config interface startup Ethernet2
```

```
admin@sonic:~$ sudo config interface startup Ethernet0
admin@sonic:~$ sudo config interface startup Ethernet1
admin@sonic:~$ sudo config interface startup Ethernet2
admin@sonic:~$ show interface status
  Interface            Lanes    Speed    MTU    Alias    Vlan    Oper    Admin    Type    Asym PFC
-----------  ---------------  -------  -----  -------  ------  ------  -------  ------  ----------
  Ethernet0               49      25G   9100   Eth1/1  routed      up       up     N/A         N/A
  Ethernet1               50      25G   9100   Eth1/2  routed      up       up     N/A         N/A
  Ethernet2               51      25G   9100   Eth1/3  routed      up       up     N/A         N/A
  Ethernet3               52      25G   9100   Eth1/4  routed    down     down     N/A         N/A
  Ethernet4               57      25G   9100   Eth1/5  routed    down     down     N/A         N/A
  Ethernet5               58      25G   9100   Eth1/6  routed    down     down     N/A         N/A
  Ethernet6               59      25G   9100   Eth1/7  routed    down     down     N/A         N/A
  Ethernet7               60      25G   9100   Eth1/8  routed    down     down     N/A         N/A
  Ethernet8               61      25G   9100   Eth1/9  routed    down     down     N/A         N/A
  Ethernet9               62      25G   9100  Eth1/10  routed    down     down     N/A         N/A
```

图 5-5　端口运行状态为“up”

② 可以通过配置“config_db”改变端口状态，路径为“/etc/sonic”。配置“config_db”的命令为“sudo vi config_db.json”。

注意，建议首先保存所有配置，然后使用“sudo config reload”命令重新加载。

按照上面的命令，修改“config_db”，然后保存。注意，建议使用第 2 种方式改变端口状态。有时使用第 1 种方式后，端口状态仍然为“down”。因此，建议使用“config_db”来更改端口状态。

步骤 3：默认情况下，所有端口都是三层路由，并分配 IP 地址。移除 IP 地址，使该端口成为交换机端口（L2）。命令如下。

```
sudo config interface ip remove/add <interface_name> <ip_addr>
admin@sonic:~$ sudo config interface ip remove Ethernet64 10.11.12.13/31
```

所有这些端口都必须去掉 IP 地址，以便在网络拓扑中使用。注意，最好是在执行 2 个命令或 3 个命令后保存一次配置。

步骤 4：现在为拓扑创建 VLAN。在创建 VLAN 之前，可以使用如下命令查看 VLAN 表，初始 VLAN 表的信息如图 5-6 所示。

```
show vlan brief
```

```
admin@sonic:~$ show vlan brief
+-----------+--------------+---------+---------------+-----------------------+
| VLAN ID   | IP Address   | Ports   | Port Tagging  | DHCP Helper Address   |
+===========+==============+=========+===============+=======================+
+-----------+--------------+---------+---------------+-----------------------+
```

图 5-6 初始 VLAN 表的信息

在图 5-6 中，没有创建 VLAN，所以使用以下命令创建 VLAN。

```
sudo config vlan (add | del) <vlan_id>
admin@sonic:~$ sudo config vlan add 10
admin@sonic:~$ sudo config vlan add 20
```

步骤 5：为端口配置 VLAN。在 SONiC 中，一个端口可以为 tagged 端口或 untagged 端口。Trunk 端口需要打上标签，Access 端口不需要打标签。配置的 VLAN 表如图 5-7 所示。

```
Sudo config vlan member add/del [-u|--untagged] <vlan_id> <member_portname>
admin@sonic:~$ sudo config vlan member add -u 10 Ethernet0
# 该命令将 Ethernet0 添加为 VLAN 10 的成员，并将其标记为 untagged。
admin@sonic:~$ sudo config vlan member add -u 20 Ethernet1
# 该命令将 Ethernet1 添加为 VLAN 20 的成员，并将其标记为 untagged。
admin@sonic:~$ sudo config vlan member add 10 Ethernet2
admin@sonic:~$ sudo config vlan member add 20 Ethernet2
# 该命令将 Ethernet2 添加为 VLAN 10 及 VLAN 20 的成员，并将其标记为 tagged。
```

```
admin@sonic:~$ show vlan brief
+-----------+--------------+-----------+----------------+-----------------------+
|   VLAN ID | IP Address   | Ports     | Port Tagging   | DHCP Helper Address   |
+===========+==============+===========+================+=======================+
|        10 |              | Ethernet0 | untagged       |                       |
|           |              | Ethernet2 | tagged         |                       |
+-----------+--------------+-----------+----------------+-----------------------+
|        20 |              | Ethernet1 | untagged       |                       |
|           |              | Ethernet2 | tagged         |                       |
+-----------+--------------+-----------+----------------+-----------------------+
```

图 5-7 配置的 VLAN 表

步骤 6：在交换机 2 上重复步骤 1～步骤 5。

步骤 7：为网络拓扑中给定的主机分配 IP 地址，如图 5-8 所示。注意，建议使用 save 命令在主机中保存配置。

```
PC1> ip 192.168.20.2/24 192.168.20.1
Checking for duplicate address...
PC1 : 192.168.20.2 255.255.255.0 gateway 192.168.20.1

PC1> save
Saving startup configuration to startup.vpc
.  done
```

```
PC2> ip 192.168.10.3/24 192.168.10.1
Checking for duplicate address...
PC1 : 192.168.10.3 255.255.255.0 gateway 192.168.10.1

PC2> save
Saving startup configuration to startup.vpc
.  done
```

```
PC3> ip 192.168.10.2/24 192.168.10.1
Checking for duplicate address...
PC1 : 192.168.10.2 255.255.255.0 gateway 192.168.10.1

PC3> save
Saving startup configuration to startup.vpc
.  done
```

```
PC4> ip 192.168.20.3/24 192.168.20.1
Checking for duplicate address...
PC1 : 192.168.20.3 255.255.255.0 gateway 192.168.20.1

PC4> save
Saving startup configuration to startup.vpc
.  done
```

图 5-8　为网络拓扑中给定的主机分配 IP 地址

5.1.4　连通性测试

配置交换机和主机后，同一 VLAN 中的主机可以发送流量。连通信测试如图 5-9 所示，其中可以清楚地看到，PC1 可以向 PC4 发送流量，因为两者都在同一个 VLAN（即 VLAN 20）中，而由于所属 VLAN 不同，PC1 不能向 PC3 和 PC2 发送流量。同样地，PC2 和 PC3 间可以通信，而 PC2 和 PC3 无法与 PC1 和 PC4 通信。因此，成功地在拓扑结构中配置了 VLAN。

```
PC1> ping 192.168.20.3
84 bytes from 192.168.20.3 icmp_seq=1 ttl=64 time=4.323 ms
84 bytes from 192.168.20.3 icmp_seq=2 ttl=64 time=3.617 ms
84 bytes from 192.168.20.3 icmp_seq=3 ttl=64 time=8.729 ms
84 bytes from 192.168.20.3 icmp_seq=4 ttl=64 time=4.096 ms
84 bytes from 192.168.20.3 icmp_seq=5 ttl=64 time=4.743 ms

PC1> ping 192.168.10.2
host (192.168.20.1) not reachable

PC1> ping 192.168.10.3
host (192.168.20.1) not reachable
```

```
PC2> ping 192.168.10.2
84 bytes from 192.168.10.2 icmp_seq=1 ttl=64 time=3.412 ms
84 bytes from 192.168.10.2 icmp_seq=2 ttl=64 time=3.724 ms
84 bytes from 192.168.10.2 icmp_seq=3 ttl=64 time=4.384 ms
84 bytes from 192.168.10.2 icmp_seq=4 ttl=64 time=3.326 ms
84 bytes from 192.168.10.2 icmp_seq=5 ttl=64 time=4.357 ms

PC2> ping 192.168.20.2
host (192.168.10.1) not reachable

PC2> ping 192.168.20.3
host (192.168.10.1) not reachable
```

图 5-9　连通性测试

5.2 VLAN 间路由

5.2.1 VLAN 间路由概述

VLAN 间路由是一种网络技术，它允许不同 VLAN 之间的设备进行通信。VLAN 是一种将物理局域网划分为多个逻辑局域网的技术，以提高网络的安全性和可管理性。然而，不同 VLAN 之间的设备默认是隔离的，无法直接进行通信。VLAN 间路由通过路由器或三层交换机实现，使不同 VLAN 之间的设备能够互相通信。为了在 VLAN 之间进行路由，有必要为交换机上的 VLAN 分配 IP 地址[3]。

5.2.2 网络拓扑

本节介绍了通过在 SONiC CLI 中执行相关命令来部署 VLAN 间拓扑和配置功能的分步过程。导入镜像后，使用 SONiC 交换机和主机在 GNS3 中绘制网络拓扑，如图 5-10 所示。该拓扑中有 2 个交换机（SONiC-1、SONiC-2）和 4 台主机。

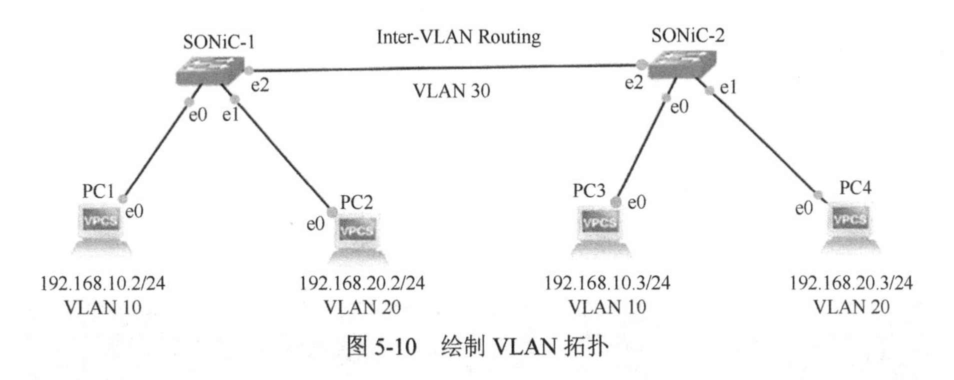

图 5-10　绘制 VLAN 拓扑

5.2.3 网络配置

对于上面的拓扑，所有主机和交换机在发送流量之前都要先配置好。首先，打开控制台，配置 SONiC-1，并对 SONiC-2 重复相同的步骤。按照如下步骤配置 SONiC-1。

步骤 1：使用命令查看端口状态。

```
show interfaces status
```

①管理端口（Admin）用于设备管理和配置，允许管理员远程访问设备并对设备进行配置。操作端口（Oper）用于常规的网络流量传送，如在网络设备之间传递数据。

②在图 5-11 中，所有接口在运行上都是“down”，但在管理上是“up”。在大多数情况下，端口的运行状态通常是“down”，但有时在 GNS3 中运行设备后端口的运行状态是“up”。

步骤 2：将端口的运行状态更改为“up”。

```
sudo config interface startup <interface_name>
admin@sonic:~$ sudo config interface startup Ethernet0
```

步骤 3：为拓扑创建 VLAN。

```
sudo config vlan (add | del) <vlan_id>
admin@sonic:~$ sudo config vlan add 10
admin@sonic:~$ sudo config vlan add 20
```

步骤 4：为端口配置 VLAN。在 SONiC 中，一个端口可以为 tagged 端口或 untagged 端口。Trunk 端口需要打上标签，Access 端口不需要打标签。

```
Sudo config vlan member add/del [-u|--untagged] <vlan_id> <member_portname>
admin@sonic:~$ sudo config vlan member add -u 10 Ethernet0
# 该命令将Ethernet0添加为VLAN 10的成员，并将其标记为un-tagged。
admin@sonic:~$ sudo config Vlan member add -u 20 Ethernet1
# 该命令将Ethernet1添加为VLAN 20的成员，并将其标记为un-tagged。
admin@sonic:~$ sudo config vlan member add 10 Ethernet2
admin@sonic:~$ sudo config vlan member add 20 Ethernet2
# 该命令将Ethernet2添加为VLAN 10以及VLAN 20的成员，并将其标记为tagged。
```

步骤 5：执行以下命令为 VLAN 端口分配 IP 地址，如图 5-11 所示。

```
sudo config interface ip remove/add Vlan<vlan_id> <ip_addr>
admin@sonic:~$ sudo config interface ip add Vlan10 192.168.10.1/24
admin@sonic:~$ sudo config interface ip add Vlan20 192.168.20.1/24
```

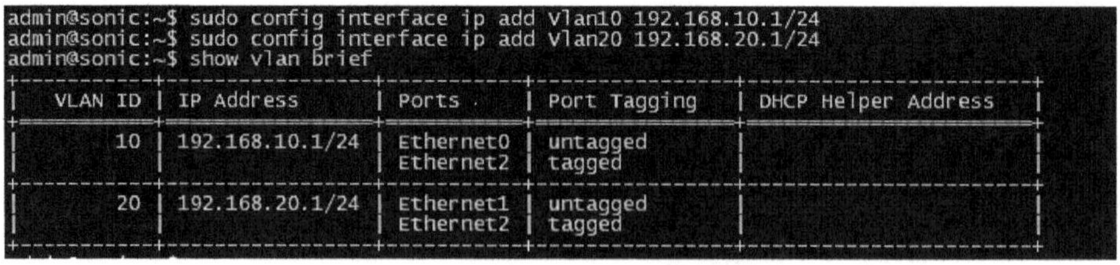

```
admin@sonic:~$ sudo config interface ip add Vlan10 192.168.10.1/24
admin@sonic:~$ sudo config interface ip add Vlan20 192.168.20.1/24
admin@sonic:~$ show vlan brief
+-----------+-----------------+------------+----------------+-----------------------+
|   VLAN ID | IP Address      | Ports      | Port Tagging   | DHCP Helper Address   |
+===========+=================+============+================+=======================+
|        10 | 192.168.10.1/24 | Ethernet0  | untagged       |                       |
|           |                 | Ethernet2  | tagged         |                       |
+-----------+-----------------+------------+----------------+-----------------------+
|        20 | 192.168.20.1/24 | Ethernet1  | untagged       |                       |
|           |                 | Ethernet2  | tagged         |                       |
+-----------+-----------------+------------+----------------+-----------------------+
```

图 5-11　为 VLAN 接口分配 IP 地址

步骤 6：在交换机 2 重复步骤 1～步骤 5。

步骤 7：为网络拓扑中给定的主机分配 IP 地址，建议使用 save 命令在主机中保存配置。

5.2.4　连通性测试

配置交换机和主机后，相同和不同 VLAN 中的主机可以发送流量。连通性测试如图 5-12 所示，可以清楚地看到 PC1 可以向 PC2、PC3 和 PC4 发送流量。因此，在该拓扑结构上成功地实现了 VLAN 间的连接。

```
PC1> ping 192.168.10.3
84 bytes from 192.168.10.3 icmp_seq=1 ttl=63 time=70.631 ms
84 bytes from 192.168.10.3 icmp_seq=2 ttl=63 time=4.671 ms
84 bytes from 192.168.10.3 icmp_seq=3 ttl=63 time=4.102 ms
84 bytes from 192.168.10.3 icmp_seq=4 ttl=63 time=6.058 ms
84 bytes from 192.168.10.3 icmp_seq=5 ttl=63 time=69.632 ms

PC1> ping 192.168.10.2
84 bytes from 192.168.10.2 icmp_seq=1 ttl=63 time=47.731 ms
84 bytes from 192.168.10.2 icmp_seq=2 ttl=63 time=2.886 ms
84 bytes from 192.168.10.2 icmp_seq=3 ttl=63 time=5.867 ms
84 bytes from 192.168.10.2 icmp_seq=4 ttl=63 time=2.185 ms
84 bytes from 192.168.10.2 icmp_seq=5 ttl=63 time=3.332 ms

PC1> ping 192.168.20.3
84 bytes from 192.168.20.3 icmp_seq=1 ttl=64 time=4.019 ms
84 bytes from 192.168.20.3 icmp_seq=2 ttl=64 time=3.930 ms
84 bytes from 192.168.20.3 icmp_seq=3 ttl=64 time=5.502 ms
84 bytes from 192.168.20.3 icmp_seq=4 ttl=64 time=3.312 ms
84 bytes from 192.168.20.3 icmp_seq=5 ttl=64 time=26.411 ms
```

图 5-12　连通性测试

5.3　RIP

5.3.1　RIP 概述

路由信息协议（RIP）是一种较为简单的内部网关协议（IGP），主要在规模较小的网络中使用，如校园网及结构较简单的地区性网络。对于更为复杂的环境和大型网络，一般不使用 RIP。由于 RIP 的实现较为简单，在配置和维护管理方面也远比 OSPF 和 IS-IS 容易，因此在实际组网中仍有广泛的应用[4]。本节介绍通过在 SONiC CLI 中执行相关命令测试 RIP 和配置功能的相关步骤。

5.3.2　网络拓扑

导入镜像后，使用 SONiC 交换机和主机在 GNS3 中绘制网络拓扑。RIP 测试使用的网络拓扑搭建如图 5-13 所示。该拓扑中有 3 个交换机（inop2-1、inop2-2 和 inop2-3）和 3 个主机。

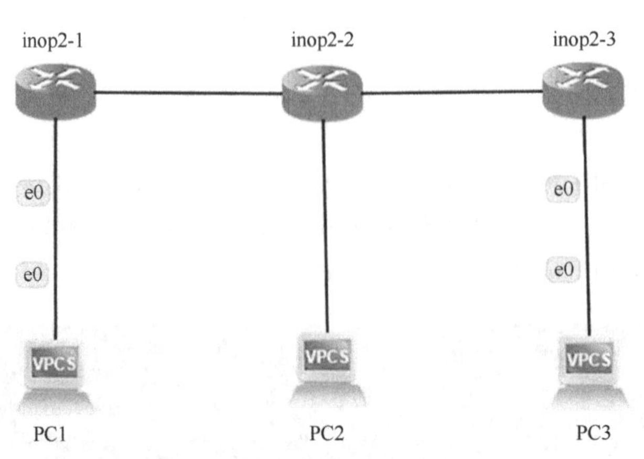

图 5-13　RIP 测试使用的网络拓扑搭建

5.3.3　网络配置

对于上述拓扑，在发送流量之前要先配置所有主机和交换机。先配置交换机 inop2-1，然后对交换机 inop2-2 和交换机 inop2-3 重复执行上述步骤。inop2-1 的配置步骤具体如下。

首先，使用 sudo config interface startup <interface_name>命令启动端口，更改端口状态为“up”，操作如图 5-14 所示。

```
admin@Switch:~$ sudo config interface startup Ethernet0
admin@Switch:~$ sudo config interface startup Ethernet1
Usage: config interface startup [OPTIONS] <interface_name>
Try "config interface startup -h" for help.

Error: Interface name is invalid. Please enter a valid interface name!!
admin@Switch:~$ sudo config interface startup Ethernet4
admin@Switch:~$ show interface status
  Interface            Lanes    Speed    MTU    FEC           Alias    Vlan    Oper    Admin    Type    Asym PFC
-----------  ---------------  -------  -----  -----  --------------  ------  ------  -------  ------  ----------
  Ethernet0      25,26,27,28      40G   9100    N/A    fortyGigE0/0  routed      up       up     N/A         N/A
  Ethernet4      29,30,31,32      40G   9100    N/A    fortyGigE0/4  routed      up       up     N/A         N/A
  Ethernet8      33,34,35,36      40G   9100    N/A    fortyGigE0/8  routed    down       up     N/A         N/A
 Ethernet12      37,38,39,40      40G   9100    N/A   fortyGigE0/12  routed    down       up     N/A         N/A
 Ethernet16      45,46,47,48      40G   9100    N/A   fortyGigE0/16  routed    down       up     N/A         N/A
 Ethernet20      41,42,43,44      40G   9100    N/A   fortyGigE0/20  routed    down       up     N/A         N/A
 Ethernet24          1,2,3,4      40G   9100    N/A   fortyGigE0/24  routed    down       up     N/A         N/A
 Ethernet28          5,6,7,8      40G   9100    N/A   fortyGigE0/28  routed    down       up     N/A         N/A
 Ethernet32      13,14,15,16      40G   9100    N/A   fortyGigE0/32  routed    down       up     N/A         N/A
 Ethernet36       9,10,11,12      40G   9100    N/A   fortyGigE0/36  routed    down       up     N/A         N/A
 Ethernet40      17,18,19,20      40G   9100    N/A   fortyGigE0/40  routed    down       up     N/A         N/A
 Ethernet44      21,22,23,24      40G   9100    N/A   fortyGigE0/44  routed    down       up     N/A         N/A
```

图 5-14　更改端口状态为“up”

其次，默认 Ripd 进程不处于运行状态。使用如下命令使 Ripd 进程处于运行模式。启动 Ripd 进程的操作如图 5-15 所示。docker exec -it bgp bash 命令用于在目录下启动交互式 shell 会话。

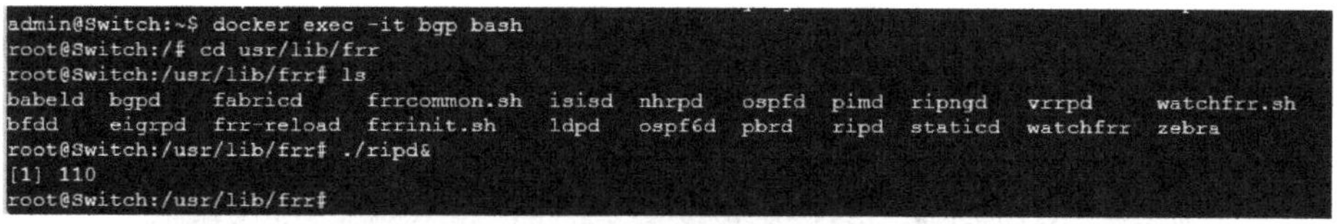

```
admin@Switch:~$ docker exec -it bgp bash
root@Switch:/# cd usr/lib/frr
root@Switch:/usr/lib/frr# ls
babeld  bgpd     fabricd     frrcommon.sh  isisd  nhrpd   ospfd  pimd  ripngd  vrrpd      watchfrr.sh
bfdd    eigrpd   frr-reload  frrinit.sh    ldpd   ospf6d  pbrd   ripd  staticd watchfrr   zebra
root@Switch:/usr/lib/frr# ./ripd&
[1] 110
root@Switch:/usr/lib/frr#
```

图 5-15　启动 Ripd 进程

Docker 容器名为“bgp”。“./ripd&”命令用于在 Unix 或 Linux 操作系统的后台启动 Ripd 进程。命令末尾的“&”符号是一个 shell 操作符，它告诉系统在后台执行命令，允许用户继续使用用于其他命令的终端，命令如下。

```
Docker exec -it
bgp bash
cd usr/lib/frr ls
./ripd &
```

下一步，在执行任何 RIP 命令之前，必须通过如下命令启用 RIP，使用下面的命令分配与交换机直接连接的所有网络地址，启用 RIP 如图 5-16 所示，保存配置信息如图 5-17 所示。

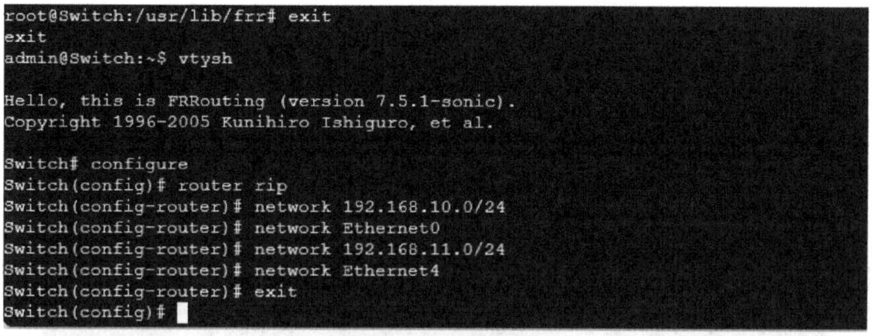

```
root@Switch:/usr/lib/frr# exit
exit
admin@Switch:~$ vtysh

Hello, this is FRRouting (version 7.5.1-sonic).
Copyright 1996-2005 Kunihiro Ishiguro, et al.

Switch# configure
Switch(config)# router rip
Switch(config-router)# network 192.168.10.0/24
Switch(config-router)# network Ethernet0
Switch(config-router)# network 192.168.11.0/24
Switch(config-router)# network Ethernet4
Switch(config-router)# exit
Switch(config)#
```

图 5-16　启用 RIP

```
Switch# write
Note: this version of vtysh never writes vtysh.conf
Building Configuration...
Configuration saved to /etc/frr/zebra.conf
Configuration saved to /etc/frr/ripd.conf
Configuration saved to /etc/frr/bgpd.conf
Configuration saved to /etc/frr/staticd.conf
Switch#
```

图 5-17　保存配置信息

```
Vtysh
configure
router rip
network <network address>
network <interface name>
```

为其他交换机重复配置以上步骤。配置完成之后，使用 show ip rip status 命令检查 RIP 状态，如图 5-18 所示。

```
Switch# show ip rip status
Routing Protocol is "rip"
  Sending updates every 30 seconds with +/-50%, next due in 23 seconds
  Timeout after 180 seconds, garbage collect after 120 seconds
  Outgoing update filter list for all interface is not set
  Incoming update filter list for all interface is not set
  Default redistribution metric is 1
  Redistributing:
  Default version control: send version 2, receive any version
    Interface        Send  Recv   Key-chain
    Ethernet0        2     1 2
    Ethernet4        2     1 2
  Routing for Networks:
    192.168.10.0/24
    192.168.11.0/24
    Ethernet0
    Ethernet4
  Routing Information Sources:
    Gateway          BadPackets BadRoutes  Distance Last Update
  Distance: (default is 120)
Switch#
```

图 5-18　检查 RIP 状态

最后，为网络拓扑中的主机 PC1、PC2、PC3 分配 IP 地址，如图 5-19 所示。

```
PC1> ip 192.168.10.2/24 192.168.10.1
Checking for duplicate address...
PC1 : 192.168.10.2 255.255.255.0 gateway 192.168.10.1

PC1> save
Saving startup configuration to startup.vpc
.  done

PC1> write
Saving startup configuration to startup.vpc
.  done
```

```
PC2> ip 192.168.12.2/24 192.168.12.1
Checking for duplicate address...
PC2 : 192.168.12.2 255.255.255.0 gateway 192.168.12.1

PC2> save
Saving startup configuration to startup.vpc
.  done

PC2> write
Saving startup configuration to startup.vpc
.  done
```

```
PC3> ip 192.168.14.2/24 192.168.14.1
Checking for duplicate address...
PC3 : 192.168.14.2 255.255.255.0 gateway 192.168.14.1

PC3> save
Saving startup configuration to startup.vpc
.  done

PC3> write
Saving startup configuration to startup.vpc
.  done
```

图 5-19　为主机 PC1、PC2、PC3 分配 IP 地址

5.3.4　连通性测试

配置完交换机和主机之后，进行 RIP 连通性测试，如图 5-20 所示，可以清晰地看到，PC1 可以向 PC2 和 PC3 发送流量，同样地，PC2 和 PC3 也可以分别向其他主机发送流量。这代表拓扑中的 RIP 配置成功。

```
PC1> ping 192.168.14.2

84 bytes from 192.168.14.2 icmp_seq=1 ttl=64 time=0.487 ms
84 bytes from 192.168.14.2 icmp_seq=2 ttl=64 time=0.876 ms
84 bytes from 192.168.14.2 icmp_seq=3 ttl=64 time=0.713 ms
84 bytes from 192.168.14.2 icmp_seq=4 ttl=64 time=0.697 ms
84 bytes from 192.168.14.2 icmp_seq=5 ttl=64 time=0.780 ms
```

图 5-20　RIP 连通性测试

5.4　EIGRP

5.4.1　EIGRP 概述

EIGRP 是 Cisco 公司的私有协议（2013 年已经公有化）。EIGRP 结合了链路状态和距离矢量路由协议（DVRP）的 Cisco 专用协议，采用弥散修正算法（DUAL）实现快速收敛，可以不发送定期的路由更新信息以减少带宽的占用[5]。本节通过在 SONiC CLI 中执行相关命令来测试 EIGRP 路由协议和配置功能的相关步骤。

5.4.2　网络拓扑

导入镜像后，现在使用 SONiC 交换机和主机在 GNS3 中绘制网络拓扑。EIGRP 测试拓扑如图 5-21 所示。该拓扑中有 4 个交换机（inop2-1、inop2-2、inop2-3 和 inop2-4）和 2 个主机。

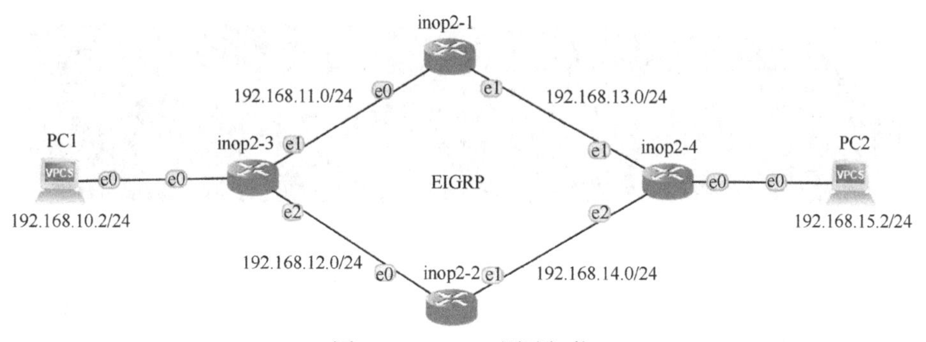

图 5-21　EIGRP 测试拓扑

5.4.3 网络配置

对于上述网络拓扑，在发送流量之前要先配置所有主机和交换机。先配置交换机 inop2-1，然后对交换机 inop2-2、交换机 inop2-3 和交换机 inop2-4 重复上述步骤。inop2-1 的配置步骤具体如下。

首先，使用 sudo config interface startup <interface_name>命令启动端口。

随后，默认情况下，所有接口都路由（L3），并分配 IP 地址。为此，使用如下命令删除默认 IP 地址，并分配网络拓扑中需要使用的 IP 地址，如图 5-22 所示。

```
sudo config interface ip remove/add <interface_name> <ip_addr>
```

```
admin@Switch:~$ sudo config interface ip remove Ethernet0 10.0.0.0/31
admin@Switch:~$ sudo config interface ip remove Ethernet4 10.0.0.2/31
admin@Switch:~$ sudo config interface ip add Ethernet0 192.168.11.0/24
admin@Switch:~$ sudo config interface ip add Ethernet4 192.168.13.0/24
admin@Switch:~$ show ip inte
Interface    Master    IPv4 address/mask    Admin/Oper    BGP Neighbor    Neighbor IP
-----------  --------  -------------------  ------------  --------------  -------------
Ethernet0              192.168.11.0/24      up/up         N/A             N/A
Ethernet4              192.168.13.0/24      up/up         N/A             N/A
Ethernet8              10.0.0.4/31          up/up         ARISTA03T2      10.0.0.5
Ethernet12             10.0.0.6/31          up/up         ARISTA04T2      10.0.0.7
Ethernet16             10.0.0.8/31          up/up         ARISTA05T2      10.0.0.9
Ethernet20             10.0.0.10/31         up/up         ARISTA06T2      10.0.0.11
Ethernet24             10.0.0.12/31         up/up         ARISTA07T2      10.0.0.13
Ethernet28             10.0.0.14/31         up/up         ARISTA08T2      10.0.0.15
Ethernet32             10.0.0.16/31         up/up         ARISTA09T2      10.0.0.17
Ethernet36             10.0.0.18/31         up/up         ARISTA10T2      10.0.0.19
```

图 5-22 删除默认 IP 地址并分配所需 IP 地址

其次，默认 Eigrpd 进程不处于运行状态。使用如下命令使 Eigrpd 处于运行模式。启动 Eigrpd 进程，如图 5-23 所示。

```
Docker exec -it
bgp bash
cd usr/lib/frr ls
./eigrpd&
```

```
admin@Switch:~$ docker exec -it bgp bash
root@Switch:/# cd usr/lib/frr
root@Switch:/usr/lib/frr# ls
babeld  bgpd    fabricd     frrcommon.sh  isisd  nhrpd   ospfd  pimd  ripngd   vrrpd      watchfrr.sh
bfdd    eigrpd  frr-reload  frrinit.sh    ldpd   ospf6d  pbrd   ripd  staticd  watchfrr   zebra
root@Switch:/usr/lib/frr# ./eigrpd
^Croot@Switch:/usr/lib/frr# ./eigrpd&
[1] 152
root@Switch:/usr/lib/frr# exit
exit
admin@Switch:~$
```

图 5-23 启动 Eigrpd 进程

下一步，在执行任何 EIGRP 命令之前，均必须通过如下命令启用 EIGRP，启用 EIGRP 如图 5-24 所示。如果希望 EIGRP 在指定的虚拟转发路由（VRF）内工作，请指定 vrf NAME。EIGRP 中的进程 ID 为 1～65535。

```
Vtysh
configure
router eigrp <process-id> [vrf NAME]
```

```
root@Switch:/usr/lib/frr# exit
exit
admin@Switch:~$ vtysh

Hello, this is FRRouting (version 7.5.1-sonic).
Copyright 1996-2005 Kunihiro Ishiguro, et al.

Switch# configure
Switch(config)# router eigrp 1
```

图 5-24　启用 EIGRP

启用 EIGRP 后，使用下面的命令分配与交换机直连的所有网络地址并保存，分配与交换机直连的网络地址如图 5-25 所示。

```
network <network address>
```

```
Switch# configure
Switch(config)# router eigrp 1
Switch(config-router)# network 192.168.11.0/24
Switch(config-router)# network 192.168.13.0/24
Switch(config-router)# exit
Switch(config)# exit
Switch# write
Note: this version of vtysh never writes vtysh.conf
Building Configuration...
Configuration saved to /etc/frr/zebra.conf
Configuration saved to /etc/frr/bgpd.conf
Configuration saved to /etc/frr/eigrpd.conf
Configuration saved to /etc/frr/staticd.conf
Switch#
```

图 5-25　分配与交换机直连的网络地址

为其他交换机的配置重复执行以上步骤。配置完成之后，使用 show ip eigrp topology 命令检查 EIGRP 状态，检查 EIGRP 状态如图 5-26 所示。

```
Switch# show ip eigrp topology

EIGRP Topology Table for AS(1)/ID(192.168.13.0)

Codes: P - Passive, A - Active, U - Update, Q - Query, R - Reply
       r - reply Status, s - sia Status

P  192.168.11.0/24, 1 successors, FD is 28160, serno: 0
       via Connected, Ethernet0
P  192.168.13.0/24, 1 successors, FD is 28160, serno: 0
       via Connected, Ethernet4
Switch#
```

图 5-26　检查 EIGRP 状态

最后，为网络拓扑中的主机 PC1、PC2 分配 IP 地址，如图 5-27 所示。

```
PC1> ip 192.168.10.2/24 192.168.10.1
Checking for duplicate address...
PC1 : 192.168.10.2 255.255.255.0 gateway 192.168.10.1

PC1> save
Saving startup configuration to startup.vpc
.  done

PC1> write
Saving startup configuration to startup.vpc
.  done

PC1>
```

```
PC2> ip 192.168.15.2/24 192.168.15.1
Checking for duplicate address...
PC2 : 192.168.15.2 255.255.255.0 gateway 192.168.15.1

PC2> save
Saving startup configuration to startup.vpc
.  done

PC2> write
Saving startup configuration to startup.vpc
.  done

PC2>
```

图 5-27　为主机 PC1、PC2 分配 IP 地址

5.4.4　连通性测试

配置完交换机和主机之后，进行 EIGRP 连通性测试，图 5-28 显示了 PC1 可以向 PC2 发送流量，这代表拓扑中的 EIGRP 配置成功。

```
PC1> ping 192.168.15.2

84 bytes from 192.168.15.2 icmp_seq=1 ttl=64 time=0.451 ms
84 bytes from 192.168.15.2 icmp_seq=2 ttl=64 time=0.757 ms
84 bytes from 192.168.15.2 icmp_seq=3 ttl=64 time=0.903 ms
84 bytes from 192.168.15.2 icmp_seq=4 ttl=64 time=0.768 ms
84 bytes from 192.168.15.2 icmp_seq=5 ttl=64 time=0.787 ms
```

图 5-28　EIGRP 连通性测试

5.5　OSPF

5.5.1　OSPF 概述

OSPF 是 IETF 组织开发的一个基于链路状态的内部网关协议[6]。目前针对

IPv4 使用的是 OSPF v2，针对 IPv6 使用的是 OSPF v3。本节通过在 SONiC CLI 中运行相关命令来测试 EIGRP 路由协议和配置功能的相关步骤。

5.5.2 网络拓扑

导入镜像后，使用 SONiC 交换机和主机在 GNS3 中绘制网络拓扑。EIGRP 测试使用的网络拓扑搭建如图 5-29 所示。该拓扑中有 4 个交换机（inop2-1、inop2-2、inop2-3 和 inop2-4）和 2 个主机。

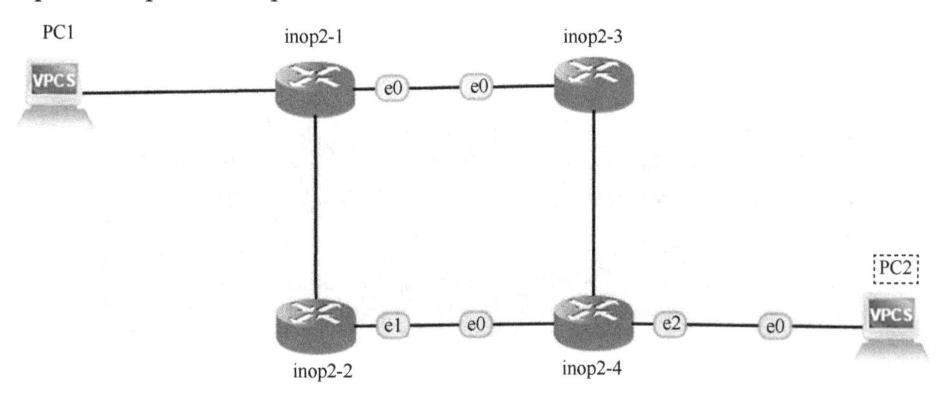

图 5-29　EIGRP 测试拓扑

5.5.3 网络配置

对于上述拓扑，在发送流量之前要先配置所有主机和交换机。先配置交换机 inop2-1，再对交换机 inop2-2、交换机 inop2-3 和交换机 inop2-4 重复上述步骤。inop2-1 的配置步骤如下。

首先，使用 sudo config interface startup <interface_name>命令启动端口。

随后，默认情况下，所有接口都路由（L3），并分配 IP 地址。为此，使用如下命令删除默认 IP 地址，并分配网络拓扑中需要使用的 IP 地址。

```
sudo config interface ip remove/add <interface_name> <ip_addr>
```

其次，默认 OSPF 进程不处于运行状态。使用如下命令使 Ospfd 处于运行模式。启动 Ospfd 进程如图 5-30 所示。

```
docker exec -it
bgp bash
cd usr/lib/frr ls
./Ospfd&
```

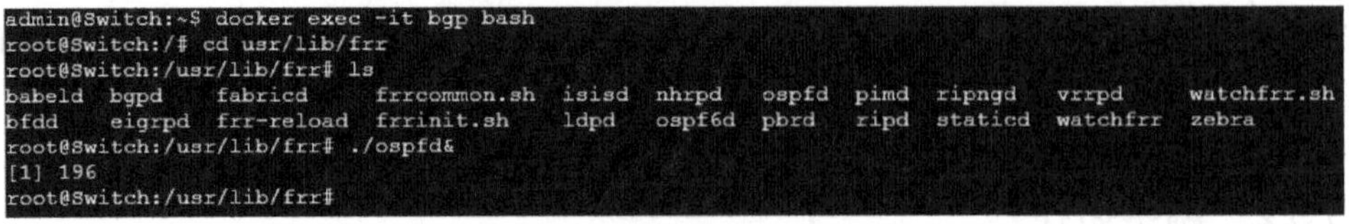

```
admin@Switch:~$ docker exec -it bgp bash
root@Switch:/# cd usr/lib/frr
root@Switch:/usr/lib/frr# ls
babeld  bgpd    fabricd     frrcommon.sh  isisd  nhrpd   ospfd  pimd  ripngd   vrrpd     watchfrr.sh
bfdd    eigrpd  frr-reload  frrinit.sh    ldpd   ospf6d  pbrd   ripd  staticd  watchfrr  zebra
root@Switch:/usr/lib/frr# ./ospfd&
[1] 196
root@Switch:/usr/lib/frr#
```

图 5-30　启动 Ospfd 进程

下一步，启用 OSPF，如图 5-31 所示，在执行任意 OSPF 命令之前，均必须通过执行如下命令启用 OSPF。

```
vtysh
configure
router OSPF
```

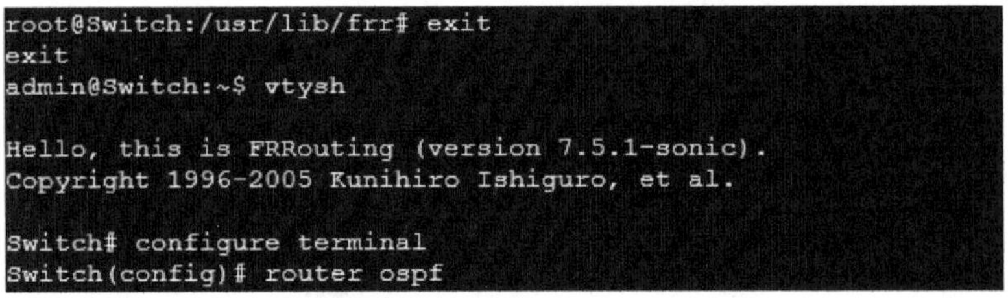

```
root@Switch:/usr/lib/frr# exit
exit
admin@Switch:~$ vtysh

Hello, this is FRRouting (version 7.5.1-sonic).
Copyright 1996-2005 Kunihiro Ishiguro, et al.

Switch# configure terminal
Switch(config)# router ospf
```

图 5-31　启用 OSPF

启用 OSPF 后，分配与交换机直连的网络地址，如图 5-32 所示，使用下面的命令分配与交换机直连的所有网络地址并保存。

```
network <network address> area <address>
```

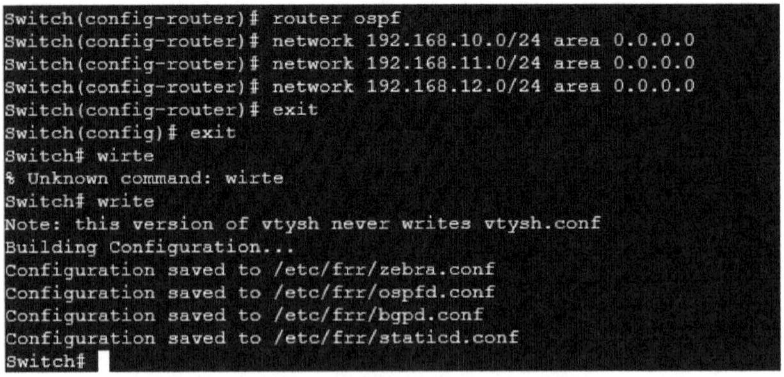

```
Switch(config-router)# router ospf
Switch(config-router)# network 192.168.10.0/24 area 0.0.0.0
Switch(config-router)# network 192.168.11.0/24 area 0.0.0.0
Switch(config-router)# network 192.168.12.0/24 area 0.0.0.0
Switch(config-router)# exit
Switch(config)# exit
Switch# wirte
% Unknown command: wirte
Switch# write
Note: this version of vtysh never writes vtysh.conf
Building Configuration...
Configuration saved to /etc/frr/zebra.conf
Configuration saved to /etc/frr/ospfd.conf
Configuration saved to /etc/frr/bgpd.conf
Configuration saved to /etc/frr/staticd.conf
Switch#
```

图 5-32　分配与交换机直连的网络地址

为其他交换机的配置重复执行以上步骤。配置完成后，使用如下命令检查 OSPF 状态，如图 5-33 所示；查看指定 OSPF 路由的详细信息，如图 5-34

所示。

```
show ip OSPF
show ip OSPF database router
```

```
Switch# show ip ospf
 OSPF Routing Process, Router ID: 10.1.0.1
 Supports only single TOS (TOS0) routes
 This implementation conforms to RFC2328
 RFC1583Compatibility flag is disabled
 OpaqueCapability flag is disabled
 Initial SPF scheduling delay 0 millisec(s)
 Minimum hold time between consecutive SPFs 50 millisec(s)
 Maximum hold time between consecutive SPFs 5000 millisec(s)
 Hold time multiplier is currently 1
 SPF algorithm has not been run
 SPF timer is inactive
 LSA minimum interval 5000 msecs
 LSA minimum arrival 1000 msecs
 Write Multiplier set to 20
 Refresh timer 10 secs
 Number of external LSA 0. Checksum Sum 0x00000000
 Number of opaque AS LSA 0. Checksum Sum 0x00000000
 Number of areas attached to this router: 0
```

图 5-33　检查 OSPF 状态

```
Switch# show ip ospf database router 192.168.12.2

        OSPF Router with ID (10.1.0.1)

Switch#
```

图 5-34　查看指定 OSPF 路由的详细信息

最后，图 5-35 显示了为网络拓扑中的主机 PC1、PC2 分配 IP 地址。

```
PC1> ip 192.168.10.2/24 192.168.10.1
Checking for duplicate address...
PC1 : 192.168.10.2 255.255.255.0 gateway 192.168.10.1

PC1> save
Saving startup configuration to startup.vpc
.  done

PC1> write
Saving startup configuration to startup.vpc
.  done
```

```
PC2> ip 192.168.15.2/24 192.168.15.1
Checking for duplicate address...
PC2 : 192.168.15.2 255.255.255.0 gateway 192.168.15.1

PC2> save
Saving startup configuration to startup.vpc
.  done

PC2> write
Saving startup configuration to startup.vpc
.  done
```

图 5-35　为主机 PC1、PC2 分配 IP 地址

5.5.4 连通性测试

配置完交换机和主机之后，进行 OSPF 连通性测试，图 5-36 中显示了 PC1 可以向 PC2 发送流量，这代表拓扑中的 OSPF 配置成功。

```
PC1> ping 192.168.15.2

84 bytes from 192.168.15.2 icmp_seq=1 ttl=64 time=0.451 ms
84 bytes from 192.168.15.2 icmp_seq=2 ttl=64 time=0.757 ms
84 bytes from 192.168.15.2 icmp_seq=3 ttl=64 time=0.903 ms
84 bytes from 192.168.15.2 icmp_seq=4 ttl=64 time=0.768 ms
84 bytes from 192.168.15.2 icmp_seq=5 ttl=64 time=0.787 ms
```

```
PC1> ping 192.168.14.2

84 bytes from 192.168.14.2 icmp_seq=1 ttl=64 time=0.461 ms
84 bytes from 192.168.14.2 icmp_seq=2 ttl=64 time=0.622 ms
84 bytes from 192.168.14.2 icmp_seq=3 ttl=64 time=0.760 ms
84 bytes from 192.168.14.2 icmp_seq=4 ttl=64 time=0.831 ms
84 bytes from 192.168.14.2 icmp_seq=5 ttl=64 time=0.743 ms
```

```
PC1> ping 192.168.11.2

84 bytes from 192.168.11.2 icmp_seq=1 ttl=64 time=0.332 ms
84 bytes from 192.168.11.2 icmp_seq=2 ttl=64 time=0.613 ms
84 bytes from 192.168.11.2 icmp_seq=3 ttl=64 time=0.676 ms
84 bytes from 192.168.11.2 icmp_seq=4 ttl=64 time=0.648 ms
84 bytes from 192.168.11.2 icmp_seq=5 ttl=64 time=0.627 ms
```

图 5-36 OSPF 连通性测试

5.6 BGP

5.6.1 BGP 概述

边界网关协议（BGP）是一种用来在路由选择域之间交换网络层可达性信息（NLRI）的路由选择协议。由于不同的管理机构分别控制着各自的路由选择域，因此，路由选择域经常被称为自治系统（AS）。现在的互联网是一个由多个自治系统相互连接构成的大网络，BGP 作为事实上的互联网外部路由协议标准，被广泛应用于互联网服务供应商（ISP）之间[7]。本节通过在 SONiC CLI 中执行相关命令来测试 BGP 路由协议和配置功能的相关步骤。

5.6.2 网络拓扑

导入镜像后，使用 SONiC 交换机和主机在 GNS3 中绘制网络拓扑。BGP 测试拓扑如图 5-37 所示。该拓扑中有 4 个交换机（inop2-1、inop2-2、inop2-3 和 inop2-4）和 2 个主机。

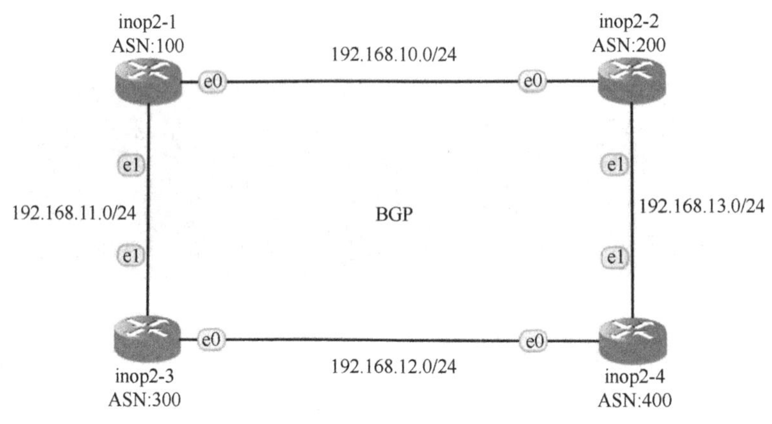

图 5-37　BGP 测试拓扑

5.6.3　网络配置

对于上述拓扑，在发送流量之前要先配置所有主机和交换机。先配置交换机 inop2-1，再对交换机 inop2-2、交换机 inop2-3 和交换机 inop2-4 重复上述步骤。inop2-1 的配置步骤具体如下。

首先，使用 sudo config interface startup <interface_name>命令启动端口。

随后，默认情况下，所有接口都路由（L3），并分配 IP 地址。为此，使用如下命令删除默认 IP 地址，并分配网络拓扑中需要使用的 IP 地址。

```
sudo config interface ip remove/add <interface_name> <ip_addr>
```

其次，默认地，Bgpd 进程以 ASN（自治系统编号）65100 处于运行状态。可使用如下命令停止 Bgpd 进程，如图 5-38 所示。

```
vtysh
configure
no router bgp 65100
```

```
admin@Switch:~$ vtysh

Hello, this is FRRouting (version 7.5.1-sonic).
Copyright 1996-2005 Kunihiro Ishiguro, et al.

Switch# configure
Switch(config)# router bgp 100
BGP instance name and AS number mismatch
BGP instance is already running; AS is 65100
Switch(config)# no router bgp 65100
```

图 5-38　停止 Bgpd 进程

随后，为 inop2-1 分配 ASN 并进行配置，如图 5-39 所示，使用如下命令使其能够与邻居建立连接。

```
router bgp 100
neighbor <Interface address> remote-as <ASN>
```

```
Switch(config)# no router bgp 65100
Switch(config)# router bgp 100
Switch(config-router)# neighbor 192.168.10.3 remote-as 200
Switch(config-router)# neighbor 192.168.11.3 remote-as 300
Switch(config-router)# exit
Switch(config)# exit
Switch# write
Note: this version of vtysh never writes vtysh.conf
Building Configuration...
Configuration saved to /etc/frr/zebra.conf
Configuration saved to /etc/frr/bgpd.conf
Configuration saved to /etc/frr/staticd.conf
Switch#
```

图 5-39　为 inop2-1 分配 ASN 并配置

为其他交换机重复配置以上步骤，配置完成后，使用如下命令查看 BGP 摘要信息，如图 5-40 所示，并检查 BGP 邻居状态，如图 5-41 所示。

```
show bgp neighbors
show ip OSPF database router
```

```
Switch# show ip bgp summary

IPv4 Unicast Summary:
BGP router identifier 192.168.11.0, local AS number 100 vrf-id 0
BGP table version 0
RIB entries 0, using 0 bytes of memory
Peers 2, using 43 KiB of memory

Neighbor        V         AS   MsgRcvd   MsgSent   TblVer  InQ OutQ  Up/Down State/PfxRcd   PfxSnt
192.168.10.3    4        200         0         0        0    0    0    never       Active        0
192.168.11.3    4        300         0         0        0    0    0    never       Active        0

Total number of neighbors 2
Switch#
```

图 5-40　查看 BGP 摘要信息

```
Switch# show bgp neighbors
BGP neighbor is 192.168.10.3, remote AS 200, local AS 100, external link
  BGP version 4, remote router ID 0.0.0.0, local router ID 192.168.11.0
  BGP state = Active
  Last read 00:18:59, Last write never
  Hold time is 180, keepalive interval is 60 seconds
  Graceful restart information:
    Local GR Mode: Helper*
    Remote GR Mode: NotApplicable
    R bit: False
    Timers:
      Configured Restart Time(sec): 120
      Received Restart Time(sec): 0
  Message statistics:
    Inq depth is 0
    Outq depth is 0
                         Sent       Rcvd
    Opens:                  0          0
    Notifications:          0          0
    Updates:                0          0
    Keepalives:             0          0
    Route Refresh:          0          0
    Capability:             0          0
    Total:                  0          0
  Minimum time between advertisement runs is 0 seconds

 For address family: IPv4 Unicast
  Not part of any update group
  Community attribute sent to this neighbor(all)
  Inbound updates discarded due to missing policy
  Outbound updates discarded due to missing policy
  0 accepted prefixes

  Connections established 0; dropped 0
  Last reset 00:18:59,  Waiting for peer OPEN
BGP Connect Retry Timer in Seconds: 120
Next connect timer due in 92 seconds
Read thread: off  Write thread: off  FD used: -1

BGP neighbor is 192.168.11.3, remote AS 300, local AS 100, external link
  BGP version 4, remote router ID 0.0.0.0, local router ID 192.168.11.0
  BGP state = Active
  Last read 00:18:52, Last write never
  Hold time is 180, keepalive interval is 60 seconds
```

图 5-41　查看 BGP 邻居状态

使用 Wireshark 对 BGP 进行分析，分析结果如图 5-42 所示。

File Edit View Go Capture Analyze Statistics Telephony Wireless Tools Help

Apply a display filter ... <Ctrl-/>

No.	Time	Source	Destination	Protocol	Length	Info
1	0.000000	192.168.10.3	192.168.10.2	BGP	85	KEEPALIVE Message
2	0.013371	192.168.10.2	192.168.10.3	BGP	85	KEEPALIVE Message
3	0.016027	192.168.10.3	192.168.10.2	TCP	66	50430 → 179 [ACK] Seq=20 Ack=20 Win=496 Len=0 TSval=30833496
4	17.638160	0c:e3:e2:54:00:00	LLDP_Multicast	LLDP	264	MA/0c:e3:e2:54:00:00 LA/fortyGigE0/0 120 SysN=sonic SysD=SON
5	19.857342	0c:3b:71:50:00:00	LLDP_Multicast	LLDP	264	MA/0c:3b:71:50:00:00 LA/fortyGigE0/0 120 SysN=sonic SysD=SON
6	40.506660	192.168.10.2	192.168.10.3	ICMP	98	Echo (ping) request id=0x01b5, seq=1/256, ttl=64 (reply in
7	40.509588	192.168.10.3	192.168.10.2	ICMP	98	Echo (ping) reply id=0x01b5, seq=1/256, ttl=64 (request in
8	41.507439	192.168.10.2	192.168.10.3	ICMP	98	Echo (ping) request id=0x01b5, seq=2/512, ttl=64 (reply in
9	41.508732	192.168.10.3	192.168.10.2	ICMP	98	Echo (ping) reply id=0x01b5, seq=2/512, ttl=64 (request in
10	42.509172	192.168.10.2	192.168.10.3	ICMP	98	Echo (ping) request id=0x01b5, seq=3/768, ttl=64 (reply in
11	42.510931	192.168.10.3	192.168.10.2	ICMP	98	Echo (ping) reply id=0x01b5, seq=3/768, ttl=64 (request in
12	43.517274	192.168.10.2	192.168.10.3	ICMP	98	Echo (ping) request id=0x01b5, seq=4/1024, ttl=64 (reply in

图 5-42　使用 Wireshark 对 BGP 的分析结果

5.6.4　连通性测试

BGP 连通性测试如图 5-43 所示，当从 inop2-1 到 inop2-2 和从 inop2-1 到 inop2-3 生成 Ping 请求时，表示应答成功，即在拓扑中配置 BGP 成功。

```
admin@Switch:~$ ping 192.168.10.3
PING 192.168.10.3 (192.168.10.3) 56(84) bytes of data.
64 bytes from 192.168.10.3: icmp_seq=1 ttl=64 time=6.04 ms
64 bytes from 192.168.10.3: icmp_seq=2 ttl=64 time=1.66 ms
64 bytes from 192.168.10.3: icmp_seq=3 ttl=64 time=2.04 ms
64 bytes from 192.168.10.3: icmp_seq=4 ttl=64 time=2.25 ms
64 bytes from 192.168.10.3: icmp_seq=5 ttl=64 time=2.08 ms
^C
--- 192.168.10.3 ping statistics ---
5 packets transmitted, 5 received, 0% packet loss, time 4011ms
rtt min/avg/max/mdev = 1.662/2.812/6.038/1.624 ms
```

图 5-43　BGP 连通性测试

5.7　RIPng

5.7.1　RIPng 概述

下一代 RIP（RIPng）是对原来的 IPv4 网络中的 RIP-2 的扩展[8]。大多数 RIP 的概念都可以用于 RIPng。它使用距离矢量算法来确定到达目的地的最佳路线，使用 hop 作为度量。RIPng 交换用于计算路由的路由信息并用于基于 IPv6 的网络。为了在 IPv6 网络中应用，RIPng 对原有的 RIP 进行了如下修改。

- UDP 端口号：使用 UDP521 端口发送和接收路由信息。
- 多播地址：使用 FF02::9 作为链路本地范围内的 RIPng 路由器多播地址。
- 前缀长度：目的地址使用 128bit 的前缀长度。
- 下一跳地址：使用 128bit 的 IPv6 地址。
- 源地址：使用链路本地地址 FE80::/10 作为源地址发送 RIPng 路由信息更新报文。

5.7.2 网络拓扑

导入镜像后，使用 SONiC 交换机和主机在 GNS3 中绘制如图 5-44 所示的 RIPng 网络拓扑。该拓扑中有 4 个交换机（inop2-1、inop2-2、inop2-3 和 inop2-4）和 2 个主机。全局单播网络地址分别为 2001::/64、2002::/64、2004::/64 和 2003::/64。

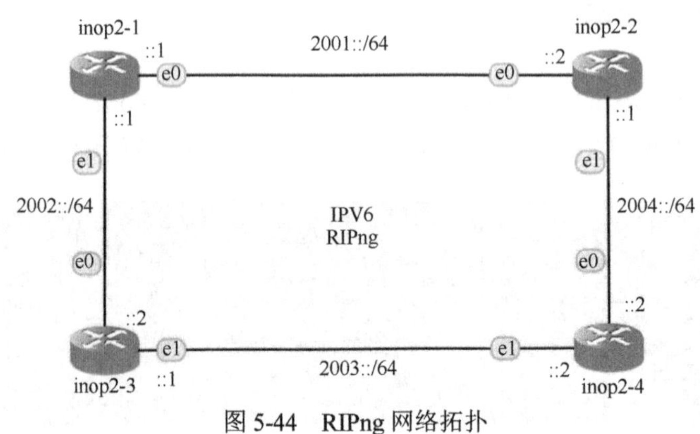

图 5-44　RIPng 网络拓扑

5.7.3 网络配置

对于上述拓扑，在发送流量之前要先配置所有主机和交换机。先配置交换机 inop2-1，再对交换机 inop2-2、交换机 inop2-3 和交换机 inop2-4 重复上述步骤。inop2-1 的配置步骤具体如下。

首先，使用 show interface status 检查接口状态。

默认所有接口都分配了 IPv6 地址，使用 sudo config interface startup <interface_name>命令查看接口信息。

要为接口分配全局单播地址，请使用以下命令，为接口分配全局单播地址的操作如图 5-45 所示。

```
vtysh
configure
interface <interface_name>
ip address <ipv6 address>
```

```
admin@Switch:~$ vtysh

Hello, this is FRRouting (version 7.5.1-sonic).
Copyright 1996-2005 Kunihiro Ishiguro, et al.

Switch# conf
Switch(config)# interface Ethernet0
Switch(config-if)# ip address 2001::1/64
Switch(config-if)# interface Ethernet4
Switch(config-if)# ip address 2002::1/64
Switch(config-if)# exit
Switch(config)# exit
Switch# write
Note: this version of vtysh never writes vtysh.conf
Building Configuration...
Configuration saved to /etc/frr/zebra.conf
Configuration saved to /etc/frr/bgpd.conf
Configuration saved to /etc/frr/staticd.conf
```

图 5-45　为接口分配全局单播地址

其次，默认 Ripngd 进程并未处于运行状态。可使用如下命令使 Ripngd 进程进入运行状态，如图 5-46 所示。

```
docker exec -it bgp bash
cd usr/lib/frr
ls
./ripngd &
Exit
```

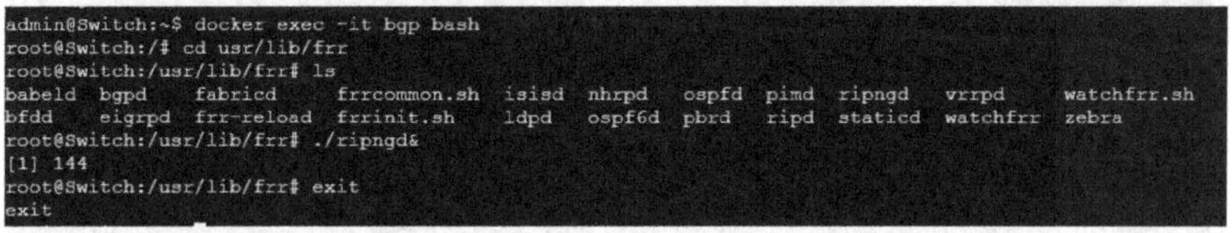

```
admin@Switch:~$ docker exec -it bgp bash
root@Switch:/# cd usr/lib/frr
root@Switch:/usr/lib/frr# ls
babeld  bgpd    fabricd     frrcommon.sh  isisd  nhrpd   ospfd  pimd  ripngd   vrrpd      watchfrr.sh
bfdd    eigrpd  frr-reload  frrinit.sh    ldpd   ospf6d  pbrd   ripd  staticd  watchfrr   zebra
root@Switch:/usr/lib/frr# ./ripngd&
[1] 144
root@Switch:/usr/lib/frr# exit
exit
```

图 5-46　使 Ripngd 进程进入运行状态

在使用命令行执行 RIPng 命令之前，必须通过如下命令启用 RIPng，启用 RIPng 如图 5-47 所示。

```
vtysh
configure
router ripng
```

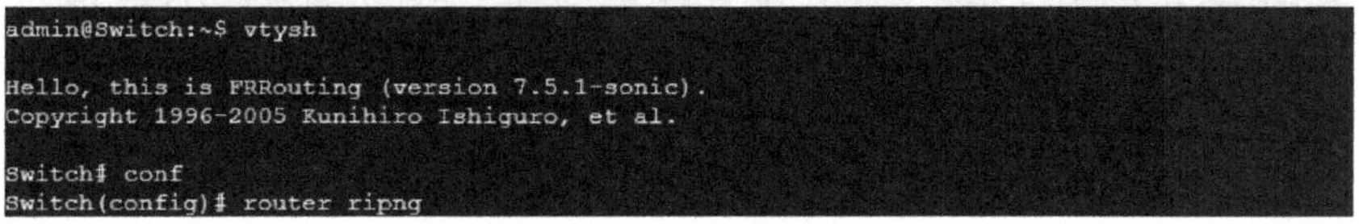

```
admin@Switch:~$ vtysh

Hello, this is FRRouting (version 7.5.1-sonic).
Copyright 1996-2005 Kunihiro Ishiguro, et al.

Switch# conf
Switch(config)# router ripng
```

图 5-47　启用 RIPng

开启 RIPng 功能后，使用如下命令分配与交换机直连的所有网络地址，如图 5-48 所示。

```
network <network address>
```

```
Switch(config)# router ripng
Switch(config-router)# network 2001::/64
Switch(config-router)# network 2002::/64
Switch(config-router)# exit
Switch(config)# exit
Switch# write
Note: this version of vtysh never writes vtysh.conf
Building Configuration...
Configuration saved to /etc/frr/zebra.conf
Configuration saved to /etc/frr/ripngd.conf
Configuration saved to /etc/frr/bgpd.conf
Configuration saved to /etc/frr/staticd.conf
Switch#
```

图 5-48　分配与交换机直连的所有网络地址

为其他交换机的配置重复以上步骤。配置完成后，使用如下命令分别查看 RIPng 和 IPv6 路由表的摘要信息，其输出内容如图 5-49 和图 5-50 所示。

```
show ip ripng
show ipv6 route
```

```
Switch# show ip ripng
Codes: R - RIPng, C - connected, S - Static, O - OSPF, B - BGP
Sub-codes:
      (n) - normal, (s) - static, (d) - default, (r) - redistribute,
      (i) - interface, (a/S) - aggregated/Suppressed

   Network      Next Hop                      Via     Metric Tag Time
C(i) 2001::/64
                  ::                          self       1    0
C(i) 2002::/64
                  ::                          self       1    0
Switch#
```

图 5-49　查看 RIPng 摘要信息

```
Switch# show ipv6 route
Codes: K - kernel route, C - connected, S - static, R - RIPng,
       O - OSPFv3, I - IS-IS, B - BGP, N - NHRP, T - Table,
       v - VNC, V - VNC-Direct, A - Babel, D - SHARP, F - PBR,
       f - OpenFabric,
       > - selected route, * - FIB route, q - queued, r - rejected, b - backup

C>* 2001::/64 is directly connected, Ethernet0, 00:03:15
C>* 2002::/64 is directly connected, Ethernet4, 00:02:51
K>* fd00::/80 [0/1024] is directly connected, docker0, 00:09:13
C * fe80::/64 is directly connected, eth2, 00:08:20
C * fe80::/64 is directly connected, eth1, 00:08:33
C * fe80::/64 is directly connected, Ethernet100, 00:08:33
C * fe80::/64 is directly connected, Ethernet96, 00:08:33
C * fe80::/64 is directly connected, Ethernet92, 00:08:33
C * fe80::/64 is directly connected, Ethernet88, 00:08:33
C * fe80::/64 is directly connected, Ethernet84, 00:08:34
C * fe80::/64 is directly connected, Ethernet80, 00:08:34
C * fe80::/64 is directly connected, Ethernet8, 00:08:34
C * fe80::/64 is directly connected, Ethernet76, 00:08:34
C * fe80::/64 is directly connected, Ethernet72, 00:08:34
C * fe80::/64 is directly connected, Ethernet68, 00:08:34
C * fe80::/64 is directly connected, Ethernet64, 00:08:34
C * fe80::/64 is directly connected, Ethernet60, 00:08:35
C * fe80::/64 is directly connected, Ethernet56, 00:08:35
C * fe80::/64 is directly connected, Loopback0, 00:08:35
C * fe80::/64 is directly connected, Ethernet52, 00:08:35
C * fe80::/64 is directly connected, Ethernet48, 00:08:35
```

图 5-50　查看 IPv6 路由表摘要信息

使用如下命令查看 RIPng 的配置文件，如图 5-51 所示。

```
docker exec -it bgp bash
cd /etc/frr
ls
cat ripngd.conf
```

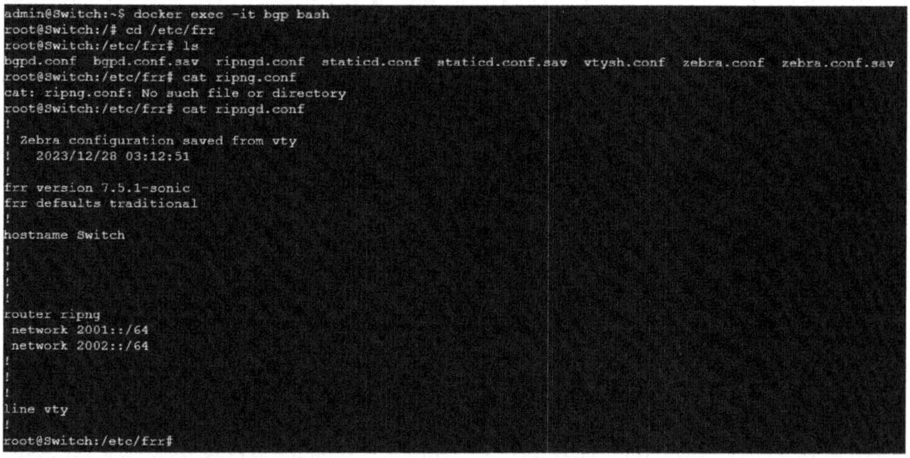

```
admin@Switch:~$ docker exec -it bgp bash
root@Switch:/# cd /etc/frr
root@Switch:/etc/frr# ls
bgpd.conf  bgpd.conf.sav  ripngd.conf  staticd.conf  staticd.conf.sav  vtysh.conf  zebra.conf  zebra.conf.sav
root@Switch:/etc/frr# cat ripng.conf
cat: ripng.conf: No such file or directory
root@Switch:/etc/frr# cat ripngd.conf
!
! Zebra configuration saved from vty
!   2023/12/28 03:12:51
!
frr version 7.5.1-sonic
frr defaults traditional
!
hostname Switch
!
!
!
!
router ripng
 network 2001::/64
 network 2002::/64
!
!
!
line vty
!
root@Switch:/etc/frr#
```

图 5-51　查看 RIPng 的配置文件

5.7.4　连通性测试

根据拓扑配置交换机后，可以清楚地看到交换机 inop2-1 可以发送流量到 inop2-4 和其他交换机。RIPng 连通性测试如图 5-52 所示。至此，RIPng 在拓扑中配置成功。

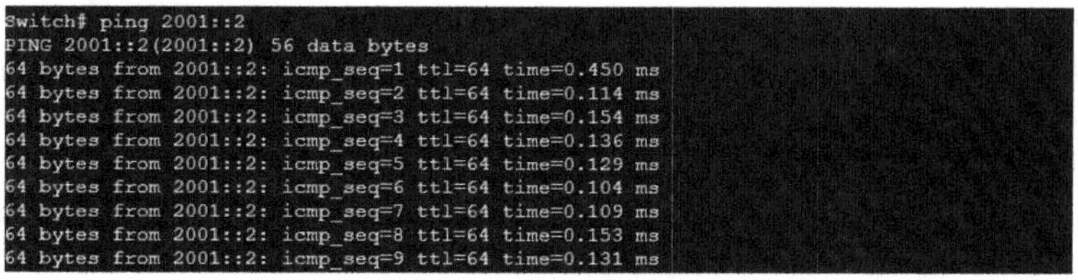

```
Switch# ping 2001::2
PING 2001::2(2001::2) 56 data bytes
64 bytes from 2001::2: icmp_seq=1 ttl=64 time=0.450 ms
64 bytes from 2001::2: icmp_seq=2 ttl=64 time=0.114 ms
64 bytes from 2001::2: icmp_seq=3 ttl=64 time=0.154 ms
64 bytes from 2001::2: icmp_seq=4 ttl=64 time=0.136 ms
64 bytes from 2001::2: icmp_seq=5 ttl=64 time=0.129 ms
64 bytes from 2001::2: icmp_seq=6 ttl=64 time=0.104 ms
64 bytes from 2001::2: icmp_seq=7 ttl=64 time=0.109 ms
64 bytes from 2001::2: icmp_seq=8 ttl=64 time=0.153 ms
64 bytes from 2001::2: icmp_seq=9 ttl=64 time=0.131 ms
```

图 5-52　RIPng 连通性测试

5.8　本章小结

综上所述，VLAN 是逻辑上的网络划分，通过在交换机上配置 VLAN，可以实现网络隔离和广播域的划分。VLAN 间路由是在交换机上为 VLAN 配置 IP 地址，实现 VLAN 间路由，测试跨 VLAN 的通信。

静态路由是一种手动配置的路由协议，通过在交换机上配置静态路由表，测试不同网络之间的通信。

RIP 是一种简单的内部网关协议，通过启动 Ripd 进程，配置 RIP 网络，测试 RIP 的连通性。

EIGRP 是一种增强的内部网关路由协议，通过启动 Eigrpd 进程，配置 EIGRP 网络，测试 EIGRP 的连通性。

OSPF 是一种基于链路状态的内部网关协议，通过启动 Ospfd 进程，配置 OSPF 网络，测试 OSPF 的连通性。

BGP 是一种用于自治系统之间交换 NLRI 的路由协议，通过配置 BGP 自治系统号和邻居，测试 BGP 的连通性。

RIPng 是一种用于 IPv6 网络的下一代 RIP，通过介绍 RIPng 的概念，启动 Ripngd 进程，配置 RIPng 网络，测试 RIPng 的连通性。

通过对 SONiC 交换机上各种路由功能的配置和测试，读者可以深入理解这些路由协议的工作原理和配置方法，为实际网络设备的配置提供参考。这些路由功能测试涵盖了网络设备的核心路由功能，对于了解网络设备和网络配置具有非常重要的意义。

参考文献

[1] UMAROV A. VLAN tarmoqlarini qurish[J]. Educational Research in Universal Sciences, 2023, 2(12): 324-326.

[2] SASTRA R, MUSYAFFA N. Implementasi access inter-vlan menggunakan router[J]. Jurnal Khatulistiwa Informatika, 2020, 1(2): 77-81.

[3] SCHEIDELER C, VÖCKING B. From static to dynamic routing: efficient transformations of store-and-forward protocols[J]. SIAM J Comput, 1999, 30: 1126-1155.

[4] VERMA A, BHARDWAJ N. A review on routing information protocol (RIP) and open shortest path first (OSPF) routing protocol[J]. International Journal of Future Generation Communication and Networking, 2016, 9(4): 161-170.

[5] ALBRIGHTSON B, GARCIA-LUNA-ACEVES J J, BOYLE J. EIGRP - A fast routing protocol based on distance vectors[R]. 1994.

[6] MOY J T. OSPF: anatomy of an Internet routing protocol[M]. Reading: Addison-Wesley, 1998.

[7] VAN BEIJNUM I. BGP: building reliable networks with the border gateway protocol[M]. BLP, 2002.

[8] MASRUROH S U, ROBBY F, HAKIEM N. Performance evaluation of routing protocols RIPng, OSPFv3, and EIGRP in an IPv6 network[C]//Proceedings of the 2016 International Conference on Informatics and Computing (ICIC). Piscataway: IEEE Press, 2016: 111-116.